Praxishandbuch Sprachbildung Mathematik

Sprachsensibel unterrichten – Sprache fördern

Maike Abshagen

Praxishandbuch Sprachbildung Mathematik

Sprachsensibel unterrichten – Sprache fördern

Ernst Klett Sprachen
Stuttgart

Danksagung

Dieses Buch wäre nicht entstanden, wenn ich dabei nicht so viel Unterstützung erfahren hätte! Besonders danken möchte ich meiner Familie, insbesondere meinen Eltern, die immer einsprangen, wenn es eng wurde, meinem Mann und meinen Kindern, die so manches Mal auf mich verzichten mussten. Bedanken möchte ich mich auch bei Sabine Rutten, der Landeskoordinatorin Deutsch als Zweitsprache in Schleswig-Holstein, die mich mit dem Thema vertraut gemacht hat, sowie bei dem Mathematik-Fachteam des Instituts für Qualitätsentwicklung in Schleswig-Holstein und insbesondere bei Herrn Mallas, dem ich viele methodische und didaktische Anregungen verdanke.

Mein Dank gilt ferner dem Direktor, Herrn Stolze, und den Kolleginnen und Kollegen des Thor-Heyerdahl-Gymnasiums, die mich ermutigt und gemeinsam mit mir vieles erprobt haben. Und natürlich gilt mein Dank den Schülerinnen und Schülern des Thor-Heyerdahl-Gymnasiums, die mich bei meiner Arbeit inspiriert und die Arbeitsblätter im Unterricht ausprobiert haben.

Maike Abshagen

Bildnachweis: S. 109 Dr. Maike Abshagen; **S. 119** Fotolia.com (Ermolaev Alexandr), New York; **S. 119** Fotolia.com (Gennady Poddubny), New York; **S. 119** Fotolia.com (Valeriy Kirsanov), New York; **S. 119** Fotolia.com (Aleksey Stemmer), New York; **S. 119** Fotolia.com (Eric Isselée), New York; **S. 119** Fotolia.com (Bo Valentino), New York; **S. 119** Fotolia.com (paulrommer), New York; **S. 119** Fotolia.com (Anatolii), New York; **S. 119** Fotolia.com (Antrey), New York; **S. 119** Fotolia.com (Alekss), New York; **S. 119** Fotolia.com (Anatolii), New York; **S. 119** Fotolia.com (Dmitry), New York

1. Auflage 6 | 2025

www.klett-sprachen.de

Autorin: Maike Abshagen
Redaktion: Sibylle Krämer, Sebastian Weber
Konzept: Sebastian Weber
Fachliche Prüfung Mathematik: Marie Käding
Coverfotos: Thinkstock (michaeljung), München; Corbis (Rubberball/Rubberball), Berlin; Corbis (S. Pallaske/F1 Online), Berlin; Corbis (145/Chris Collins/Ocean), Berlin; Thinkstock (r_mackay), München;
Layoutkonzeption: Marion Köster, Stuttgart
Gestaltung und Satz: DOPPELPUNKT, Stuttgart
Medien- und Umschlaggestaltung: Sandra Vrabec
Druck und Bindung: Elanders GmbH, Waiblingen

Printed in Germany
ISBN: 978-3-12-666851-4

Inhaltsverzeichnis

Allgemeines

Unterrichtseinheiten

Methodenwerkzeuge

Eine erweiterte, alphabetisch sortierte Übersicht der Methodenwerkzeuge finden Sie auch auf S. 37/38

Vorwort

Immer wieder scheitern Schülerinnen und Schüler an den sprachlichen Herausforderungen im Mathematikunterricht. Oft werden Aufgaben nicht richtig gelöst, obwohl die geforderten mathematischen Fähigkeiten vorhanden wären, weil die Fragestellungen sprachlich nicht verstanden wurden.

Der Ansatz des **sprachsensiblen Fachunterrichts** bietet die Möglichkeit, hier gezielt Unterstützung zu geben – ohne dass Mathematikunterricht dabei zum Sprachunterricht wird. Die Ausrichtung des Fachunterrichts an den sprachlichen Fähig- und Fertigkeiten der Schülerinnen und Schüler kommt **allen** Lernern zugute. Die sprachliche Unterstützung stellt dabei keine Zusatzbelastung dar, im Gegenteil: Sie kommen mit dem Stoff erfahrungsgemäß schneller voran, weil im Unterricht mehr verstanden und weniger aneinander vorbeigeredet wird. Die Schülerinnen und Schüler können sich gegenseitig helfen, sie können sich besser ausdrücken und sie lernen, gezielt Fragen zu stellen. Das ermöglicht neue Erfolgserlebnisse und erhöht die Motivation.

Der vorliegende Band zeigt Ihnen in drei Teilen, wie ein **sprachsensibler Mathematikunterricht** gestaltet werden kann:

1. **Einführung:** Sprachbildung im Mathematikunterricht – warum?
2. Beispielhafte und **praxiserprobte Unterrichtseinheiten** zum Ausprobieren
3. **Methodenwerkzeuge** für einen sprachsensiblen Unterricht

Der erste Teil erläutert zunächst **typische Stolpersteine** der deutschen Sprache und zeigt, wie diese im Mathematikunterricht erfolgreich umschifft werden können. **Checklisten** und anschauliche Beispiele erleichtern Ihnen eine **sprachbewusste Unterrichtsplanung**.

Der zweite Teil präsentiert **sieben Unterrichtseinheiten** für einen sprachsensiblen Unterricht in den Jahrgangsstufen 5 bis 10. Fachlich orientieren sich diese an den Leitideen der Bildungsstandards und den geforderten mathematischen Kompetenzen. Sie sollen aber vor allem zeigen, wie sich sprachliches und fachliches Lernen sinnvoll miteinander verbinden lassen. Die exemplarischen Unterrichtseinheiten sind sofort umsetzbar und laden zum direkten Ausprobieren ein.

Im dritten Teil werden Ihnen **Methodenwerkzeuge** für einen sprachsensiblen Mathematikunterricht vorgestellt. Einsatzmöglichkeit und sprachlicher Schwerpunkt jedes Werkzeugs werden knapp beschrieben. Gleichzeitig finden Sie dazu konkrete **Umsetzungsbeispiele**.

Alle Materialien wurden aus der Praxis heraus entwickelt und umfassend erprobt. Sie verlangen kein besonderes Vorwissen im Bereich der Sprachförderung und können sofort im Unterricht eingesetzt werden. So kann fachliches und sprachliches Lernen im Mathematikunterricht miteinander verbunden werden.

Maike Abshagen
Autorin

Allgemeines

Sprachbildung im Mathematikunterricht – warum?

Geht es um den Mathematikunterricht, so ist die Meinung nach wie vor verbreitet, dass die Sprache dabei eine untergeordnete Rolle spielt und es nur darauf ankommt, ein richtiges Ergebnis berechnen zu können. In der Tat ist es möglich, Mathematik ohne viele sprachliche Handlungen zu betreiben, aber …

- … Sprache ist wesentlich beim **Aufbau von mathematischen Grundvorstellungen**, denn die Vermittlung erfolgt mit Sprache (die zusätzlich durch Bilder und Handlungen unterstützt werden kann).
- … **(Fach-)Begriffsbildung** kann nicht ohne Sprache funktionieren.
- … um **mathematische Überlegungen** auszudrücken, ist die Fachsprache eine große Hilfe; Umschreibungen sind zwar möglich, aber umständlich, und lenken häufig vom Kern ab.
- … um beispielsweise **Textaufgaben** bearbeiten zu können, muss zunächst eine Transformation von Text in Symbolsprache erfolgen, d. h., der Inhalt des Textes muss verstanden und abstrahiert werden.
- … mit mathematischer **Symbolsprache** umzugehen ist abstrakter als mit Texten zu arbeiten; sollen die Rechnungen verstanden werden – und nicht mechanisch abgearbeitet werden –, so müssen dazu Grundvorstellungen vorliegen; ist dies nicht der Fall, können die Ergebnisse auch nicht reflektiert werden.
- … **Bildungsstandards** fordern die Sprache im Mathematikunterricht explizit ein!
- … Motivation über **außermathematische Kontexte** erfolgt über Sprache (eine Situation wird mündlich vorgetragen oder liegt schriftlich vor).
- … **handlungsorientierte Zugänge** erfordern auch eine sprachliche Übersetzung.
- … **Arbeitsaufträge** müssen entschlüsselt und verstanden werden, eventuell müssen dazu Fragen formuliert, ein Produkt erstellt und präsentiert werden – all dies erfordert sprachliche Kenntnisse und Fähigkeiten.

Sprache ist demnach auch im Mathematikunterricht der **Schlüssel für den schulischen Erfolg**, sprachliche Defizite können Schülerinnen und Schüler (SuS) daran hindern, ihre durchaus vorhandenen mathematischen Fähigkeiten zu zeigen. Hier kann jede Mathematiklehrkraft mit sprachförderlichen Methoden auch im Fachunterricht eingreifen und den SuS über sprachliche Hürden hinweghelfen. Ein sprachsensibler Unterricht wird dadurch nicht zum Sprachunterricht, aber schon kleine Maßnahmen wie Wortlisten oder umformulierte Arbeitsaufträge können SuS den **Zugang zur Mathematik erleichtern**, ohne dass fachliche Inhalte vereinfacht werden.

> Von einem sprachsensiblen Unterricht profitieren alle, denn auch sprachlich kompetente Kinder müssen die mathematische Fachsprache erlernen.

Im Folgenden wird zunächst beschrieben, welche sprachlichen Anforderungen an die SuS besonders im Mathematikunterricht gestellt werden und wie man die SuS dabei im Fachunterricht unterstützen kann. Die SuS können sich damit sprachlich weiterentwickeln und erfolgreicher im Bearbeiten mathematischer Aufgabenstellungen werden. Die **exemplarischen Unterrichtseinheiten** in Teil 2 zeigen für alle Jahrgangsstufen von 5 bis 10, wie sprachförderliche Maßnahmen konkret umgesetzt werden können. Die Unterrichtstipps und Kopiervorlagen können ohne großen Aufwand direkt für den eigenen Unterricht verwendet werden.

Sprachebenen im Mathematikunterricht

Alltagssprachliche Fähigkeiten reichen aus, um sich vom Sitznachbarn einen Stift zu leihen – selbst wenn ein Sprecher nicht weiß, wie der Stift heißt, kann er darauf zeigen und äußern „darf ich mal". Hört man nur diese Äußerung, fällt es schwer, die Situation zu rekonstruieren, da der Kontext fehlt. Zur sogenannten **Alltagssprache** gehört jede umgangssprachliche Kommunikation. Sätze sind dabei manchmal unvollständig und kurz, auch wird nur ein geringer Wortschatz benötigt, um zu verstehen und verstanden zu werden. Im Mathematikunterricht, wie in jedem Fachunterricht, genügt Alltagssprache allerdings nicht, um Aufgabenstellungen zu verstehen und zu lösen.

Schon um die Nachrichten im Radio zu verfolgen, reichen alltagssprachliche Fähigkeiten nicht mehr aus: Der Wortschatz ist umfangreicher, es werden komplexe Haupt- und Nebensätze gebildet, der Nachrichtensprecher „redet wie gedruckt", also angelehnt an die **Schriftsprache** (konzeptionell schriftsprachlich), die zur **Bildungssprache** gehört. Bildungssprache, die als „gehobene" Sprache bezeichnet wird, beinhaltet viele anspruchsvolle Merkmale (→ Stolpersteine der deutschen Sprache, S. 16). Texte werden beispielsweise häufig im Präteritum verfasst, der Genitiv wird verwendet, auch indirekte Rede und Passivkonstruktionen. Bildungssprache setzt übergreifendes Wissen voraus und stellt präzise (Rück-)Bezüge mit sprachlichen Mitteln her ohne die Verständnishilfe der konkreten Situation. Texte, denen die SuS in der Schule begegnen, sind Teil der Bildungssprache.

Enthalten bildungssprachliche Texte auch Fachbegriffe und fachsprachliche Redewendungen, so bezeichnet man sie auch als **Fachsprache**. Die Fachsprache baut also auf Bildungssprache auf, macht diese aber durch Fachbegrifflichkeiten, fachliche Abkürzungen, Bedeutungsverschiebungen (das sind Begriffe, die alltagssprachlich eine andere Bedeutung haben als in der Fachsprache, z. B. *Ausgang*, *Stelle*) und Formulierungsformeln sowie die Vermischung von Formelsprache und Text noch komplexer. Dies trifft besonders stark auf mathematische Texte zu, die darüber hinaus meist sehr knapp und präzise sind und Redundanzen vermeiden.

Kinder mit sprachlichem Förderbedarf

Es kann verschiedene Ursachen geben, warum Kinder unterdurchschnittliche sprachliche Fertigkeiten haben. Für diese Kinder stellt Deutsch häufig die Zweitsprache dar, sie können aber auch in ihrem häuslichen Umfeld wenig sprachliche Anregungen erfahren haben. Beide Gruppen benötigen daher eine **gezielte Förderung in der Schule**, vor allem auch im Fachunterricht. Wie ein solcher sprachsensibler Unterricht durchgeführt werden kann, wird in diesem Buch beschrieben und durch zahlreiche Unterrichtsbeispiele anschaulich gemacht. Daneben gibt es Kinder, die einen sonderpädagogischen Förderbedarf im Bereich Sprache haben. Auf diese Kinder sind die vorliegenden Arbeitsmaterialien nicht primär ausgerichtet, obwohl viele der Methoden auch für diese Kinder unterstützend wirken können.

Kinder mit Deutsch als Zweitsprache

Der Schulalltag ist geprägt von deutscher Bildungs- und Fachsprache. Während aber (fast) alle Kinder fachsprachlich kaum über Vorkenntnisse verfügen und daher gemeinsam lernen können, sind die Voraussetzungen für die Verwendung der Bildungssprache sehr unterschiedlich.

Ein Teil der Kinder hat bereits vor dem Schuleintritt schon viele Erfahrungen mit Bildungssprache gesam-

SPRACHEBENEN

Alltagssprache	Bildungssprache	Fachsprache
▪ oft nur aus der Situation heraus verständlich (kontextgebunden) ▪ eher kurze, mitunter unvollständige Sätze ▪ geringer Wortschatz ▪ eignet sich für die Kommunikation in der Familie, mit Freunden, auf der Straße	▪ an Schriftsprache angelehnt (geredet wie gedruckt) ▪ ohne Vorkenntnis des Zusammenhangs verständlich ▪ komplexe, vollständige Haupt- und Nebensätze ▪ umfangreicher Wortschatz ▪ Verwendung schwieriger grammatischer Strukturen (→ Stolpersteine der deutschen Sprache, S. 16) ▪ Sprache der Schule, damit können anspruchsvollere Kontexte beschrieben werden	▪ Teil der Bildungssprache ▪ enthält viele Fachbegriffe und fachsprachliche Redewendungen ▪ ist oft sehr knapp ▪ Sprache der Wissenschaft, präzise, eindeutig und abstrakt ▪ muss wie eine Fremdsprache gelernt werden
Beispiele: Darf ich mal?	Beispiele: Ein Schüler leiht sich von seinem Sitznachbarn einen Stift.	
Zusammen ist es gleich. Immer.	Wenn du diese drei Größen zusammenzählst, erhältst du immer den gleichen Wert.	Beispiel: Die Innenwinkelsumme im Dreieck beträgt 180°.

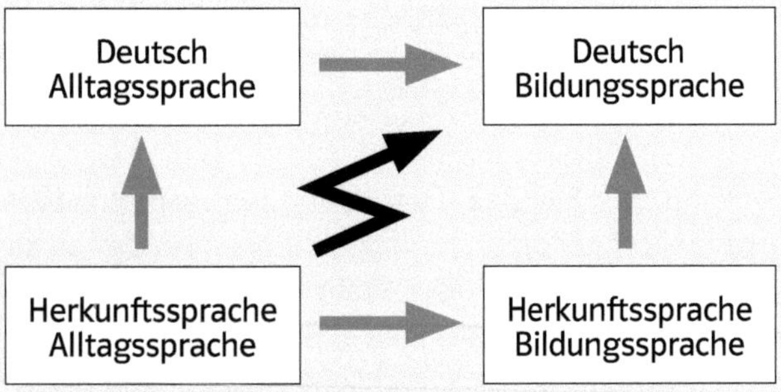

Der Erwerb der Bildungssprache ist besonders schwierig, wenn Kinder nur über alltagssprachliche Erfahrungen in ihrer Herkunftssprache/Muttersprache verfügen. Ein Sprachenwechsel auf gleicher Ebene ist vergleichsweise gut zu bewältigen.

melt, weil zu Hause generell auf Sprache geachtet wird und weil (Vor-)Leseerfahrungen und der Umgang mit Büchern fester Teil ihres Alltags sind.

Andere Kinder haben zu Hause fast ausschließlich alltagssprachliche Erfahrungen gemacht. Diese Kinder müssen mit dem Schuleintritt die Bildungssprache erst erlernen.

Kinder mit Migrationshintergrund, die in ihrem Heimatland Schulerfahrungen gesammelt haben, bevor sie nach Deutschland gekommen sind, sogenannte **Seiteneinsteiger**, verfügen zumeist über bildungssprachliche Kenntnisse in einer anderen als der deutschen Sprache und sind somit in der Lage, zwischen Alltags- und Bildungssprache zu wechseln. Sie haben ein Bewusstsein entwickelt, dass es für verschiedene Anlässe auch einen unterschiedlichen Wortschatz und eine angemessene Ausdrucksweise gibt. Der Erwerb der deutschen Bildungssprache gelingt diesen Kindern zumeist recht gut (vorausgesetzt, sie werden unterstützt).

Kinder mit Migrationshintergrund, die in Deutschland geboren wurden oder noch vor Schuleintritt nach Deutschland gekommen sind, verfügen dagegen nicht unbedingt über bildungssprachliche Kenntnisse, da viele Haushalte fast ausschließlich alltagssprachlich kommunizieren. Wenn diese Kinder zudem noch vor Schuleintritt keine oder nur wenig Deutschkenntnisse erworben haben, müssen sie quasi **zwei Sprachbarrieren gleichzeitig überwinden**: Sie müssen von ihrer Alltagssprache in die deutsche Sprache wechseln und zugleich die sprachliche Abstraktion erhöhen, um mit der Bildungssprache zurechtzukommen. Dies ist erfahrungsgemäß besonders schwierig. Diese Kinder müssen daher in besonderem Maße sprachlich unterstützt werden, damit die Sprachbarriere nicht das Fachlernen verhindert. Dass ein sprachsensibler Unterricht Wirkung zeigt und Kinder sprachlich wie fachlich große Fortschritte machen, belegen die Schülerbeispiele ab Seite 142.

Einige Bundesländer haben aus dieser Erkenntnis Konsequenzen gezogen und führen die Schuleingangstests für die Grundschule zu einem noch früheren Zeitpunkt durch, damit Kinder, die nicht über ausreichende Deutschkenntnisse verfügen, noch fast ein Jahr Zeit haben, um die deutsche (Alltags-)Sprache zu erlernen.

Kinder mit Deutsch als Muttersprache

Die **Lesekompetenz** gilt als **Schlüsselkompetenz für den Schulerfolg**: Beherrschen die SuS das Lesen nicht, so ist davon auszugehen, dass sie auch im Sprachverständnis Schwierigkeiten haben und daher auch bei anderen Fächern schwerer einen Zugang finden.

Kinder mit Migrationshintergrund liegen laut der bekannten PISA-Studie bei der Lesekompetenz im Mittel um ein Jahr hinter altersgleichen SuS ohne Migrationshintergrund. Das Gleiche gilt auch für die Gruppe der **Jungen**, wenn man sie mit den Mädchen vergleicht: Auch die Jungen liegen nach wie vor um ein Jahr hinter den Mädchen.

Sehr viel stärker aber als der Migrationshintergrund oder das Geschlecht prägen die **sozialen Verhältnisse der Eltern** die Lesekompetenz der SuS. Auch wenn sich hier die Unterschiede in den vergangenen Jahren schon verringert haben, liegen Kinder aus einkommensschwachen Haushalten statistisch zwei Jahre hinter Kindern aus einkommensstarken Haushalten.

Bei der Sprachförderung geht es also nicht nur um die Förderung der Kinder mit Migrationshintergrund. Etliche Kinder – besonders viele in sozialen Brennpunkten – die keinen Migrationshintergrund haben, verfügen trotzdem über einen begrenzten Wortschatz im Deutschen. Ein sprachsensibler Mathematikunterricht ist also für alle Kinder sinnvoll und **steigert Motivation und Lernerfolg der gesamten Lerngruppe**.

Einsatz der Sprache im Mathematikunterricht

Grundsätzlich unterscheidet man bei Sprachhandlungen zwischen der Aufnahme von Sprache durch **Hören und Lesen** und der Sprachproduktion durch **Sprechen und Schreiben**. Diese Sprachhandlungen sind (bei gleichem sprachlichem Niveau) unterschiedlich schwierig: Sprechen ist schwieriger als zuhören, schreiben ist schwieriger als lesen.

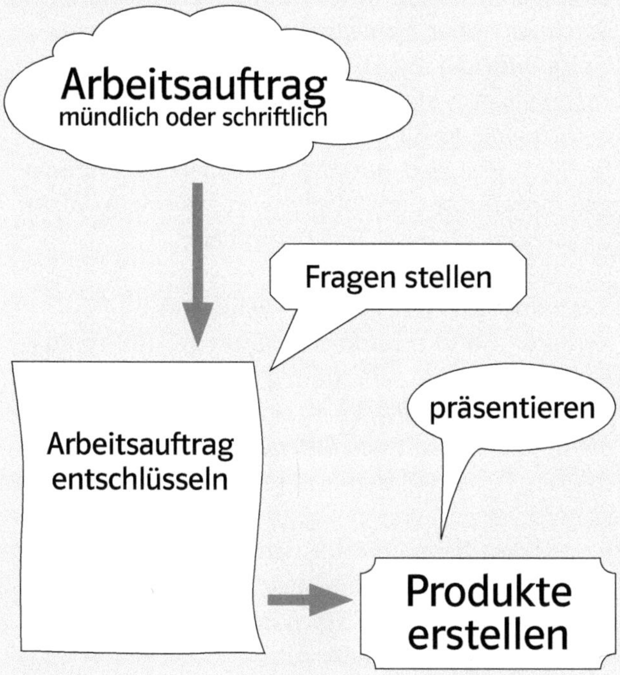

Jeder Arbeitsauftrag beinhaltet eine Vielzahl sprachlicher Fähigkeiten.

Wie auch immer der Mathematikunterricht methodisch abläuft, so wird die Lehrkraft stets einen **Arbeitsauftrag** an die SuS geben, den diese **entschlüsseln** müssen: Sie müssen das fachliche Problem oder die Aufgabe verstehen. Wenn die SuS den Arbeitsauftrag nicht (vollständig) verstanden haben, wird von ihnen erwartet, dass sie nachfragen. Ein Arbeitsauftrag beinhaltet im Allgemeinen, dass die SuS eine Lösung finden und ein Produkt erstellen sollen (Zeichnung, Rechnung, Text, Tabelle ...). Dabei muss zumeist eine Transformation von Symbolsprache oder einer Grafik in einen Text erfolgen. Die SuS sollen möglichst Fachwörter und fachsprachliche Redewendungen verwenden, Argumentationen schlüssig aufbauen und auch Rechtschreibung und Zeichensetzung beachten. Am Ende sollen sie ihr Produkt vorzeigen oder vorstellen.

Die Schwierigkeit der Sprachhandlungen hängt dabei stark vom Arbeitsauftrag ab: **Deskriptive Aufträge** sind sprachlich einfacher zu bewältigen, wie zum Beispiel *erzählen, berichten* oder *beschreiben.* **Kognitive Aufträge** sind sprachlich anspruchsvoller, wie zum Beispiel *zusammenfassen, begründen* oder *argumentieren.*
Im Mathematikunterricht spielen *erzählen* und *berichten* selten eine Rolle, die Arbeitsanweisung *beschreiben* bezieht sich häufig auf die Ausgangssituation (und nicht auf den Lösungsweg).
Soll etwas zusammengefasst werden, so geht es dabei meist nicht um einen längeren Text, sondern um eine Argumentation. Auch sonst stehen das Begründen und Argumentieren häufig im Fokus, d.h. es dominieren im sprachlichen Bereich genau die Sprachhandlungen, die besonders hohe Anforderungen an die SuS stellen.

Sprachliche Hürden im Mathematikunterricht

Um einen Text verstehen zu können, wird weit mehr benötigt als nur Wortschatzkenntnis. Die Grammatik inklusive der Satzzeichen stellt die Zusammenhänge zwischen den Wörtern her, aber auch Kontextwissen ist notwendig, um die Aussagen eines Textes verstehen zu können. In der Mathematik haben SuS erfahrungsgemäß mit einigen **Stolpersteinen der deutschen Sprache** besondere Probleme. Dazu gehört beispielsweise das Verständnis und der richtige Gebrauch von Präpositionen (Ich teile **durch** 7), trennbaren Verben (Du **ziehst** 5 davon **ab**) und Bezugsformen (Das Dreieck, **das** den Winkel ...). In vielen Herkunftssprachen der Kinder mit Deutsch als Zweitsprache gibt es diese grammatikalischen Strukturen nicht oder sie werden anders gelöst. Auch im sprachsensiblen Unterricht kann keine Lehrkraft alle möglichen Übersetzungsprobleme kennen und darauf eingehen. Aber einige immer wiederkehrende Fehlerquellen lassen sich durch wenig Aufwand vermeiden, wenn sie bekannt sind. Eine Übersicht über diese besonderen Stolpersteine der deutschen Sprache zeigen die folgenden Beispiele und zusammengefasst die Tabelle auf S.16.

Schwierigkeiten auf der Wortebene

Schwierigkeiten auf der Wortebene entstehen insbesondere durch Eigenheiten der deutschen Sprache (siehe Tabelle S.16). Die Mathematiklehrkraft sollte sich dieser Schwierigkeiten bewusst sein, damit sie bei den SuS den Fachwortschatz aufbauen und erweitern (→ Wortschatzarbeit, S.29) und mathematische Fachsprache vermitteln kann.

Vor- und Nachsilben

Beim Verwenden von Vor- und Nachsilben lässt sich die Bedeutung der Wörter nur selten durch die Kenntnis des Stammwortes und der Vor- bzw. Nachsilbe erschließen: *Verrechnen* bedeutet etwas ganz anderes als *berechnen*, bei *bestimmen* hilft die Kenntnis des Wortes *Stimme* nicht weiter. Grundsätzlich sollte man hier die Strategie trainieren, das Stammwort und seine Bedeutung herauszufinden, um das **Prinzip der Wortbildung zu verstehen**. Die veränderten Wortbedeutungen sollten dann benannt und als solche herausgestellt werden. Diese Wörter können beispielsweise in einem Glossar gesammelt und die Vor- und Nachsilben entsprechend markiert werden. Auch die deutsche Eigenheit der abtrennbaren Vorsilben sollte auf diese Weise bewusst gemacht werden, denn viele SuS können die einzelne Vorsilbe am Ende eines Satzes oft nicht richtig zuordnen und interpretieren sie stattdessen als Präposition. Hier hilft es ganz einfach, wenn an der Tafel oder auf einem Aufgabenblatt die zwei zusammengehörenden Teile des Verbs unterstrichen werden (Lea trägt die Informationen im Diagramm ein.)

Bedeutungsverschiebungen

Von Bedeutungsverschiebungen (auch **Interferenzen** oder Doppelbedeutungen genannt) spricht man, wenn Wörter je nach Kontext unterschiedliche Bedeutungen haben (sogenannte Teekesselchen). Eine zentrale Bedeutung in der Mathematik hat z.B. der Begriff des *Produktes*. Dieser Begriff ist den SuS aus der Alltagssprache vertraut, bedeutet dort aber etwas ganz anderes, eine Ware, während er in der Mathematik das Ergebnis einer Multiplikation bezeichnet. Selbst Begriffe wie *begründen* werden in der Mathematik anders verwendet als im Deutschunterricht, denn in der Mathematik beinhaltet eine Begründung das Zurückführen auf Regeln und Gesetze bzw. eine Rechnung, was im Deutschunterricht nicht gefordert ist. Daher ist es wichtig, dass im Unterricht diese **Doppelbedeutungen hervorgehoben und gemeinsam geklärt** werden. Es empfiehlt sich, eine Liste mit Interferenzen anzulegen und kontinuierlich auszubauen.

Fachliche Redewendungen

Fachliche Redewendungen werden von vielen Lehrkräften nicht bewusst als solche wahrgenommen und vorgestellt, das gilt insbesondere für den Einsatz von Verben, die an bestimmte Nomen geknüpft sind (Kollokationen). So ist es beispielsweise üblich, dass Geraden sich schneiden (ohne kaputtzugehen), aber es ist nicht üblich, dass Geraden sich kreuzen. In einem sprachsensiblen Mathematikunterricht sollten diese **Redewendungen bewusst thematisiert** und dann von den SuS eingefordert werden.

Ein weiteres Problem in der Mathematik besteht darin, dass die Begriffe sehr stark aufeinander aufbauen, ein Fachbegriff wird mit anderen erklärt, wodurch leicht der Anschluss verpasst wird. Beispielsweise wird der Begriff der *Funktion* als *eindeutige Zuordnung* eingeführt, dabei sind sowohl *eindeutig* als auch *Zuordnung* für die SuS zu erlernende Fachbegriffe. Günstig ist es daher, dass die **SuS selbst Erklärungen formulieren** und beispielsweise in einem Glossar (→ Werkzeug Glossar, S.197) sammeln.

Zusammengesetzte Wörter (Komposita)

Komposita, also zusammengesetzte Wörter, treten in der Mathematik sehr häufig auf (z.B. *Balkendiagramm, Zehnerstelle*). Es ist sinnvoll, soweit möglich, die **Bedeutung mit den SuS gemeinsam zu rekonstruieren**. Dabei soll den SuS vermittelt werden, dass Komposita aus einem Grund- und einem Bestimmungswort bestehen: Das Grundwort steht in der Regel hinten und wird gebeugt (Beispiel: *der Bruchstrich, die Bruchstriche, Strich* ist das Grundwort), das Bestimmungswort steht vorn und bezeichnet das Grundwort näher (Welcher Strich? – Der Bruchstrich). In der Mathematik setzen sich Komposita auch aus mehreren Fachbegriffen zusammen, was eine erhöhte Schwierigkeit darstellt (wie z.B. *Nullstelle, y-Achsenabschnitt*). Haben die SuS aber die Strategie erworben, sich zunächst die Bedeutungen der einzelnen Wörter zu erschließen, findet eine Vernetzung des Wortschatzes statt und die Fachbegriffe werden leichter behalten.

Nominalisierung

Bei Nominalisierungen werden Wörter anderer Wortarten als Nomen gebraucht (z.B. *begründen – die Begründung, vielfach – ein Vielfaches*). Diese Nominalisierungen können ohne Veränderung des Wortes gebildet werden (z.B. *rechnen – das Rechnen*) oder auch durch das Zufügen von Nachsilben wie *-ung, -heit, -keit* oder *-ion* (z.B. *zeichnen – die Zeichnung, konstruieren – die Konstruktion*). Allerdings laufen die SuS häufig Gefahr, die Regeln zu überinterpretieren, denn sie funktionieren nicht immer: *steigen – die Steigung,* aber *sinken – der Fall* (statt *die *Sinkung*). Auf solche Besonderheiten sollten die SuS hingewiesen werden. Auf der anderen Seite werden Nominalisierungen gebraucht, um Wiederholungen zu vermeiden, und gehen oft einher mit Passivkonstruktionen oder unpersönlichen Äußerungen (*Die Konstruktion des Dreiecks erfolgt mit Hilfe eines Zirkels* anstelle von *Das Dreieck konstruierst du mit dem Zirkel*). Dadurch erhöht sich zusätzlich der Abstraktionsgrad. Um **Arbeitsanweisungen sprachlich zu vereinfachen**, kann die Lehrkraft Nominalisierungen und Passivkonstruktionen bewusst vermeiden und verstärkt im Aktiv formulieren.

Strukturwörter: Präpositionen und Konjunktionen

Eine besondere Bedeutung haben die Strukturwörter, zu denen die Präpositionen (*in, an, auf, unter …*) und die Konjunktionen (*und, oder, weil, obwohl …*) gehören: Sind diese Wörter nicht bekannt, können Satzteile nicht (richtig) miteinander in Verbindung gebracht und Bedeutungen nicht erschlossen werden. Ist beispielsweise die Präposition *unter* nicht klar, so hilft die Erklärung *der Nenner ist die Zahl unter dem Bruchstrich* nicht weiter. Bei diesem Beispiel lässt sich das Problem durch einfaches Zeigen auf einen Nenner lösen. Als sprachliche Hilfestellung können bei Arbeitsaufträgen und Textaufgaben im Vorfeld **gemeinsam Präpositionen markiert und ggf. erklärt** werden.

Bei Konjunktionen kann die Lehrkraft die Sätze umformulieren lassen (siehe auch → Unterrichtsgesprächsführung, S. 26), daran erkennt sie, ob die SuS das Strukturwort verstanden haben (z. B. *Welche Figur entsteht, wenn du Punkt A mit Punkt B verbindest? – Ich verbinde Punkt A mit Punkt B. Ich sehe dann, welche Figur entsteht.*). Fällt den SuS das **Umformulieren** schwer, sollte die Lehrkraft dies **trainieren**. Manchmal gibt es typische mathematische Formulierungen, die immer wieder vorkommen, dann kann man dazu eine Übersetzungstabelle anlegen (→ UE 3 KV 1).

Schriftsprachliche Ausdrücke

Sehr viele Konstruktionen, die Texte variantenreich erscheinen lassen, enthalten Textbausteine, die selten verwendet werden. Sie sind aber gerade Kindern, die wenig Erfahrungen mit Schriftsprache haben, nicht geläufig. Insbesondere bei der Verwendung von Synonymen fragen sich die SuS oft, ob wirklich genau das Gleiche gemeint ist, wenn z.B. *orthogonal, rechtwinklig* und *senkrecht* in einem Text verwendet werden. Auch hier ist es wichtig, diese **schwer verständlichen Textstellen** z. B. im Mathematikbuch mit den SuS **gemeinsam zu identifizieren** und zu klären. Synonyme können auf einem Arbeitsblatt oder an der Tafel in einer Farbe unterstrichen werden. Wenn die Lehrkraft selbst Textaufgaben formuliert, sollte sie auf solche Wendungen entweder verzichten oder einige wenige häufiger verwenden. Der mathematische Inhalt bleibt dabei gleich, nur die Sprache wird bewusst einfacher gehalten.

Abstrakte Begriffe

Für Nicht-Muttersprachler sind auch abstrakte Begriffe besonders schwierig (wenn zum Beispiel davon die Rede ist, ob etwas der *Norm* entspricht), weil sich diese Begriffe, genau wie Strukturwörter, nicht so gut vermitteln lassen. Bilder sind zumeist nicht hilfreich und Erklärungen in Worten können zu umfangreich werden, wenn mehrere Aspekte eines Begriffs erfasst werden sollen. Hier hilft es, **mehrere Beispielsätze zu finden**, die den Begriff beinhalten, und die SuS so durch den konkreten Kontext an den Begriff heranzuführen.

Schwierigkeiten auf der Satzebene

Verwendung des Genitivs

Auf der Satzebene sind Konstruktionen schwierig, die den Genitiv enthalten, insbesondere Genitivattribute, denn der Genitiv wird in der Alltagssprache kaum verwendet (z. B. *die Spitze des Dreiecks*). Mittels Genitiv wird häufig ein Relativsatz vermieden, der Text also gekürzt (z. B. *die Seite des Rechtecks* statt *die Seite, die zu dem Rechteck gehört*). Gerade in der Mathematik sind solche Satzverkürzungen beliebt und stellen damit für viele SuS eine Schwierigkeit dar. Die Lehrkraft kann solche **Genitivattribute sprachlich auflösen** und bei Aufgabenstellungen vermeiden.

Unpersönliche Ausdrücke

Wird ein Text in der unpersönlichen Form geschrieben, erhöht dies den Grad der Abstraktion (z. B. *Ist die Quersumme durch drei teilbar, so ist auch die Zahl durch drei teilbar* statt *Wenn du die Quersumme durch drei teilen kannst, dann kannst du auch die Zahl durch drei teilen*). Im Mathematikunterricht wird die unpersönliche Form häufig genutzt, um Objektivität auszudrücken, daher findet man sie insbesondere bei Sätzen, Regeln und Beweisen. Auch hier kann die Lehrkraft die **Aufgaben umformulieren** und dabei unpersönliche Ausdrücke ersetzen.

Nebensatzgefüge

Zu bedenken ist auch, dass es Sprachen gibt, wie zum Beispiel das Türkische, die keine Nebensätze kennen. Daher stellen insbesondere Nebensätze, die Beziehungen implizieren, eine Schwierigkeit für viele Lerner dar. Außerdem erschweren lange Sätze das sinnentnehmende Lesen, Schachtelungen von Sätzen bereiten Probleme beim Entschlüsseln. Hier hilft es oft, wenn die SuS **einen mathematischen Text in eigenen Worten wiederholen** und den anderen SuS erklären, die nachfragen dürfen.

Partizipialkonstruktionen
Partizipialkonstruktionen sind ebenfalls eine verkürzte Schreibweise, wie sie in mathematischen Texten häufig vorkommt (z. B. *einander gegenüberliegende Seiten, gegebene Dreiecke*). Sie werden alltagssprachlich kaum verwendet, und dienen dazu, Redundanzen, die das Verstehen unterstützen würden, zu vermeiden. Die SuS können **Partizipialkonstruktionen in einen Relativsatz umwandeln** (*die Seiten, die einander gegenüberliegen; das Dreieck, das gegeben ist*), um mit diesen Konstruktionen vertraut zu werden.

Bezugsformen
Auch die Bezugsformen erschweren das Textverständnis, weil der Leser selbst den Bogen von einem Satz zum nächsten oder innerhalb eines Satzes spannen

BEISPIELE FÜR STOLPERSTEINE AUF DER WORT- UND SATZEBENE

Wortebene **lexikalisch/grammatisch**	**Beispiel**
Vor- und Nachsilben, trennbare Verben	lösen, auflösen, erlösen, einlösen ich löse … auf Berechnung, Berechenbarkeit
Bedeutungsveränderungen	Lösung (in Mathematik im Sinne von Ergebnis, in Chemie im Sinne von Mischung) Funktion (in Mathematik im Sinne einer eindeutigen Abbildung, alltagssprachlich im Sinne von Zweck oder Aufgabe)
fachliche Redewendungen/Kollokationen (also Worte, die immer zusammen auftreten)	den Mittelwert bilden eine Gleichung nach x auflösen mit dem Kehrwert multiplizieren
Fachtermini, Fremdwörter	der Bruch, die Multiplikation
Zusammengesetzte Wörter (Komposita)	die Wertetabelle, der Doppelbruch, der y-Achsenabschnitt
Nominalisierung	steigen – die Steigung lösen – die Lösung konstruieren – die Konstruktion
Strukturwörter wie Präpositionen und Konjunktionen	auf, an, unter, in … weil, wenn, während …
schriftsprachliche Ausdrücke	gegebenenfalls, dennoch, bezugnehmend auf, was zu zeigen war
abstrakte Begriffe	Macht, Hilfe, Norm
Satzebene	**Beispiel**
Verwendung des Genitivs, Genitivattribute	die Größe des Winkels
unpersönliche Ausdrucksweise, Passivformen	es folgt; man sieht; durch Umformen erhält man; die Gleichung wird gelöst
bestimmte Nebensatztypen (Konditional-/Final-/Relativsätze)	aber, demnach, sodass wenn – dann, genau dann, wenn je mehr – umso
Partizipialkonstruktionen	die resultierende Kraft, das erwärmende Medium
Proformen (Bezugsformen, Fürwörter)	der Wert, der … dieser, welcher, dabei, dadurch, deswegen …
Fachsymbole, Abkürzungen, Zeichen, Formelzeichen	m, km², =, +, -, (), √, ∞, ∫, Σ, ≠ O. B. d. A., q. e. d.

muss. Besonders schwierig wird das, wenn die Beziehung inhaltlich oder grammatikalisch erschlossen werden muss. So muss bei der Formulierung *„Der Term mit der Variablen x, der die Bewegung beschreibt, ...“* die Beugung der Nomen *Term* und *Variable* bekannt sein, um den Bezug herzustellen (das letzte *der* bezieht sich auf *der Term*, nicht auf *die Variable*). Bei der Formulierung *„Die Potenz der Variablen, die um eins erhöht wird, ...“* lässt sich der Bezug nur aus dem Kontext oder einem zusätzlich angegebenen Term entnehmen (das letzte *die* kann sich auf *die Potenz* oder auf *die Variable* beziehen, je nach Lesart ändert sich dabei auch die Aufgabe). Bezugsformen werden gerne verwendet, um eine Wiederholung zu vermeiden, aber gerade die **Wiederholungen erleichtern** sprachschwachen SuS **das Textverständnis** und sollten ihnen in einem sprachförderlichen Unterricht angeboten werden.

Symbole und Formeln

Fachsymbole, Abkürzungen, Zeichen und Formelzeichen müssen geläufig sein, um sie zu verstehen. Selbst wenn sie bekannt sind, erschwert ihre Verwendung innerhalb eines Textes den Lesefluss, denn das Symbol muss erst in einen Text und dann in eine Bedeutung übertragen werden. Andererseits ist die **mathematische Symbolsprache international** und damit eine Chance für Seiteneinsteiger.

Schwierigkeiten durch den Kontext

Bei bekanntem Kontext können Rückschlüsse auf die Bedeutung einzelner Wörter gezogen werden, unbekannte Wörter können „überlesen“ werden. Dies gilt insbesondere bei literarischen Texten. Hier geht man davon aus, dass ein Text noch erfasst werden kann, wenn 20 Prozent der Wörter unbekannt sind. Bei mathematischen Texten ist die Situation weitaus schwieriger: Hier geht man davon aus, dass höchstens 5 Prozent der Wörter unbekannt sein dürfen, damit der Text noch verstanden werden kann. Da bei vielen Mathematikaufgaben aber ganz auf Redundanzen verzichtet wird, die Texte also **sehr viele Informationen auf sehr engem Raum** enthalten, ohne sich zu wiederholen, muss jedes Wort verstanden werden, um eine Aufgabe bearbeiten zu können.

Da ist es nicht verwunderlich, dass Textaufgaben als besonders schwierig gelten, vor allem wenn die Kontexte nicht aus dem Lebensumfeld der SuS stammen und dadurch besonders viele unbekannte Wörter enthalten.

Dennoch wird oft behauptet, dass in Tests zwischen der **Erfassung der Lesekompetenz und der mathematischen Kompetenzen** getrennt wird. In der folgenden Tabelle wurde beispielhaft eine Aufgabe aus VERA-8 (Vergleichsarbeit der 8. Klasse) nach sprachlichen Gesichtspunkten untersucht. Interessant ist, dass der erste Satz besonders viele sprachliche Hürden bereit-

BEISPIELAUFGABE MIT HÜRDEN Aufgabe 6 aus Vera-8 (2007) sprachlich aufgeschlüsselt. Bemerkenswert ist, dass der erste Satz besonders viele Hürden enthält, aber für die Beantwortung der Frage irrelevant ist.

Text aus VERA-8	Sprachliche Schwierigkeit
Um von Personen zu überprüfen, ob ihr Körpergewicht im gesundheitlich vertretbaren Bereich liegt, hat man den sogenannten „Body Mass Index“ (BMI) eingeführt.	unpersönlicher, schriftsprachlicher Ausdruck Kompositum Partizipialkonstruktion unpersönliche Form Fremdwort (Abkürzung)
Der BMI berechnet sich aus dem Körpergewicht in Kilogramm dividiert durch das Quadrat der Körpergröße in Metern.	unpersönliche Form Komposita Fachbegriff Formelsprache
Verkürzt aufgeschrieben:	Passivkonstruktion, Vorsilben
BMI = Körpergewicht : Körpergröße^2	Formelsprache
Eine Person hat eine Körpergröße von 175 cm und ein Körpergewicht von 80 kg.	unpersönliche Form Kompositum, Fachsymbol Kompositum, Fachsymbol
Wie groß ist ihr BMI?	Bezugsform, Abkürzung
Kreuze die richtige Lösung an. A 19,6 B 24,7 C 26,1 D 29,4 E 34,3 F 35,1	abgetrennte Vorsilbe

hält, für die Bearbeitung der Aufgabe aber verzichtbar ist. SuS mit sprachlichen Schwierigkeiten werden aber durch diesen ersten Satz davon abgehalten, die Aufgabe in Angriff zu nehmen.

Damit die SuS also nicht allein an der Aufgabenstellung scheitern (im VERA-Beispiel sogar unnötig), weil sie zu viele sprachliche Hürden enthält, sollte die Lehrkraft darauf achten, **Texte unter sprachförderlichen Gesichtspunkten auszuwählen oder zu entlasten**. Dies gelingt schon mit kleinen Maßnahmen, wie im Folgenden beschrieben wird.

Konsequenzen für einen sprachsensiblen Unterricht

Im ersten Schritt auf dem Weg zu einem sprachsensiblen Unterricht müssen mögliche sprachliche Stolpersteine erkannt werden. Die Kenntnis der sprachlichen Schwierigkeiten ermöglicht es dann, im Unterricht gezielt darauf einzugehen. Dabei gibt es grundsätzlich zwei Möglichkeiten, wie man im (Fach-) Unterricht mit anspruchsvollen Texten umgehen kann:

- Man kann die **Texte vereinfachen** oder
- man kann dem Leser das Wissen vermitteln, wie man diese schwierigen **Texte entschlüsseln** kann.

Zweifellos ist das Bestreben der Schule, dass SuS lernen, sich auch schwierige Texte zu erschließen, denn sie müssen am Ende Standard-Leistungstests bearbeiten können, aber das ist ein langfristiges Ziel. Um dies zu erreichen, müssen die SuS mit Texten arbeiten, die knapp oberhalb ihres aktuellen Sprachstands angesiedelt sind: So können sie einen Großteil eines Textes alleine bewältigen und lernen jedes Mal etwas Neues dazu.

> Texte sollten grundsätzlich so eingesetzt werden, dass sie knapp oberhalb des Sprachstands der SuS liegen.

Texte sollten also wo möglich entlastet werden. Insbesondere wenn es darum geht, zu Beginn eines Themas dafür Sorge zu tragen, dass sich alle SuS Grundvorstellungen aufbauen. Bei Klassenarbeiten führen sprachlich einfache Aufgabenstellungen dazu, dass wirklich die mathematischen Kompetenzen und nicht die Lesekompetenz erfasst werden. Die Checkliste unten zeigt Maßnahmen, wie Texte (schriftliche oder mündliche) sprachlich vereinfacht werden können. Der Grad der Anpassung hängt dabei vom Leistungsstand der Lerngruppe oder einzelner SuS ab. Alle Maßnahmen zielen allein auf eine sprachliche Entlastung ab, das fachliche Niveau bleibt bei den Aufgaben stets erhalten. Beispielhaft ist der folgende Text entlastet worden.

CHECKLISTE ZUR ENTLASTUNG VON TEXTEN

- Kontext **aus der Lebenswelt der SuS** wählen.
- **Kurze Sätze bilden**, Nebensätze und Verschachtelungen vermeiden.
- Verben im **Aktiv** nutzen statt unpersönlicher oder abstrakter Ausdrücke (du rechnest ...).
- Texte durch Absätze vorstrukturieren.
- Wichtiges farbig oder fett gedruckt **hervorheben.**
- Genitiv und Partizipialkonstruktionen **vermeiden.**
- Wenig Bezugsformen verwenden, stattdessen **Wiederholungen** wählen.
- Bei Fachwörtern oder schwierigen Wörtern **Erklärungen** in Klammern oder als Fußnoten **mitliefern.**
- **Wenig zusammengesetzte Wörter** verwenden.
- Bei Arbeitsaufträgen bereits **bekannte Operatoren** einsetzen.
- Unterstützung durch eine **informative Figur** anbieten.

BEISPIEL ZUM ENTLASTEN EINES TEXTES

Originaltext	Entlasteter Text
Um von Personen zu überprüfen, ob ihr Körpergewicht im gesundheitlich vertretbaren Bereich liegt, hat man den sogenannten „Body Mass Index" (BMI) eingeführt.	Ärzte sagen, dass es nicht gut ist, zu dick zu sein. Wenn du weißt, wie viel du wiegst und wie groß du bist, kannst du deinen „Body Mass Index" ausrechnen. Liegt dein „Body Mass Index" zwischen 19 und 24, ist das ein gutes Gewicht.
Der BMI berechnet sich aus dem Körpergewicht in Kilogramm dividiert durch das Quadrat der Körpergröße in Metern.	So berechnest du den „Body Mass Index": Du musst deine Körpergröße (in Metern) quadrieren (also mit sich selbst multiplizieren). Dann dividierst du dein Körpergewicht (in Kilogramm) durch das Ergebnis.
Verkürzt aufgeschrieben: BMI = Körpergewicht : Körpergröße²	Mathematiker schreiben das so auf: $\text{BMI} = \frac{\text{Körpergewicht}}{(\text{Körpergröße})^2}$
Eine Person hat eine Körpergröße von 175 cm und ein Körpergewicht von 80 kg. Wie groß ist ihr BMI?	Hanno ist 175 cm groß und wiegt 80 kg. Wie groß ist der „Body Mass Index" von Hanno?
Kreuze die richtige Lösung an. A 19,6 B 24,7 C 26,1 D 29,4 E 34,3 F 35,1	Kreuze die richtige Lösung an. A 19,6 B 24,7 C 26,1 D 29,4 E 34,3 F 35,1

Unterstützung beim Hörverstehen

Es ist schwieriger, gesprochene Texte zu verstehen, als Texte durch Lesen zu erfassen, da die Informationsgeschwindigkeit vorgegeben ist. Beim Lesen kann man auch nicht verstandene Worte wiederholt betrachten und so eventuell den Sinn auf den zweiten Blick erfassen. Es ist daher besonders wichtig, dass sich die Lehrkraft bei ihren Äußerungen **sprachlich an das Niveau der Klasse anpasst** und einfacher spricht, als sie schreibt (→ Verständliches Sprechen, S. 20).
Besonderes Augenmerk gilt Fragen und mündlichen Arbeitsaufträgen. Werden Fragen nicht verstanden, können die SuS nicht antworten, haben sie die Aufträge nicht verstanden, können sie sie nicht bearbeiten, obwohl das mathematische Verständnis vorhanden wäre.

TIPPS FÜR BESSERES HÖRVERSTEHEN

- Um sicherzugehen, dass ein Arbeitsauftrag verstanden wurde, bietet es sich an, ihn von einem sprachschwachen Schüler oder einer sprachschwachen Schülerin **in eigenen Worten wiederholen** zu lassen.
- Merkt die Lehrkraft, dass sie kein adäquates Niveau bei der Fragestellung verwendet hat (als Folge ist zumeist die Beteiligung gering), so sollte sie dennoch zunächst **abwarten**, bevor sie die Frage umformuliert. Wenn mehrere Fragen in kurzer Zeit hintereinander gestellt werden, sind SuS mit sprachlichen Defiziten nicht in der Lage, eine einzelne davon zu entschlüsseln. So stiften mehrere schnell aufeinanderfolgende Fragen oft größere Verwirrung, als zu klären.
- Zeit brauchen sprachschwache (und unsichere) SuS auch, um sich auf eine Antwort vorzubereiten. Daher sollte sich die Lehrkraft immer wieder daran erinnern, **lange** zu **warten**, bevor ein SuS zum Reden aufgefordert wird (zählen Sie beispielsweise im Geiste bis 20).

Wie alle sprachlichen Kompetenzen wird auch das **Zuhören am besten regelmäßig trainiert**. Dazu eignen sich in besonderem Maße die Kopfaufgaben, also mündliche Aufgaben, die die SuS im Kopf berechnen sollen (→ Werkzeug Kopfaufgaben, S. 199). Diese Aufgabenstellungen sind sehr kurz und wiederholen oft die gleichen fachlichen Redewendungen.
Damit die Lehrkraft dabei auf die benötigten fachsprachlichen Redewendungen zurückgreifen kann, sollte regelmäßig Wortschatzarbeit betrieben werden.

Gesten als Verständnishilfe

In der Alltagssprache können wir einander häufig verstehen, auch wenn die Worte nicht bekannt sind oder falsch gehört wurden, weil wir Mimik und Gestik unseres Gegenübers entschlüsseln. Dies kann man sich auch im Mathematikunterricht zunutze machen, denn vieles lässt sich durch Gesten ausdrücken.

Gesten unterstützen das Lernen neuer Begriffe. Die Bewegungen, die gleichzeitig mit dem Aussprechen der Wörter ausgeführt werden, aktivieren im Gehirn ein komplexes Netzwerk, das dafür sorgt, dass z. B. Vokabeln nachhaltiger behalten werden. Dabei sollte die **Geste möglichst den Wortinhalt abbilden.** Ein Beispiel: Der Flächeninhalt soll gedanklich von der Länge abgegrenzt werden. So kann die Lehrkraft immer wenn von Längen gesprochen wird, dies durch pantomimisches Zeigen eines Zahlenstrahls unterstützen. Wenn sie von Flächeninhalten spricht, kann sie parallel dazu mit der flachen Hand pantomimisch eine Fläche überstreichen. Geometrische Figuren und Körper und auch Graphen von Funktionen lassen sich in die Luft zeichnen. Diskutieren SuS über Funktionen, nutzen sie mitunter von sich aus Graphen, die sie in die Luft zeichnen, – und sie verwenden sogar eine Geste wie „Wischen mit dem Tafelschwamm", wenn sie ihren Graphen korrigieren wollen.

Gesten erleichtern also nicht nur das Erlernen der Begriffe, sie bieten den SuS auch einen **Kommunikationszugang.** SuS, die noch Schwierigkeiten mit der Bildungs- und Fachsprache haben, können so trotzdem ihre Gedanken mitteilen. Gemeinsam kann man dann das sprachliche Gerüst zur Verfügung stellen, um diese Ideen fachsprachlich korrekt auszudrücken.

Jede Lehrkraft wirkt als Vorbild, das gilt in besonderem Maße für die Sprache. Durch eine verständliche Sprache kann die Lehrkraft den SuS das Zuhören erleichtern, wie die Checkliste unten zeigt.

Unterstützung beim Lesen – Didaktisierung von Texten

Im Mathematikunterricht begegnen uns verschiedene Textsorten, die jeweils andere Anforderungen an den Leser stellen und mit denen daher auch unterschiedlich umgegangen werden sollte.

Im Folgenden werden für die Textsorten, die im Mathematikunterricht eine besondere Rolle spielen, Verfahren zur Textarbeit vorgestellt.

Einleitende, informierende Texte

Diese Texte sind zu Beginn eines Kapitels oder Themenbereichs üblich. Sie sollen die SuS kontextgebunden an den neuen Unterrichtsstoff heranführen. Außerdem gibt es **Exkurse**, die historisch sein können oder in einen anderen Kontext einführen. All diese Texte sind noch am ehesten mit literarischen Texten zu vergleichen. Sie zeichnen sich dadurch aus, dass nicht alle Worte im Text verstanden werden müssen, um dennoch den Inhalt zu erfassen. Wie für literarische Texte auch, eignet sich hier die **Fünf-Schritt-Lesemethode** (→ S. 22), damit die SuS sich den Text erschließen können.

Beispielaufgaben

Beispielaufgaben enthalten zumeist einen Text und parallel dazu eine andere mathematische Darstellungsform (Term, Tabelle, informative Figur oder Graph), wobei der Text die andere Darstellungsform unterstützen soll. Die Schwierigkeit ist hier häufig, dass die SuS über Informationen hinweglesen und nicht auf Stolpersteine aufmerksam werden. Daher sollte man regelmäßig den **Umgang mit Beispielaufgaben üben** (→ Werkzeug Lernen am Beispiel, S. 166).

CHECKLISTE VERSTÄNDLICHES SPRECHEN

- Langsam und deutlich sprechen! Durch **Pausen** den Text gliedern.
- Sprachliches **Niveau anpassen** (→ Checkliste zur Entlastung von Texten, S. 18).
- **Keine Doppel- oder Mehrfachfragen**: Wurde eine ungünstige Formulierung gewählt, ist es effektiver, einen Moment zu warten und erst dann neu zu fragen („Ich formuliere meine Frage neu/anders: …").
- Pausen machen und **warten**! Besonders nach Fragen sollte man Geduld haben und im Geiste bis 20 zählen, bevor man einen SoS aufruft.
- Aussagen von den SuS **wiederholen** lassen.
- Mit Hilfe von Kopfaufgaben (→ Werkzeug Kopfaufgaben, S. 199) das **Zuhören trainieren.**
- Regelmäßige **Wortschatzarbeit** betreiben.
- Sprache mit **Gesten** unterstützen.

VERFAHREN ZUR TEXTARBEIT

	Textsorte	Methode
1	**einleitende, informierende Texte** und **Exkurse**	Fünf-Schritt-Lesemethode
2	**Beispielaufgaben**	Verknüpfen von Text und Darstellung, → Werkzeug Lernen am Beispiel, S. 166
3	**Textaufgaben**	zerlegen und erweitern des Textes, → S. 23 Umgang mit Textaufgaben
4	mathematische **Sätze oder Beweise**	zerlegen und erweitern

Textaufgaben

Textaufgaben stellen zumeist sehr kurz einen Sachverhalt dar und haben eine **hohe Informationsdichte**. Können hier nicht alle Informationen entnommen werden, so gelingt oft auch die Bearbeitung der Aufgabe nicht. Textaufgaben sind zumeist **Modellierungsaufgaben**. Hier müssen nicht nur die Informationen aus dem Text entnommen werden, sondern sie müssen auch in eine mathematische Form gebracht, also von Sprache in Symbolsprache transformiert werden. Für die Bearbeitung der Aufgaben ist es hilfreich, **Lösungsstrategien** wie z. B. systematisches Probieren oder Erstellen einer informativen Figur zu **kennen und** zu **verwenden**. Zu jeder Strategie gehören typische Fragen, deren Beantwortung die SuS der Lösung näherbringt. Die besondere Schwierigkeit bei Textaufgaben liegt auch darin, dass am Ende eine Rücktransformation der Mathematik in Sprache in Form eines Antwortsatzes erfolgen muss. Hierbei gelingt es den SuS häufig nicht zu überprüfen, ob das Ergebnis zur Aufgabe passen kann, die Ergebnisse werden unreflektiert hingeschrieben. Um dies zu vermeiden, muss ein reflektierter Umgang mit Textaufgaben erfolgen (→ S. 23).

Mathematische Sätze und Beweise

Bei mathematischen Sätzen oder Beweisen schließlich darf streng genommen kein Wort unklar bleiben, wenn man den Satz oder Beweis vollständig verstehen will. An der Universität werden Sätze und Beweise so formuliert, dass ganze Satzteile auf ein Zeichen reduziert werden, in Schulbüchern wird häufig zwar eine gewisse Redundanz in die Texte eingebaut, um sie lesbarer zu machen, dennoch sind diese Texte besonders anspruchsvoll. Es kann helfen, die **Texte zu zerlegen und zu erweitern** (→ Texte zerlegen und erweitern, S. 23).

Je nach Textsorte sollte ein **passender Umgang mit dem Text im Unterricht** erfolgen. Die SuS sollen lernen, alleine mit schwierigen Texten zurechtzukommen. Dazu benötigen sie auf der einen Seite eine Reihe von Strategien, auf der anderen Seite Texte, die zu ihnen passen, also vom Niveau her knapp oberhalb ihres Sprachstands anzusetzen sind.

Fünf-Schritt-Lesemethode mit Vorentlastung

Diese Methode beinhaltet fünf Schritte zur Texterarbeitung, die die SuS durchlaufen sollen. Bevor das Lesen aber beginnt, sollte der jeweilige Text gezielt von der Lehrkraft vorentlastet werden, beispielsweise durch

- **Einführen in den Kontext**. Dazu kann die Lehrkraft sich nach den Vorerfahrungen der SuS erkundigen (das erleichtert auch eine Wissensvernetzung), Schlüsselwörter können besprochen werden oder die Lehrkraft kann eine Geschichte erzählen. Auch ein Einstieg über ein Bild zu dem Thema, das von den SuS beschrieben werden kann, ist günstig.
- **Bereitstellen des Vokabulars**. Wichtige Worte und Redewendungen, die für die SuS schwierig, aber wesentlich für das Textverständnis sind, sollten im Vorfeld geklärt werden. Wird mit einem Bild eingestiegen, können diese vielleicht mit Hilfe des Bildes illustriert werden.
- **begleitende Arbeitsaufträge**. Solange die SuS noch nicht geübt sind in der Fünf-Schritt-Lesemethode, sollten die Arbeitsaufträge so gestellt sein, dass sie das Lesen unterstützen. Damit ist gemeint, dass sie zuerst das Vorgehen der Fünf-Schritt-Lesemethode auf das konkrete Beispiel anwenden und erst im nächsten Schritt bestimmte Informationen, die im Text enthalten sind, abfragen (keine Leistungsfragen). Dabei muss zunächst überprüft werden, ob bereits die Arbeitsaufträge verständlich sind, beispielsweise indem SuS die Aufgaben in ihren eigenen Worten wiederholen.

Bei der Fünf-Schritt-Lesemethode wird ein Text zunächst oberflächlich gelesen, gegebenenfalls vorhandene Abbildungen werden betrachtet, dann geklärt, worum es im Text geht, bevor das eigentliche Lesen beginnt. Nach dem Lesen beginnt das Extrahieren der Informationen und am Schluss steht das Zusammenfassen.

CHECKLISTE FÜNF-SCHRITT-LESEMETHODE

1. Schritt: Überfliegen	Lies die Überschrift. Betrachte die informativen Figuren, Graphen, Terme oder Tabellen. Betrachte die besonders hervorgehobenen Worte.
2. Schritt: Fragen stellen	Formuliere Fragen, auf die der Text eine Antwort gibt. Formuliere die Antworten dazu in eigenen Worten (also anders als im Text).
3. Schritt: Gründlich Lesen	Lies den Text nun sehr genau. Markiere bestimmte Textstellen – wenn möglich – farbig. Du kannst zum Beispiel alle Fachwörter markieren. Oder du markierst den Text, der die Abbildung erklärt. Markiere Worte, die dir wichtig erscheinen.
4. Schritt: Text gliedern	Überlege dir, wie man den Text in Abschnitte einteilen kann. Finde für jeden Abschnitt eine Überschrift. Erstelle, wenn möglich, eine informative Figur zu dem Text.
5. Schritt: Zusammenfassen	Schreibe in deinen eigenen Worten auf, worum es in diesem Text geht. Die Überschriften helfen dir dabei.

Insbesondere für Schritt 2 ist es günstig, den SuS Gelegenheit zu geben, mit einem Partner zu sprechen. So können sie sich gegenseitig Fragen stellen und beantworten. Aber Achtung: Einige SuS können Fragen an den Text stellen, ohne dass sie diese Passagen verstanden haben; daher sollten neue Formulierungen eingefordert werden.

Arbeit mit Textaufgaben – mathematisches Modellieren

Die Arbeit mit Textaufgaben gehört zu den Standardsituationen des Mathematikunterrichts, daher sollten die SuS frühzeitig ein Schema lernen, das sich auf das Lesen und Lösen der Aufgaben bezieht. Viele Textaufgaben beinhalten eine Modellierung: In der Aufgabe wird eine Realsituation geschildert, die auf die wesentlichen mathematischen Fakten reduziert wurde. Die Textaufgabe selbst wird daher als Realmodell bezeichnet. Die SuS sollen dieses Realmodell verstehen und die im Text gegebenen Informationen von der Bildungssprache **in mathematische Sprache**, zumeist in Form von Termen, **transformieren**. Dazu müssen sie die gegebenen Informationen zunächst sinnentnehmend lesen. Ist die Informationsentschlüsselung gelungen, müssen die SuS eine Lösungsstrategie auswählen und mit ihrer Hilfe in der mathematischen Sprache zu einer Lösung gelangen, d. h. jede Modellierungsaufgabe impliziert das Lösen eines mehr oder minder schwierigen Problems. Haben die SuS das Problem bewältigt, müssen sie ihre Lösung in einem Satz wiedergeben. Dabei wird erwartet, dass sie ihre Lösung reflektieren. Es reicht also nicht aus, Satzstücke aus der Aufgabe zu entnehmen und die Lösung einzusetzen, sondern es soll eine Rücktransformation der mathematischen Aussage in einen Text erfolgen, der dann mit dem Modell abgeglichen wird.

Jede Textaufgabe beinhaltet also eine ganze Reihe sprachlicher Aufträge: sinnentnehmendes Lesen, Transformation in mathematische Sprache und zurück in die Bildungssprache, Formulieren eines Antwortsatzes und inhaltlicher Abgleich mit dem Problem. Das Lösen selbst ist oft nur ein kleiner zusätzlicher Schritt, zumeist liegen die Probleme im Textverständnis und in der Textinterpretation.
Will die Lehrkraft selbst Textaufgaben erstellen, sollte sie vorrangig die mathematischen Kompetenzen abfragen und die Texte sprachlich an ihre Lerngruppe anpassen (→ Checkliste zum Entlasten von Texten, S. 18).

MATHEMATISCHES MODELLIEREN

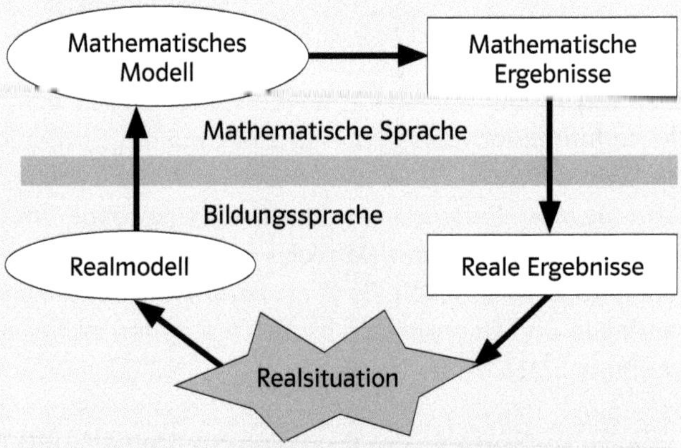

Darstellung eines Modellierungskreislaufs: Während die Situation mit dem Problem in Bildungssprache geschildert wird, muss die Bearbeitung in mathematischer Sprache (oft in Symbolsprache) erfolgen. Dies ist besonders schwierig, da die mathematische Sprache eine hohe Abstraktion beinhaltet.

Bei Textaufgaben aus dem Mathematikbuch bietet es sich an, dass die **Lehrkraft die Textaufgabe vorentlastet** (→ Fünf-Schritt-Lesemethode, Einführen in den Kontext und Bereitstellen des Vokabulars), wenn der Kontext und das Vokabular den SuS noch nicht geläufig sind.
Das weitere Vorgehen beim Erschließen von Textaufgaben lehnt sich an die Fünf-Schritt-Lesemethode an, fokussiert dabei aber auf die verdichteten, kurzen Texte, die man üblicherweise bei Textaufgaben vorliegen hat (→ Checkliste Erschließung von Textaufgaben, unten).

Schritt 1: Der Text wird zunächst überflogen, um einen Überblick zu erhalten.

Schritt 2 und 3: Danach werden Informationen (Zahlen, Mengenangaben, ...) in unterschiedlichen Farben markiert oder unterstrichen. Auch wenn nicht immer alle Zahlen relevant sind, erhält man so zunächst einen Überblick über die gegebenen Informationen. Für die weitere Bearbeitung ist es wichtig, dass die SuS Hinweise wahrnehmen, welche Rechenoperationen anzuwenden sind. So sind beispielsweise die Wörter *zusammen, gemeinsam, zusätzlich, mehr* im Allgemeinen mit der Addition verknüpft.

Schwierig sind Wörter, die unterschiedliche Rechenoperationen anzeigen können (man spricht dann von Interferenzen), wie zum Beispiel das Wort *von*:

INTERFERENZEN BEIM WORT „VON"

3 von 4 Kindern gehen schwimmen.	*von* deutet Anteil an
40 % von den 20 Kindern gehen schwimmen.	*von* steht für eine Multiplikation
Sie bekommen 2 Bonbons von ihrer Tante	*von* gibt die Herkunft an, hat keine mathematische Bedeutung

Wichtig ist, dass man für jedes Themengebiet diese **Interferenzen klärt**. Dabei hilft, gemeinsam Formulierungen zu sammeln, wie bestimmte Sachverhalte ausgedrückt werden. Für Fortgeschrittene empfiehlt es sich, selbst Aufgaben zu erstellen, wie es beim Werkzeug Aufgabenvariation (→ S.152) erklärt wird. Dies bewirkt sowohl mathematisch als auch sprachlich eine Reflexion.

Schritt 4: Haben die SuS markiert, schreiben sie alle relevanten Informationen heraus, bevor sie sie in die

CHECKLISTE ERSCHLIESSUNG VON TEXTAUFGABEN

1. Schritt: Überfliegen	Worum geht es? Gibt es eine Überschrift? Betrachte die Bilder, Tabellen und die informativen Figuren, wenn es sie gibt.
2. Schritt: Markieren	Markiere in einer Farbe alle Zahlen und Zahlwörter. Markiere in einer anderen Farbe alle mathematischen Fachbegriffe. Unterstreiche alle Wörter, die einen Hinweis darauf geben können, **wie** du rechnen sollst. Unterstreiche in einer anderen Farbe, wonach in der Aufgabe gefragt ist.
3. Schritt: Lesen	Lies die Aufgabe gründlich durch. Schlage Wörter nach, die du nicht kennst, oder frage jemanden.
4. Schritt: Informationen aufschreiben	Schreibe stichwortartig alle Informationen auf, die in der Aufgabe gegeben sind. Du kannst die Informationen auch in informativen Figuren darstellen. Übersetze die Informationen in Terme, soweit es geht. Schreibe dir möglichst die Terme genau neben deine Informationen.
5. Schritt: Rechnen	Löse die Aufgabe. Wenn du mit den Informationen zu keiner Lösung kommst, versuche **Lösungsstrategien** anzuwenden. Zu den Strategien gehören systematisches Probieren, Vorwärtsarbeiten, Rückwärtsarbeiten, Nutzen von informativen Figuren, Tabellen oder Graphen.
6. Schritt: Ergebnis überprüfen	Überlege dir, ob das Ergebnis zu der Aufgabe passt. Notiere dir einen Antwortsatz. Wenn du glaubst, dass dein Ergebnis nicht passt, du aber den Fehler nicht findest, schreibe das in deinem Antwortsatz. Schreibe dann auch, warum du das Ergebnis komisch findest.

mathematische Formelsprache transformieren. Dazu ist es hilfreich, diese Transformation in Tabellenform vorzunehmen: Stellt man die Informationen und die Terme einander gegenüber, finden die SuS langfristig schneller einen Zugang.

Schritt 5: Bei vielen Textaufgaben ist die Rechnung für die SuS einfach. Ist dies nicht der Fall, können sie sich bei den → Lösungsstrategien (S. 25) bedienen. Jede Lösungsstrategie sollte dazu mit einem Beispiel eingeführt werden. Anschließend werden Fragen zu jeder Strategie gesammelt.

Schritt 6: Wenn das Ergebnis gefunden wurde, muss die Frage aus der Textaufgabe beantwortet werden. Dabei sollen die SuS ihre Antwort reflektieren oder kommentieren, wenn ihre Antwort nicht zur Frage passt (häufig finden sie ihren Fehler nicht, aber es ist gut, wenn sie merken, dass sie einen Fehler gemacht haben müssen). Erst wenn dies gelingt, haben die SuS wirklich die Modellierung in der Textaufgabe verstanden. Da an dieser Stelle erneut ein Wechsel der Sprachebene erforderlich ist – von der mathematischen Sprache in die Bildungssprache – liegt hier wieder eine besondere Schwierigkeit für alle SuS.

Durch gezielte Fragen eine Lösungsstrategie wählen

Das Lösen mathematischer Textaufgaben verlangt ein tiefes Textverständnis. Dabei ist das verbreitete Vorgehen „gegeben – gesucht – Rechnung" gerade für sprachschwache SuS problematisch: Die ersten beiden Punkte setzen das Textverständnis voraus, der entscheidende Punkt der Transformation der gegebenen Größen in mathematische wird vernachlässigt. Es genügt daher nicht, dass die SuS inhaltlich wiedergeben können, worum es geht. Sie müssen auch den Transfer bewältigen, ein bekanntes Verfahren in der Aufgabenstellung wiederzuentdecken, sie müssen also erkennen, welche Größen einander entsprechen. Noch anspruchsvoller wird es, wenn hintereinander Textaufgaben gestellt werden, die mit verschiedenen Strategien zu lösen sind. Dafür brauchen insbesondere sprachschwache SuS Hilfestellungen, z. B. indem die Aufgabenstellungen sprachlich vereinfacht werden und die Aufgaben zu einem gleichbleibenden Kontext gestellt werden.

Darüber hinaus sollten mögliche **Lösungsstrategien deutlich benannt und besprochen** werden. Als sprachförderliche Maßnahme ist es sinnvoll, den SuS Fragen, mit denen sie zu einer passenden Lösungsstrategie kommen, zur Verfügung zu stellen. Eine Zusammenstellung von Lösungsstrategien und der passenden Fragen dazu wie in der Checkliste Lösungsstrategien auf S. 25 soll den SuS erleichtern, sich zunächst für eine Strategie zu entscheiden, wenn sie den Text in der Aufgabenstellung verstanden haben. Anschließend sollten sie sich dann an einem ausgewählten Beispiel orientieren, um für die Angaben aus dem Text die mathematischen Entsprechungen zu finden (beispielsweise aus einer Aufgabe eine Funktionsgleichung aufzustellen, zu identifizieren, was dem y-Achsenabschnitt und was der Steigung entspricht). Analog arbeiten gilt sozusagen als übergreifende Strategie.

Lösungsstrategie: Analog arbeiten

Werden Aufgaben eines bestimmten Typs geübt, sollten die SuS den Tipp bekommen, sich genau an dem Vorgehen der Beispielaufgabe zu orientieren (analog arbeiten, → Werkzeug Lernen am Beispiel, S. 166). So können sie neben dem Lösungsweg auch Redemittel analog verwenden.

Handelt es sich um Textaufgaben, die verschiedene Strategien erfordern, kann es helfen, dass die SuS die gegebenen Informationen reflektieren, sich z. B. Fragen dazu stellen, welche Art von Informationen sie im Text finden (→ Checkliste Lösungsstrategien). Mit Hilfe der Antworten auf diese Fragen können sie entscheiden, welche Lösungsstrategie bei dieser Aufgabe passt. Haben sie die Strategie ausgewählt, können sie sich dann wieder am Beispiel orientieren.

TIPP Sammeln Sie mit den SuS **aussagekräftige Beispiele für die Lösungsstrategien**. Reflektieren Sie immer wieder beispielhaft, wie das Vorgehen im Beispiel auf einen neuen Kontext übertragen werden kann.

Lösungsstrategie: Vorwärts arbeiten

Ist die Ausgangslage bekannt, so bietet sich vielleicht die Strategie Vorwärts arbeiten an. Als Beispiel ist in der Checkliste die Rechenmauer gegeben, die den meisten SuS aus der Grundschule bekannt ist: Der unbekannte Stein wird als Summe (oder Produkt, je nach Aufgabenstellung) der direkt unter ihm liegenden Steine berechnet. Ist die untere Reihe gegeben, kann man sich vorwärts nach oben arbeiten.

Lösungsstrategie: Rückwärts arbeiten

Ist das Ziel bekannt, kann man rückwärts arbeiten. Als Beispiel wird auch hier wieder auf die Rechenmauer Bezug genommen, allerdings ist nun der oberste Stein gegeben, unten aber fehlen Steine. Die SuS müssen sich also überlegen, wie sie zu dem oberen Stein gelangen würden, um so rückwärts zu schließen, welche Steine darunter liegen könnten.

Lösungsstrategie: Systematisch probieren

Wenn die SuS Start und Ziel kennen, aber kein passendes Rechenverfahren dazu finden, so können sie systematisch probieren: Sie wählen zwei Werte willkürlich aus und probieren jeweils, welche Lösung sich ergeben würde. Je nachdem, welcher der beiden Werte näher am gewünschten Ergebnis liegt, wählen sie den nächsten Wert. Üblicherweise sammelt man diese Werte in einer Tabelle.

Lösungsstrategie: Zerlegen und ergänzen

Einige Probleme – insbesondere in der Geometrie – lassen sich dadurch lösen, dass man die Aufgabe zerlegt oder ergänzt. Als Beispiel wird in der Checkliste die Zerlegung und Umordnung eines Parallelogramms gezeigt, sodass es ein flächengleiches Rechteck ergibt, von dem die SuS bereits den Flächeninhalt bestimmen können.

CHECKLISTE LÖSUNGSSTRATEGIEN

Wenn du den Text der Textaufgabe verstanden hast, musst du dir als Nächstes überlegen, wie du vorgehen willst, um eine Lösung zu finden. Hast du deine Strategie gefunden, kannst du dir ein Beispiel suchen, in dem mit dieser Strategie gearbeitet wurde. Versuche dann, wie im Beispiel zu arbeiten.

<table>
<tr><th>Strategie</th><th>Typische Fragestellungen</th><th>Beispiel</th></tr>
<tr><td>Vorwärts arbeiten</td><td>Kennst du Anfangs- oder Startwerte?
Was kannst du aus den Werten folgern oder berechnen?</td><td>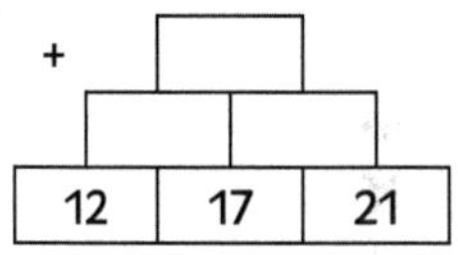
</td></tr>
<tr><td>Rückwärts arbeiten</td><td>Kennst du das Endergebnis?
Wie kommst du normalerweise zum Endergebnis?
Was bedeutet das für die Größen, die du suchst?</td><td>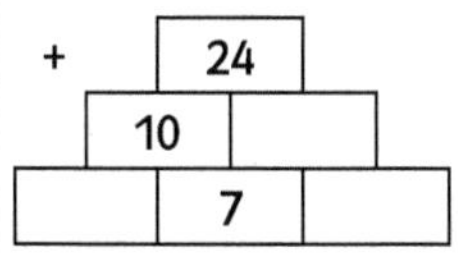
</td></tr>
<tr><td>Systematisch probieren</td><td>Welches Ergebnis erhältst du für einen bestimmten ausgedachten Wert?
Ist das eine Lösung?
Musst du den Wert größer oder kleiner wählen?
Sammle die Werte in einer Tabelle, das ist übersichtlicher.
Kannst du einen Term aufstellen?</td><td>$4(x - 0{,}5) + 2 = 0$<table><tr><td>x</td><td>$4(x - 0{,}5) + 2$</td></tr><tr><td>0,5</td><td>2</td></tr><tr><td>1</td><td>4</td></tr><tr><td>−0,5</td><td>−2</td></tr><tr><td>0</td><td>0</td></tr></table></td></tr>
<tr><td>Zerlegen und ergänzen</td><td>Kannst du dein Problem zu etwas ergänzen, was du kennst?
Kannst du das Problem in Teile zerlegen, die du kennst?
Hilft es dir, die Teile anders anzuordnen?</td><td>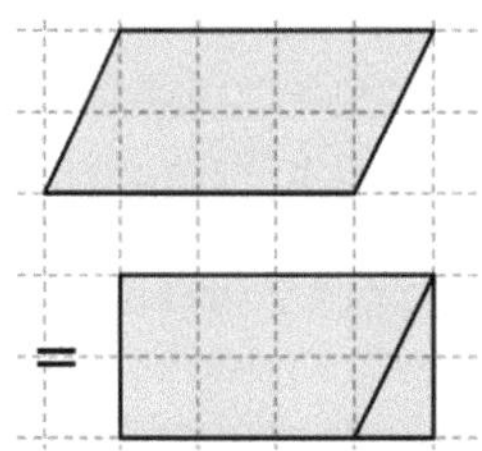</td></tr>
<tr><td>Informative Figur</td><td>Mit welcher Figur kannst du das Problem darstellen?
Kannst du ein Bild zeichnen, in das du die Informationen einträgst?
Hilft dir eine maßstabsgetreue Zeichnung?
Kannst du Hilfslinien einzeichnen, die das Problem deutlicher machen?</td><td>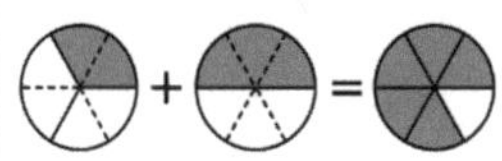</td></tr>
<tr><td>Analog arbeiten</td><td>Kennst du ein ähnliches Problem?
Und kennst du von diesem Problem die Lösung?
Vergleiche Schritt für Schritt:<ul><li>Was ist gleich?</li><li>Worin unterscheiden sich die Probleme?</li><li>Wie wirken sich die Unterschiede aus?</li></ul></td><td>Du kannst fast immer ein Beispiel finden, das ihr schon einmal behandelt habt!</td></tr>
</table>

Lösungsstrategie: Informative Figuren
Auch wenn die informativen Figuren bereits bei der Texterschließung genannt wurden, können sie auch an dieser Stelle helfen und werden daher erneut aufgegriffen. Nun geht es aber nicht mehr nur darum, die Informationen darzustellen, sondern mit dieser Darstellung zu neuen Schlüssen zu gelangen. Häufig unterscheiden sich dann auch die informativen Figuren: Während sie zur Texterschließung nicht maßstabsgerecht gezeichnet werden, ist dies nötig, wenn man mit ihrer Hilfe Zahlenwerte erhalten möchte. Als Beispiel ist in der Checkliste eine Bruchrechenaufgabe dargestellt, die durch das Einzeichnen von Hilfslinien die Erweiterung andeutet und so zu einem ablesbaren Ergebnis führt.

Es gibt weitere Lösungsstrategien wie zum Beispiel das **Extremalprinzip** und die **Fallunterscheidung**, beides wird aber schwerpunktmäßig in der Oberstufe eingesetzt und daher hier nicht mit in die Checkliste Lösungsstrategien aufgenommen.

Unterstützung beim Sprechen

Ein zentrales Element des Mathematikunterrichts ist das Unterrichtsgespräch. Die Anforderungen, die dabei an die SuS gestellt werden, sind zumeist sehr hoch. Die Arbeitsaufträge drehen sich selten um konkretes Beschreiben, sondern beinhalten das Erläutern von abstrakten Zusammenhängen, Erklären oder Argumentieren, d.h., es werden hohe Anforderungen an das Fachliche und das Sprachliche gleichzeitig gestellt. Daher ist es in einem sprachsensiblen Unterricht sehr wichtig, den SuS nicht nur **Gelegenheit zum Sprechen zu geben**, sondern das **Sprechen** auch zu **begleiten.** Solche Gelegenheiten bieten z.B. Aufgaben in Gruppen- und Partnerarbeit, an denen sich alle SuS beteiligen können, die sonst Scheu vor der gesamten Lerngruppe haben. Der gegenseitige Austausch führt auch automatisch dazu, dass Sprache ausprobiert wird, denn beim Erklären und Diskutieren über ein mathematisches Thema müssen die SuS fachliche Redemittel und Begriffe verwenden. Die Lehrkraft kann das Sprechen erleichtern, indem sie den Kindern Kontexte bietet, in denen sie sich auskennen, oder konkretes Material (→ Handlungsorientierung, S.27). Mit diesem Material gelingt es leichter, von der Alltagssprache her die Argumentation aufzubauen. Die Lehrkraft kann dann Wortschatzhilfen geben (→ Aufbau eines Fachwortschatzes, S.27), sodass die SuS ihre Argumente zunehmend auch in der Fachsprache ausdrücken können. Alle diese Maßnahmen tragen dazu bei, den **Sprechanteil aller SuS zu erhöhen** und dadurch Raum für die sprachliche Weiterentwicklung und motivierende Erfolgserlebnisse zu schaffen.

Unterrichtsgesprächsführung
Kinder mit Migrationshintergrund wenden mitunter Strategien an, um ihre Sprachdefizite zu verstecken: Sie sprechen teilweise sehr schnell und verschlucken dabei Endungen oder sie sprechen bewusst undeutlich. Dies sollte die Lehrkraft im Blick haben und zum deutlichen und langsamen Sprechen auffordern.

Im Unterricht wirkt die **Lehrkraft als Vorbild**. Daher sollte sie besonders darauf achten, dass sie Fachbegriffe (richtig) verwendet und ruhig und deutlich in vollständigen Sätzen spricht. Sowohl für die fachliche als auch für die sprachliche Diagnostik ist es wichtig, den SuS ganz genau zuzuhören, sie ausreden zu lassen und nachzufragen. Das ist mitunter schwierig, denn die Lehrkraft hat bereits eine Lösung im Kopf und erwartet diese Lösung auch von den SuS. Kleine Abweichungen werden leicht vorschnell auf sprachliche Defizite zurückgeführt und manches Unverständnis bleibt verborgen, wenn die Lehrkraft vermeintlich sprachlich korrigiert („Du meinst bestimmt ..."). Günstiger ist es daher, sprachliche Mittel zur Verfügung zu stellen und die SuS dazu aufzufordern, mit diesen Mitteln ihre Aussagen zu wiederholen. Auch sollte die Lehrkraft nicht immer jeden sprachlichen Fehler korrigieren, um nicht zu demotivieren. Bei grammatikalischen Fehlern kann es günstig sein, korrigierend zu wiederholen.
Komplexe Antworten kann die Lehrkraft methodisch vorbereiten: Dazu kann sie **Murmelphasen** (→ Werkzeug Murmelphasen, S.191) einplanen, in denen die SuS sich zunächst mit ihrem Nachbarn austauschen dürfen, bevor die Diskussion in der Klassengemeinschaft gestartet wird. Alternativ kann jeder Schüler und jede Schülerin zunächst in Einzelarbeit eine Aufgabe bearbeiten, bevor zu zweit gearbeitet wird und dann in der letzten Phase die Ergebnisse einer Gruppe vorgestellt werden (→ Werkzeug Sozialform **Ich – Du – Wir**, S.206). Auch ein **Gruppenpuzzle** ist sehr förderlich, weil auch hier zunächst gemeinsam vorbereitet wird, bevor am Ende jeder präsentieren und den anderen zuhören muss (→ Werkzeug Gruppenpuzzle, S.160). All diesen Methoden ist gemeinsam, dass sie den SuS **Zeit geben, ihre Äußerungen vorzubereiten**. Gleichzeitig sind alle drei Methoden optimal dazu geeignet, die Sprachaktivität aller SuS zu erhöhen! Die Checkliste rechts fasst geeignete Äußerungen zusammen, wie das Unterrichtsgespräch sprachsensibel gelenkt werden kann.

Aufbau eines Fachwortschatzes

Unabhängig davon, welchen häuslichen Hintergrund die SuS haben, müssen sie im Mathematikunterricht Fachbegriffe und fachsprachliche Redewendungen lernen. Für diese Wortschatzarbeit ist es günstig, verschiedene Phasen zu planen, damit die SuS die neuen Wörter und fachsprachlichen Redewendungen in ihren aktiven Wortschatz aufnehmen: Wörter und Formulierungen werden in verschiedenen Kontexten eingeführt, in ähnlichen Beispielen geübt und genutzt, anschließend werden die Wörter reflektiert und als Letztes überprüft die Lehrkraft, ob die Wörter nachhaltig in den Wortschatz übernommen wurden, indem sie beispielsweise in einem Test oder bei den Kopfaufgaben auch Wörter abfragt, die in weiter zurückliegenden Einheiten vorkamen.

1) Wörter und Formulierungen in verschiedenen Kontexten einführen

Es bietet sich immer an, neue Wörter und Formulierungen handlungsorientiert einzuführen und gegebenenfalls durch Gesten zu unterstützen. Dadurch gelingt es den SuS auch besser, mathematische Grundvorstellungen aufzubauen. Aber auch die Verknüpfung mit verschiedenen Kontexten kann hilfreich sein. Mit Kontexten sind dabei nicht nur außermathematische Kontexte gemeint, sondern auch die verschiedenen Darstellungsformen (Tabelle, Graph, Term, informative Figur, Text), die es in der Mathematik gibt. Soll beispielsweise der Begriff des Flächeninhalts erlernt werden, kann man …

- … **handlungsorientiert** verschiedene Flächenstücke mit Einheitsquadraten auslegen (Einheitsquadrate

CHECKLISTE SPRACHSENSIBLE UNTERRICHTSGESPRÄCHSFÜHRUNG

- Denkt kurz darüber nach, bevor ihr antwortet.
  → Dies bewirkt, dass die Lehrkraft länger warten kann, bevor sie ein Kind aufruft, und dieses Warten von Seiten der SuS einen Sinn erhält. Kinder mit Sprachschwierigkeiten brauchen oft eine **längere Vorbereitungsphase**, bevor sie sich äußern.
- Du darfst gerne an die Tafel kommen und dazu eine informative Figur zeichnen.
- Beschreibt, wie ihr vorgegangen seid.
- Das ging mir gerade zu schnell. Bitte wiederhole es noch einmal langsam.
  → Kinder mit Deutsch als Zweitsprache verschlucken gerne Endungen oder problematische Teile in Sätzen. Beim **langsamen Sprechen** müssen sie auf diese sprachlichen Hürden achten und die Lehrkraft kann unterstützen.
- Das war ein gutes Argument. Bitte erkläre es noch einmal ausführlich.
- Das, was xxx gesagt hat, war gut. Bitte wiederhole es in deinen eigenen Worten.
- Ich habe verstanden, was du meinst. Bitte wiederhole deine Äußerung, verwende dabei aber folgendes Fachwort: xxx
- Versuche es noch einmal, aber bitte nutze diesmal die Fachwörter vom Lernplakat.
- Das ist schwer zu erklären. Bitte nennt mir Wörter, die beim Erklären helfen können.
  → Dieser offene Auftrag bringt zu Tage, **was die SuS als hilfreich empfinden**. Das ist für die Lehrkraft oft sehr aufschlussreich.
- Ihr habt kurz Zeit, mit eurem Nachbarn darüber zu reden, bevor wir es gemeinsam besprechen.
  → Hier wird eine **Murmelphase** eingebaut. Die SuS erhalten Gelegenheit, kurz gemeinsam Worte zu finden, bevor vor dem Plenum gesprochen wird.
- Bitte wiederholt mir den Arbeitsauftrag in euren eigenen Worten.
- Notiert Worte, die euch fehlen, an der Tafel. Wenn ihr Erklärungen für die Worte an der Tafel habt, schreibt sie dahinter.
- Kommentiert die Äußerung von xxx./Was hat xxx mit der Äußerung gemeint?
  → Dies ist anspruchsvoll und sollte daher nicht zu früh eingesetzt werden. Es bereitet vor, dass die SuS sich bei ihren Äußerungen gegenseitig **aufeinander beziehen**.
- Ergänzt, was xxx gesagt hat.
- Könnt ihr das noch anders erklären?

sind Quadrate mit der Kantenlänge 1, z. B. 1 cm; Quadrate sind den SuS aus der Grundschule bekannt).

- ... das Streichen über eine Oberfläche als **Geste** für den Flächeninhalt einführen (in Abgrenzung zum pantomimischen Ziehen am Zahlenstrahl und Zeigen eines Volumens).
- ... in einer **Tabelle** festhalten, wie viele Einheitsquadrate bei verschiedenen Seitenlängen in ein Rechteck passen.
- ... ein Rechteck mit den Einheitsquadraten als **informative Figur** anzeichnen.
- ... eine **Definition** für den Begriff Flächeninhalt angeben, z. B. „der Flächeninhalt gibt an, mit wie vielen Einheitsquadraten wir die Fläche auslegen können".

2) Wörter und Formulierungen üben und nutzen

Im nächsten Schritt werden die neuen Wörter geübt. Das geschieht zunächst über Beispiele, die den eben eingeführten sehr ähnlich sind, dann zunehmend auch in neuen Kontexten. Hat die Lehrkraft sichergestellt, dass alle SuS die neuen Begriffe mehrfach selbst verwendet haben, kann die Aufmerksamkeit auf Aufgaben gelenkt werden, bei denen die neuen Formulierungen zwar nützlich sind, aber bei denen sie nicht explizit eingefordert werden. Die SuS müssen sie also selbstständig nutzen.

Wichtig dabei ist, dass die Lehrerinnen und Lehrer (LuL) Fehler **„überformend"** korrigieren, d. h., dass sie nicht auf den Fehler hinweisen (also nicht *Es heißt nicht genauso viel Fläche, sondern ein genauso großer Flächeninhalt*), sondern die Aussage mit Betonung in korrigierter Form wiederholen (*Ja, die Fläche ist genauso groß*).

3) Wörter und Formulierungen reflektieren

Das Reflektieren über die neuen Wörter und Formulierungen hilft bei der Vernetzung des Wortschatzes und regt die SuS zudem dazu an, sich unbekannte Worte genau anzusehen, um deren Inhalt selbstständig zu erschließen.

Je nach Wörtern oder Formulierungen bieten sich dazu unterschiedliche Möglichkeiten an:

- **eigene Formulierungen finden:**
  - ein Glossar anlegen
  - das Spiel „Paare finden" von den SuS erstellen lassen
  - ein umgedrehtes/inverses Kreuzworträtsel nutzen (die Wörter sind gegeben, die Beschreibungen gesucht)
  - reflektieren, welche Worte für die Erklärung hilfreich sind und damit Tabu-Karten erstellen
  - Tabu spielen
  - unsinnige Sätze korrigieren
- **über die Wörter nachdenken:**
  - Komposita: Aus welchen Worten wird der Begriff zusammengesetzt? Was bedeuten diese Worte? Welches ist das Grundwort, das gebeugt wird? In welchem Zusammenhang stehen die einzelnen Begriffe zu dem zusammengesetzten Wort? Beispiel Flächeninhalt: die Fläche, Nomen von flach, und der Inhalt, also was in etwas enthalten ist oder auch wie viel in etwas enthalten ist; der Flächeninhalt gibt an, wie viele Einheitsquadrate in die Fläche passen.
  - **Nominalisierungen**: Welches Wort ist der Wortstamm? Welche Silbe wird angehängt (z. B. -ung, -heit, -ion)? Kann ich umformulieren (z. B. die Zeichnung – ich zeichne ...)? Beispiel: flach – die Fläche
  - Nutzen von **Mind-Map** oder **Concept-Map**

4) Wörter und Formulierungen überprüfen

Eine Lernerfolgskontrolle dient als Rückmeldung sowohl für die Lehrkraft als auch für die SuS. Um Fachbegriffe und fachsprachliche Redewendungen abzufragen, kann ein Test in Form eines Vokabeltests geschrieben werden. Die Lehrkraft kann aber auch Lückentexte einsetzen oder freie Texte zum Erklären der Fachbegriffe einfordern. Die letzteren Methoden sind dabei sprachlich anspruchsvoller, denn sie fordern Textverständnis und Textproduktion und nicht nur Reproduktion. Sollen bestimmte Fachwörter bei dem freien Schreiben eines Textes verwendet werden, ist dies anspruchsvoller, als wenn die SuS aus einer Liste mit Fachwörtern oder fachlichen Redewendungen Worte verwenden dürfen.

Wenig hilfreich für eine erfolgreiche Wortschatzarbeit ist Folgendes:

- Fehler in den Vordergrund stellen, sodass die SuS demotiviert werden.
- Isoliertes Vokabeltraining betreiben (d. h. ohne Anwendung, sozusagen „auf Vorrat").
- Immer mit der gleichen Methode arbeiten, weil das langweilt und nicht zu Vernetzungen führt.

Methoden der Wortschatzarbeit

Bei den Methoden zur Wortschatzarbeit eignen sich das → Glossar und der Lernkarteikasten besonders, um langfristig und kontinuierlich Wortschatzarbeit zu betreiben. → Loci-Methode, → Lernplakat und Wortliste sind zu empfehlen, wenn wenige, intensiv genutzte Vokabeln eingeführt werden, während Wortfelder und Rätsel zur Reflexion besonders geeignet sind. Auch Methoden, die das Schreiben unterstützen, wie zum Beispiel → Wortgeländer und → Satzmuster helfen bei der Wortschatzarbeit.

ÜBERSICHT ÜBER DIE PHASEN DES WORTSCHATZERWERBS. Unterstrichene Begriffe finden sich als Werkzeuge im Methodenteil, die anderen Methoden sind unten (→ Methoden der Wortschatzarbeit und → Hilfestellungen für das Schreiben) erklärt.

Phase	Beschreibung	Unterstützende Methoden
Wörter und Formulierungen in verschiedenen Kontexten einführen	Damit sich neue Wörter und Formulierungen schnell einprägen, sollten diese möglichst in verschiedenen Kontexten eingeführt werden. In der Mathematik bieten sich dabei handlungsorientierte Zugänge, Texte, Bilder, Graphen, Tabellen, Terme und informative Figuren an.	Lernkarteikästen Wortlisten → Lernplakate → Loci-Methode
Wörter und Formulierungen üben	Mündliche und schriftliche Arbeitsaufträge sollten so gestellt werden, dass die SuS die neuen Wörter üben können. Dazu gehört sowohl, dass die Wörter von der Lehrkraft verwendet werden, als auch, dass die SuS die Wörter selbst nutzen. Dadurch wird die Bedeutung der Wörter zunehmend genauer erfasst.	Satzmuster Wortlisten Wortfelder (Begriffe zu einem Thema)
Wörter und Formulierungen nutzen	Nur durch das regelmäßige Nutzen der Wörter wird der Fachwortschatz dauerhaft behalten. Dabei sollten die Wörter und Formulierungen über einen längeren Zeitraum in verschiedenen Kontexten angewendet werden.	gezielte Unterrichtsgesprächsführung Rätsel Schreibaufgaben
Über Wörter und Formulierungen nachdenken	Das bewusste Nachdenken über den Wortschatz dient nicht nur der Festigung, sondern die Analyse der Fachwörter hilft auch beim Aufbau der Lesekompetenz: Scheinbar unbekannte Wörter können erschlossen werden.	→ Glossar Rätsel- oder Tabu-Karten → Mind-Map oder → Concept-Map Analyse von Wortbedeutungen
Überprüfen des neuen Wortschatzes	In den Lernerfolgskontrollen sollte nicht nur Fachwissen geprüft werden, sondern auch der Fachwortschatz und das Formulieren von Fachtexten. Dabei sollte aber nur das abgeprüft werden, was zuvor gemeinsam geübt wurde, also nicht der allgemeine Sprachstand.	→ Lückentext freie Texterstellung mit Hilfe einer Wortliste

Lernkarteikästen

Sollen sehr **viele neue Begriffe und Formulierungen** erlernt werden, kann der Lernkarteikasten genutzt werden. Lernkarteikästen sind den SuS aus dem Fremdsprachenunterricht bekannt, können aber auch im Mathematikunterricht sinnvoll eingesetzt werden, um Fachbegriffe und fachliche Redemittel zu trainieren. Die neuen Begriffe werden jeweils vorne auf eine Karteikarte geschrieben, auf der Rückseite wird die Erklärung notiert. Nun wählt die Lehrkraft eine überschaubare Menge von Begriffen aus. Der Schüler oder die Schülerin versucht, die Bedeutung der Begriffe wiederzugeben. Gelingt dies, so wird die Karte zur Seite gelegt, gelingt dies nicht, so wird die Karte umgedreht. Um den Inhalt zu memorieren hilft es, wenn man die Karte abschreibt. Wurden alle Karten durchgearbeitet, so macht man eine kleine Pause und geht die zurückgelegten Karten erneut durch. Wichtig ist, dass die Karten am nächsten Tag und dann wieder nach ein paar Tagen erneut trainiert werden.

Wortlisten

Ist die Menge von neuen Begriffen überschaubar, reicht es meist aus, diese Begriffe – ohne Erklärung – auf einer Liste zu sammeln; diese Liste kann im laufenden Unterricht ergänzt werden. Mit dieser Liste sollte dann **intensiv** gearbeitet werden: Im Unterrichtsgespräch kann die Lehrkraft dazu auffordern, Aussagen unter Verwendung bestimmter Worte von der Liste zu wiederholen. Solch eine Liste kann auch genutzt werden, um freie Texte oder eine Concept-Map zu erstellen (→ UE 7 KV 8).

Wortfelder

Bei einem Wortfeld werden Begriffe zu einem Themengebiet ungeordnet gesammelt (kann durch die Lehrkraft oder durch die SuS erfolgen). Dies bildet die **Grundlage** für eine → Wortliste, für ein → Glossar, eine → Mind-Map oder eine → Concept-Map. Auch für die Bearbeitung von Aufgaben, die das Schreiben von Fachtexten beinhalten, sind Wortfelder sinnvoll.

Die Wörter werden mit Artikel und Pluralendung angegeben. Da die SuS aus der ungeordneten Menge Worte heraussuchen müssen, sortieren sie sie gedanklich, was eine Festigung des Wortschatzes bewirkt.

Rätsel lösen

Um den Wortschatz **selbstständig zu überprüfen**, können die SuS Rätsel lösen. Die Rätsel können verschiedene Intentionen haben: Bei einer Wortschlange, einer Aneinanderreihung von Worten, gilt es, die Wortenden bzw. Anfänge zu finden. Schwieriger ist es, wenn nicht alle Buchstaben verwendet werden, wie das bei einem Buchstabenfeld (einem Rechteck aus Buchstaben, in dem man Worte finden kann) üblich ist.
Sprachlich anspruchsvoller sind Kreuzworträtsel, denn hier müssen Texte entschlüsselt werden, um die Lösungen zu finden. Noch schwieriger ist es, wenn die Lösungsworte vorgegeben werden und dazu die passenden Fragen oder Umschreibungen gefunden werden sollen wie zum Beispiel beim inversen Kreuzworträtsel (→ Werkzeug Inverses Kreuzworträtsel, S. 198) oder beim Spiel mit Tabu-Wörtern (→ Werkzeug Tabu-Wörter, S. 180).

Unterstützung beim Schreiben mathematischer Texte

Eine solide Kenntnis des allgemeinen und fachspezifischen Wortschatzes ist eine der Voraussetzungen, einen Text zu schreiben. Daher unterstützt der Aufbau eines Fachwortschatzes auch die Schreibkompetenz. Dennoch sind die Schwierigkeiten beim Verfassen von mathematischen Texten nicht unbedingt auf die Unkenntnis mathematischer Fachbegriffe und mathematischer Redewendungen zurückzuführen. Schreiben setzt zusätzlich voraus, dass man z. B. Kausalsätze bilden kann, die Interpunktion beherrscht und mit der Rechtschreibung vertraut ist. Dies gilt umso mehr, als sich in der Mathematik die Arbeitsaufträge bei Schreibaufgaben zumeist auf **anspruchsvolles Argumentieren oder Erklären** beziehen.
Gedanken aufzuschreiben statt sie mündlich zu äußern, führt aber auf der anderen Seite dazu, dass die SuS **mehr Zeit haben**, ihre Gedanken zu ordnen und sich so intensiver mit Sprache auseinandersetzen können.

Schreibaufgaben im Mathematikunterricht

Die Komplexität der schriftlichen Aufgaben macht es erforderlich, dass die SuS an Schreibaufgaben im Mathematikunterricht herangeführt werden müssen. Als Erstes brauchen die SuS **Klarheit über den Adressaten**, damit sie wissen, welches sprachliche Niveau in der Aufgabenstellung gefordert ist. Eine Erklärung für einen gleichaltrigen SoS (→ Werkzeug Mathebrief, S. 170) ist einfacher zu verfassen als eine Erklärung für die Lehrkraft. Auch ein Lerntagebuch (→ Werkzeug Lerntagebuch, S. 202) führt an das Schreiben heran, es richtet sich an die SuS selbst, erlaubt explizit die Verwendung von Alltagssprache und ist durch Fragen vorstrukturiert.
Eine weitere **Entlastung der schriftlichen Aufgaben** kann durch mathematisch einfache Aufgaben sowie unterstützendes Material erfolgen oder durch einen Kontext, mit dem die SuS sehr vertraut sind, denn so gelangen sie leichter zu einer Lösung und können sich auf das Beschreiben des Lösungsweges konzentrieren.

Die Reflexion der Texte sollte gerade zu Beginn stärker auf der Sprache als auf dem Inhalt liegen. Im Gegensatz zur Textproduktion im Deutschunterricht ist es hier günstiger, kurze Sätze zu verwenden und für jeden neuen Gedanken einen neuen Satz zu beginnen. Die Lesbarkeit und somit das Verständnis werden außerdem erhöht, wenn die SuS sauber schreiben, sich an die Linien halten und Absätze machen. An dieser Stelle ist es wesentlich, dass die SuS die Texte, über die gesprochen wird, auch sehen können (über Dokumentenkamera, als Kopie auf dem Overheadprojektor oder in Papierform). Auch Fehler und Ungenauigkeiten gehen verloren, wenn die Texte nur vorgelesen werden.

TIPP Sammelt man die Kriterien für die Form und lässt dann mit einem Partner die Hefte tauschen und die Einhaltung der Regeln kontrollieren, ist dies zumeist nachhaltiger, als wenn die Lehrkraft diese Korrekturen vornimmt. Zu den Kriterien für die Form sollte auch die Beachtung des Aufgabenformats gehören, dass also beispielsweise bei Mathebriefen auch mit einem Brief geantwortet wird.

Haben sich die SuS daran gewöhnt, im Mathematikunterricht Texte zu verfassen, können die Aufgaben mathematisch und sprachlich anspruchsvoller werden. Sprachliche Hilfen können dann zunehmend reduziert werden, die SuS können sich gegenseitig helfen (→ Werkzeug Schreibkonferenz, S. 176). Dazu ist es hilfreich, sprachlich heterogene Partner oder Gruppen zu wählen. Arbeitsaufträge können auch so gestellt werden, dass sie zu einer sprachlichen **Binnendifferenzierung** führen: Die Lehrkraft kann beispielsweise für die sprachlich schwachen SuS Fachbegriffe zur Verfügung stellen und von den stärkeren die Verwendung der Fachbegriffe einfordern und so die sprachlichen Anforderungen erhöhen.

Textproduktion in Klassenarbeiten

Bei Klassenarbeiten sollte es darum gehen, die mathematischen Kompetenzen zu erfassen und nicht den allgemeinen Wortschatz bzw. das allgemeine Sprachniveau zu bestimmen. Daher empfiehlt es sich, das **sprachliche Niveau eher gering zu halten**, d.h. einfache kurze Sätze, wenig Bezüge bei den Aufgabenstellungen, Verwendung von bekannten mathematischen Operatoren. Auch die Kontexte sollten den SuS vertraut sein oder durch Vokabeln und Bilder vorentlastet werden. Günstig ist es, weniger Aufgaben zu stellen (höchstens fünf Aufgaben), und dann lieber mehr, möglichst voneinander unabhängige Unteraufgaben anzubieten, damit sich die SuS nicht immer wieder in einen neuen Kontext eindenken müssen.
Die Verwendung von verschiedenen Darstellungen (z.B. Text, Term und Graph parallel) ermöglicht es den SuS, verschiedene Zugänge zu den Aufgaben zu finden.

TIPP Wird in der Aufgabenstellung eingefordert, dass das Vorgehen kommentiert oder erklärt werden muss, kann die Lehrkraft besser zwischen Flüchtigkeits- und Vorstellungsfehlern unterscheiden.

Hilfestellungen für das Schreiben

Je nach Sprachstand benötigen die SuS unterschiedlich viele Hilfestellungen, um Texte zu produzieren. **Lückentexte**, vorgegebene Begriffe (**Wortgeländer**), vorgegebene **Satzanfänge**, **Satzmuster** und **Mustertexte** bieten eine weitreichende Hilfe, während das **Umformulieren**, Reformulieren und das **Korrigieren unsinniger Sätze** sprachliche Aufgaben darstellen, die auf der einen Seite das Verständnis des Textes sicherstellen, auf der anderen Seite flexibles Formulieren trainieren und einfordern.

Lückentexte

Die Arbeit mit Lückentexten kann unterschiedliche Ziele verfolgen. Lückentexte eignen sich hervorragend dazu, das Abschreiben von der Tafel interessanter zu gestalten und zugleich sicherzustellen, dass die SuS nicht nur abschreiben, ohne den Inhalt zu erfassen. Man kann mit Lückentexten auch an sprachlichen Schwierigkeiten arbeiten (→ UE 1, KV 3a/3b) oder Fachbegriffe und Fachwissen abfragen (→ UE 4, KV 1).

Wortgeländer und Satzbaukasten

Bei einem **Wortgeländer** werden die **wesentlichen Elemente** eines Satzes (Fachwörter/Nomen und passende Verben) vorgegeben, aus denen die SuS einen Text bilden sollen. Beispielsweise soll aus den Wörtern *die Winkelsumme – das Dreieck – betragen – immer – 180°* ein Regelsatz zusammengesetzt werden *(Die Winkelsumme in einem Dreieck beträgt 180°)*.

Bei einem **Satzbaukasten** werden Sätze **in Satzglieder oder Satzbausteine** aufgeteilt, die dann von den SuS wieder zusammengesetzt werden müssen (die Lehrkraft zerlegt dazu meist mehrere Sätze). Beides ist eine sehr große Unterstützung und kann verwendet werden, wenn schwierige fachsprachliche Redewendungen gefordert sind oder gleichzeitig mit der sprachlichen Aufgabe auch eine fachlich anspruchsvolle Aufgabe bewältigt werden soll, zum Beispiel bei einem Puzzle.

Satzmuster oder Mustertexte

Bei der Arbeit mit einem Satzmuster geht man von einem Beispielsatz aus. Die SuS bilden ähnliche Sätze, indem sie Satzgruppen austauschen. Dies ist besonders hilfreich, wenn längere Texte wiederholt nach einem Schema produziert werden sollen. **Satzmuster geben viel Struktur** vor und sind daher für sehr sprachschwache SuS besonders geeignet. Sprachlich stärkere SuS lösen sich schnell von den festen Formulierungen, während schwächere diese Hilfe über längere Zeit nutzen (→ UE 3, KV 5).
Mustertexte sind auch hilfreich, um ein Vorgehen auf einen anderen Kontext zu übertragen (→ Werkzeug Lernen am Beispiel, S.166, → Schlüsselwörter bei Textaufgaben, S.23) oder um eigene Aufgabenstellungen zu kreieren (→ Werkzeug Aufgabenvariation, S.152).

Satzanfänge

Während Lückentexte darauf abzielen, ganz bestimmte Wörter zu finden, ermöglichen vorgegebene Satzanfänge **eigenes Formulieren**, helfen aber über die größte Hürde hinweg, indem sie den Anfang vorgeben (→ UE 5, KV 3). Dies ist besonders dann sinnvoll, wenn die Lehrkraft will, dass eine bestimmte Formulierung nicht verwendet wird (Umformulieren), aber auch eine Regelabfrage kann so erfolgen (→ UE 4, KV 4).

Wortlisten

Eine Wortliste ist eine Sammlung von Wörtern, zumeist Fachwörter. Wenn Texte geschrieben werden sollen, ist es schon eine Hilfe, **Begriffe aus dem Kontext** – auch ohne Erklärung – zur Verfügung zu stellen, denn oft sind die Begriffe entweder im passiven Wortschatz vorhanden oder können von den SuS erschlossen werden, z.B. weil es sich um Komposita handelt oder weil zu den Wörtern eine Abbildung gegeben wird (→ UE 4, KV 5, → UE 4, KV 7).
Das verbindliche Verwenden von Fachwörtern in einer Erklärung stellt eine erhöhte Anforderung dar und kann somit auch als mathematische Binnendifferenzierung eingesetzt werden.

TIPP Bei Leistungsbewertungen kann eine Wortliste hilfreich sein, um den Erwartungshorizont transparent zu machen.

Umformulieren

Verstehen die SuS die Aufgabenstellungen nicht, so können sie nicht sinnvoll im Mathematikunterricht mitarbeiten. Daher ist es zentral für den Unterricht, dass die Lehrkraft prüft, ob die Arbeitsaufträge verstanden werden. Sie kann beispielsweise die SuS dazu aufzufordern, einen Arbeitsauftrag **in eigenen Worten wiederzugeben**. Gelingt dies den SuS nicht, sollte die Lehrkraft herausfinden, woran es liegen könnte. Vielleicht sind zu viele Stolpersteine der deutschen Sprache (→ S.16) enthalten oder es liegt am Kontext oder die mathematische Arbeitsanweisung, der Operator, ist nicht bekannt. Die Lehrkraft kann den Arbeitsauftrag anschließend entsprechend umformulieren.

Umformulieren ist auch für ein weiteres zentrales Element des Unterrichts hilfreich: Regeltexte werden im Mathematikunterricht oft von der Lehrkraft vorgegeben oder einem Buch entnommen, um inhaltliche Fehler zu vermeiden. So ist es allerdings schwer, das sprachliche Niveau der SuS zu treffen. Um dies sicherzustellen und auch um Regeln zu verinnerlichen, können die SuS **eine vorgegebene Regel umformulieren**. Dies ist eine sehr anspruchsvolle Aufgabe: Die SuS sind sich bewusst, dass eine Änderung der Formulierung sehr schnell zu ungenauen oder falschen Aussagen führen kann. Eine gute Hilfe stellt es dar, einen Satzanfang vorzugeben, mit dem die SuS dann ihre Formulierung beginnen können. Bei dieser Vorgabe sollte die Lehrkraft im Vorfeld prüfen, ob sich damit verschiedene einfach strukturierte Sätze bilden lassen, die inhaltlich korrekt sind. Das Umformulieren kann durch den Hinweis auf bestimmte Fachwörter, Wortlisten oder auf Satzbausteine erleichtert werden.

Unsinnige Sätze

Ein kreativer Arbeitsauftrag ist das Korrigieren von unsinnigen Sätzen. Verändert man einen Merksatz nur leicht, zum Beispiel durch das Vertauschen von Fachwörtern, kann man die Aufgabe stellen, den Fehler zu finden. Verändert man einen Merksatz, indem man einen Halbsatz gegen einen aus einem anderen Merksatz austauscht oder durch einen sinnfremden Teil ersetzt, so sind viele Möglichkeiten denkbar, diesen Satz – auf unterschiedlichem Niveau – zu korrigieren (→ Werkzeug Unsinnige Sätze, S.209).

METHODEN ZUR HILFESTELLUNG BEI DER TEXTPRODUKTION

<table>
<tr><th>Hilfestellung</th><th>Beispiel</th></tr>
<tr><td>Bei einem Lückentext werden Wörter ausgelassen und durch Lücken ersetzt. Die Lehrkraft kann als Hilfe eine Liste anbieten, auf der alle Wörter enthalten sind, die in die Lücken eingetragen werden sollen.</td><td>Die Seite, die in einem .... Dreieck dem rechten .... gegenüberliegt, nennt man Hypotenuse.</td></tr>
<tr><td>Ein Wortgeländer liefert die wesentlichen Elemente eines Satzes.</td><td>Erkläre die Addition von Brüchen mit Hilfe des Wortgeländers:
Brüche – gleiche Nenner – Zähler addieren
Brüche – verschiedene Nenner – erweitern</td></tr>
<tr><td>Ein Satzbaukasten ist eine erweiterte Hilfestellung für das Verfassen eines Textes. Die Struktur erleichtert das Bilden der Sätze.</td><td>Erkläre die Addition von Brüchen mit Hilfe der Satzbausteine:<table><tr><td>Wenn</td><td>die Zähler</td><td>gleichnamig machen,</td></tr><tr><td>Sonst musst du</td><td>die Brüche</td><td>gleich sind,</td></tr><tr><td>kannst du</td><td>die Nenner</td><td>auf das kgV erweiterst.</td></tr><tr><td>indem du</td><td>die Brüche</td><td>addieren.</td></tr></table></td></tr>
<tr><td>Wird ein Satz vorgegeben, den die SuS von der Struktur her nutzen können und nur Zahlen oder andere kleine Dinge ändern müssen, spricht man von Satzmustern.</td><td>Multipliziere 13 mit 10.
Dividiere 280 durch 14.
Subtrahiere 16 von 39.
Addiere 43 und 35.</td></tr>
<tr><td>Handelt es sich um mehrere, zusammenhängende Sätze, spricht man von Mustertexten.</td><td>Formuliere wie im Beispiel in Worten:
24 + 46   120 : 5   337 – 24</td></tr>
</table>

Satzanfänge werden gegeben, um das freie Formulieren oder das Umformulieren (z. B. von Regeln) zu unterstützen.	Die Winkelsumme in einem Dreieck beträgt 180°. Formuliere die Regel um. Verwende dabei den Satzanfang: *Wenn man in einem Dreieck ...*
Die **Wortliste** dient als Hilfestellung.	Erkläre die Addition von Brüchen. Folgende Wörter können dir dabei helfen: *der Nenner, der Zähler, erweitern, gleichnamig machen*
Eine **Wortliste** hilft bei der Erstellung eines Erwartungshorizontes einer Leistungsüberprüfung. (Eine Erklärung ist ohne das gemeinsame Vielfache einfacher möglich, auch wenn dadurch der Rechenaufwand steigt).	Erkläre die Addition von Brüchen. Verwende dabei folgende Wörter: *der Nenner, der Zähler, gemeinsames Vielfaches, erweitern, gleichnamig*
Eine **Wortliste** ist eine Möglichkeit der Binnendifferenzierung. (Nun können die SuS selbst entscheiden, ob sie das gemeinsame Vielfache in der Erklärung verwenden).	Erkläre die Addition von Brüchen. Verwende dabei möglichst viele der folgenden Wörter: *der Nenner, der Zähler, das kleinste gemeinsame Vielfache, erweitern, gleichnamig*
Das **Umformulieren einer Aufgabenstellung** sichert, dass der Arbeitsauftrag verstanden wird.	Gib an, was du bei dem Arbeitsauftrag tun sollst: Zeichne eine Gerade g durch die Punkte A und B. (→ UE 3, KV 1 Übersetzungstabelle)
Das **Umformulieren unter Einsatz von Fachwörtern** bietet die Chance, mit einem einfachen Text zu starten.	Formuliere die folgende Aussage um, indem du die Wörter *multiplizieren* und *Faktor* oder *Faktoren* verwendest. *Wenn ich mehrere Zahlen miteinander malnehme, ist es egal, mit welcher Zahl ich anfange.*
Das **Umformulieren eines Merksatzes** ist anspruchsvoll und gelingt besser, wenn man einen Satzanfang vorgibt.	Das Kommutativgesetz besagt, dass man die Reihenfolge der Faktoren bei der Multiplikation vertauschen darf. Formuliere den Satz um: *Wenn ich mehrere Faktoren ...*
Das **Korrigieren eines unsinnigen Satzes** lässt mehrere Lösungen zu.	Verändere den Satz so, dass er einen Sinn ergibt: *Jedes Quadrat ist auch ein rechtwinkliges Dreieck.*

Sprachförderliche Unterrichtsplanung

Sprachförderung im Fachunterricht lässt sich durch viele kleine Maßnahmen erreichen, die sich ohne großen Aufwand in den regulären Unterricht integrieren lassen. Der Erfolg und die Motivation der SuS werden dadurch gesteigert, wie viele Beispiele aus dem Praxisalltag belegen. Ein sprachsensibler Unterricht wirkt sich also auf das **Leistungsvermögen einer gesamten Lerngruppe** oder Klasse aus und nutzt allen. Oberstes Prinzip ist immer, die sprachliche Aktivität aller SuS zu erhöhen und Kindern mit sprachlichen Defiziten Hilfsmittel an die Hand zu geben, sich (Fach) Sprache zu erschließen. Dazu ist eine sprachsensible Unterrichtsgestaltung und -durchführung nötig (dies wird auch Scaffolding genannt).

Sprachförderung beginnt häufig im Kleinen bei der Auswahl und Gestaltung von Unterrichtsmaterialien und Arbeitsaufträgen, aber für eine langfristige Entwicklung ist eine übergreifende Planung hilfreich. Dies impliziert Absprachen mit den Lehrkräften anderer Fächer, insbesondere mit der Deutschlehrkraft, weil diese den Sprachstand der SuS gut einschätzen kann. Die folgenden Aspekte sollten vorab besprochen und geplant werden und dann in die Unterrichtsplanung und -durchführung eingehen.

Planung von Unterrichtseinheiten

1. Blick auf das Halbjahr

Je nach Klassenstufe und Lerngruppe kann es **Schwerpunkte** geben, an denen während des ganzen Schuljahres gearbeitet werden sollte. Unterrichtet man beispielsweise eine fünfte Klasse, kann man das Schreiben von mathematischen, beschreibenden (und zum Teil erklärenden) Texten einführen und dabei vor allem auf die Interpunktion und die Form achten, um so die Verständlichkeit der geschriebenen Texte zu erhöhen. Dann sollte man für jedes Halbjahr klären, welche Themenbereiche vom **Lehrplan** vorgegeben werden und welche sprachlichen Kompetenzen durch die Vorgaben der Bildungsstandards bzw. der Fachanforderungen im Fokus stehen müssen. Geht es beispielsweise in Klasse 7 um Zuordnungen, so steht der Wechsel der Darstellungen im Vordergrund und dies impliziert die Transformation von Text in andere Darstellungsformen.

Um diesen sprachlichen Fokus zu bewältigen, sind **Absprachen** mit den LuL anderer Fächer hilfreich, denn häufig müssen die SuS diese sprachlichen Fähigkeiten in mehreren Fächern entwickeln und anwenden. Dabei stellt es für die SuS eine enorme Erleichterung dar, wenn transparent gemacht wird, dass gleich benannte Dinge in verschiedenen Fächern auch die gleichen Anforderungen an sie stellen. Beispielsweise erfolgt die Beschreibung eines Diagramms in Mathematik und Geographie nach den gleichen Regeln.

2. Sachanalyse

Um bei der Sachanalyse die sprachlichen Voraussetzungen der SuS zu berücksichtigen, kann die Lehrkraft sich bei der Planung folgende Fragen stellen:

- Welche Grundvorstellungen sollen aufgebaut werden? Welche Kontexte kann ich wählen bzw. welche Materialien kann ich zur Verfügung stellen, damit alle SuS einen sprachlichen Zugang zu diesen Begriffen erhalten?
- Welche mathematische(n) Kompetenz(en) steht (stehen) im Zentrum der Einheit?
  - Mit den Kompetenzen der Bildungsstandards sind auch viele sprachliche Schwerpunkte festgelegt.
- Welche einzelnen sprachlichen Lernziele strebe ich an? Was sollen die SuS am Ende sprachlich können?
- Wie soll die Klassenarbeit aussehen, die am Ende der Einheit den Lernzuwachs diagnostiziert, insbesondere: Welche Texte sollen dort von den SuS erstellt werden?
  - Texte, die die SuS produzieren, ermöglichen nicht nur die Leistung zu beurteilen, sondern häufig auch zu erkennen, mit welchen Vorstellungen und Fehlvorstellungen die SuS arbeiten.
- Wie kann ich die Lernziele sinnvoll aufeinander aufbauen?

3. Sprachstandsanalyse

Bei der Sprachstandsanalyse muss geprüft werden, welche sprachlichen Voraussetzungen die SuS haben, welche Schwierigkeiten vorliegen und wie diese bewältigt werden können. Dabei ist es nicht nötig, dass eine detaillierte Analyse des Sprachstands jedes einzelnen SuS erfolgt, vielmehr sollte sich die Lehrkraft für ihre Lerngruppe folgende Fragen beantworten:

- Welche Fachbegriffe und fachsprachlichen Redewendungen müssen neu eingeführt werden? Mit welchen Methoden sollen sie eingeführt, geübt, reflektiert und abgefragt werden?
  - Methoden und Hinweise finden sich bei der
  - Wortschatzarbeit.

MATHEMATISCHE KOMPETENZEN Mit den mathematischen Kompetenzen aus den Bildungsstandards sind sprachliche Schwerpunkte verknüpft

Mathematische Kompetenz	Sprachlicher Schwerpunkt
Argumentieren	Argumentationen wiedergeben, erläutern und bewerten, Fragen formulieren
Probleme lösen	Probleme sprachlich erfassen und selbst formulieren, Lösungsideen und -wege reflektieren
Modellieren	Das Problem sprachlich erfassen, das Problem in die mathematische Symbolsprache transformieren, die Lösung in Text einbetten und auf Plausibilität prüfen
Darstellungen verwenden	Informationen aus den verschiedenen Darstellungen herauslesen; zwischen den Darstellungen wechseln, das beinhaltet die Transformation von Text in Tabelle oder Graph oder Term und umgekehrt; die Verwendung von Darstellungen begründen
Mit symbolischen, technischen und formalen Elementen der Mathematik umgehen	Symbolische und formale Sprache in natürliche Sprache übersetzen und umgekehrt
Kommunizieren	Aus Texten Informationen entnehmen; formulieren von eigenen Überlegungen

- Welche Schlüsselbegriffe – auch für die verwendeten Kontexte – benötigen die SuS? Sind die Kontexte und Schlüsselwörter den SuS vertraut?
  - Wie beim → Didaktisieren von Texten erläutert, sollte über Schlüsselbegriffe gesprochen werden, bevor die SuS einen Text mit diesen Begriffen erhalten.
- Welche Satzkonstruktionen werden benötigt, die für die SuS schwierig sind? Wie können diese Satzkonstruktionen trainiert werden?
  - Sollen begründende Texte verfasst werden, muss die Lehrkraft sich fragen, ob die SuS solche Satzkonstruktionen beherrschen oder trainieren müssen. Dann helfen Mustersätze, wie sie zum Beispiel auf Lernplakaten stehen (→ UE 1 KV 2).
- Mit welchen Textsorten soll in der Einheit vorrangig gearbeitet werden? Ist diese Textsorte den SuS aus dem Mathematikunterricht vertraut?
  - Hier helfen Mustertexte, an denen das Vorgehen geübt werden kann. Zumeist werden im Mathematikunterricht die Textsorten Informationstext, kommentierte Beispielaufgabe, Textaufgabe, Sätze und Beweise gelesen (→ Didaktisieren von Texten), beschreibende und erklärende Texte sollen produziert werden. Methoden und Hinweise finden sich bei der → Wortschatzarbeit (→ S. 28).

4. Stundenplanung

Ist die Analyse des Unterrichtsgegenstands sowie des Sprachstands erfolgt, kann mit der konkreten Planung begonnen werden. Dabei kann sowohl vom Produkt aus gedacht werden (Welches Produkt sollen die SuS am Ende einer Stunde erstellt haben? Wie kommen sie dahin?) als auch vom sprachlichen oder fachlichen Lernziel (Welches Wissen soll neu erworben werden? Welche Kompetenz soll trainiert werden?).

Die folgenden Fragen unterstützen bei der Planung mit Hilfe des sprachlichen Fokus:

- Was ist das Ziel der Stunde? → Aus dem Lernziel sollte man die Schlüsselbegriffe ableiten.
- Sollen in der Stunde neue Fachbegriffe eingeführt werden? Welche Begriffe müssen dafür vorausgesetzt werden? Wie kann ich zu Stundenbeginn sichergehen, dass diese vorausgesetzten Begriffe den SuS klar sind?
- Soll in einem Kontext gearbeitet werden? Ist dieser Kontext den SuS vertraut? Welche Unterstützung (Bilder, Worterklärungen ...) brauchen die SuS, um mit dem Kontext arbeiten zu können?
- Wie lautet der schriftliche Arbeitsauftrag für die SuS? Wie stelle ich sicher, dass der Arbeitsauftrag verstanden wurde (mündlich oder schriftlich umformulieren lassen)?
- Welche sprachlichen Herausforderungen impliziert der Arbeitsauftrag (Fachwortschatz, Wortschatz allgemein, Satzbau)? → Dies ist besonders zu berücksichtigen, wenn die SuS mit Texten aus einem Buch arbeiten sollen.
- Passen die Abbildungen oder Materialien, die den SuS gegeben werden, zu dem Arbeitsauftrag? → In Büchern sind die Bilder, die zu einem Text gezeigt werden, nicht immer passend!
- Welches Produkt sollen die SuS in der Stunde erstellen? Welche sprachlichen Hilfestellungen benötigen sie dafür?

- Wie ermögliche ich den SuS, dass sie sich sprachlich weiterentwickeln? → Dafür muss man ausreichend Sprachanlässe einplanen (Murmelphase, Partner- oder Gruppenarbeit, Textproduktion, ...) und diese Sprachanlässe begleiten (Fachbegriffe zur Verfügung stellen oder einfordern, ...).
- Wie soll die Reflexion am Ende der Stunde erfolgen? Wie will ich das Wissen sichern? Können die SuS selbst formulieren oder brauchen sie Hilfen (Lückentext, vorgegebene Satzanfänge ...)?

5. Tipps für einen sprachsensiblen Unterricht

Auch wenn eine Unterrichtsstunde gut geplant wurde, muss jede Lehrkraft in jeder Stunde flexibel reagieren. Aspekte, die grundsätzlich beachtet werden, damit sich auch die SuS mit sprachlichen Schwierigkeiten aktiv am Mathematikunterricht beteiligen können, werden in der folgenden Checkliste aufgelistet.

CHECKLISTE SPRACHSENSIBLES UNTERRICHTEN

- Auf die eigene Sprache achten (→ Unterstützung beim Hörverstehen)!
- Sprache durch Handlungen und Gesten unterstützen!
- Beim Sprechen fördern (→ Unterstützung beim Sprechen) und flexibel reagieren: Wenn weitere Vokabeln benötigt werden, können diese an die Tafel geschrieben werden.
- Bei Texten begleitende Arbeitsaufträge verfassen (→ Unterstützung beim Lesen)!
- Das sprachliche Niveau überprüfen: Sind die Arbeitsaufträge so formuliert, dass sie knapp oberhalb des Sprachstands der SuS liegen?
- Die SuS mitlesen lassen, wenn es um die Reflexion von Texten geht!
- Reichen die Hilfen zur Fertigstellung des geforderten Produktes aus (→ Unterstützung beim Schreiben)?
- Feedback einfordern!
- Lösung und Vorgehen reflektieren! Was hat geholfen, um die Mathematik zu bewältigen? Wie sind wir mit Sprache umgegangen? Was war dabei schwierig? Was wollen wir noch üben?

METHODENÜBERSICHT (ALPHABETISCH)

Methode	**geeignete Sozialform** 👤, 👤👤, 👤👤👤	**Fokus der Sprachhandlung (hören/ sprechen/ lesen/ schreiben)**	**Beispiele**
Arbeitsblatt gestalten	👤👤, 👤👤👤	schreiben	→ UE 4 KV 8 /S. 96
Aufgabenvariation	👤👤👤	schreiben	→ UE 5 KV 9 / S. 113
Blütenaufgaben	👤	lesen, schreiben	→ UE 5 KV 5 / S. 109
Concept-Map	👤	schreiben	→ UE 7 KV 8 / S. 141
Domino	👤👤	sprechen	→ UE 4 KV 2 / S. 89
Feedback	👤	hören, sprechen, schreiben	→ UE 3 KV 6 / S. 77
Filmleiste	👤, 👤👤	lesen, schreiben	→ UE 3 KV 1 / S. 71 → UE 3 KV 2 / S. 72
Geobrett	👤👤	sprechen, schreiben	→ UE 2 KV 4b / S. 61
Glossar erstellen	👤, 👤👤, 👤👤👤	schreiben	→ UE 1 KV 1 / S. 44 → UE 3 KV 1 / S. 71 → UE 5 KV 2b / S. 105
Gruppenpuzzle	👤👤👤	sprechen, schreiben	→ UE 4 KV 8 / S. 96 → UE 6 KV 3 / S. 121
Informative Figuren	👤	lesen, sprechen, schreiben	→ UE 4 KV 3 / S. 90 → UE 4 KV 5 / S. 92 → UE 4 KV 6 / S. 93
Kopfaufgaben	👤	hören	→ UE 1 KV 4 / S. 48 → UE 2 KV 6 / S. 63 → UE 3 KV 3 / S. 73 → UE 6 KV 5 / S. 124
Kreuzworträtsel	👤👤👤	schreiben	→ UE 5 KV 10 / S. 114
Lebendiges Diagramm	👤, 👤👤	lesen	→ UE 3 KV 8 / S. 79
Lehrfilm drehen	👤👤👤	schreiben, sprechen	→ UE 4 KV 6 / S. 93
Lernen am Beispiel	👤, 👤👤	lesen	→ UE 1 KV 5 / S. 49 → UE 3 KV 4 / S. 74 → UE 6 KV 3 und 4 / S. 121–123
Lernen durch Lehren	👤👤, 👤👤👤	sprechen	In Kombination mit → Vorher-Nachher-Test oder mit einem → Lehrfilm
Lernplakat	👤👤👤	lesen, schreiben, hören, sprechen	→ UE 1 KV 2 / S. 45 → UE 3 KV 5 / S. 76 → UE 5 KV 2a / S. 104
Lerntagebuch	👤	schreiben	→ UE 5 KV 3 / S. 107
Loci-Methode	👤👤👤	lesen, hören	→ UE 2 KV 1 / S. 57
Lückentext	👤	schreiben	→ UE 1 KV 3 / S. 46 → UE 1 KV 7 / S. 51 → UE 4 KV 1 / S. 87
Mathebrief	👤	schreiben	→ UE 1 KV 6 / S. 50 → UE 4 KV 5 / S. 92
Mind-Map	👤, 👤👤👤	schreiben	→ UE 4 KV 9 / S. 97
Paare finden	👤👤👤	sprechen	→ UE 2 KV 2 / S. 58 → UE 6 KV 2 / S. 120
Placemat	👤, 👤👤, 👤👤👤	schreiben	→ UE 5 KV 1 / S. 103

Methode	geeignete Sozialform 👤, 👤👤, 👤👤👤	Fokus der Sprachhandlung (hören/ sprechen/ lesen/ schreiben)	Beispiele
Puzzle	👤👤	sprechen	→ UE 5 KV 7 / S. 111
Satzmuster	👤	sprechen, schreiben	→ UE 3 KV 5 bzw. KV 7 / 76, 78
Schreibkonferenz	👤👤👤	schreiben	→ UE 1 KV 6 / S. 50
Stadt-Land-Fluss	👤	schreiben	→ UE 2 KV 5 / S. 62
Stundenprotokoll	👤	sprechen, schreiben	→ UE 7 KV 4 / S. 135
Tabu-Wörter	👤, 👤👤👤	hören, sprechen	→ UE 6 KV 6 / S. 125
Tandembogen	👤👤	hören, sprechen	→ UE 4 KV 4/ S. 91
Tangram	👤, 👤👤	schreiben, sprechen	→ UE 2 KV 4a / S. 60
Textaufgaben	👤	lesen, schreiben	→ UE 5 KV 6 / S. 110 → UE 7 KV 6 / S. 139
Sozialform Gruppenarbeit	👤👤👤	hören, sprechen, schreiben	→ UE 5 KV 10 / S. 114 → UE 4 KV 9 / S. 97 und alle Phasen der Gruppenarbeit
Sozialform Ich – Du – Wir	👤, 👤👤, 👤👤👤	hören, sprechen	→ UE 2 KV 3 / S. 59 → UE 4 KV 3 / S. 90
Sozialform Murmelphase	👤👤, 👤👤👤	hören, sprechen	→ UE 6 KV 5 / S. 124
Sozialform Partnerarbeit	👤👤	hören, sprechen, schreiben	→ UE 2 KV 4b / S. 61 → UE 5 KV 10 / S. 114 und alle Phasen der Partnerarbeit
Umformulieren	👤	hören, sprechen, lesen, schreiben	→ UE 1 KV 3a / S. 46
Unsinnige Sätze	👤, 👤👤	lesen, schreiben	→ UE 7 KV 7 / S. 140
Vorher-Nachher-Test	👤👤, 👤	sprechen, schreiben	→ UE 5, KV 4 / S. 108
Vorstellungsübung	👤	hören, schreiben	→ UE 5 KV 1 / S. 103 → UE 6 KV 5 / S. 124
Wochenaufgaben	👤	schreiben	→ UE 2 KV 7 / S. 64 → UE 3 KV 9 / S. 80
Wortliste, Wortfeld	👤	schreiben	→ UE 1 KV 3a und b / S. 46 und 47 → UE 5 KV 8 / S. 112

👤 = Einzelarbeit, 👤👤 = Partnerarbeit, 👤👤👤 = Gruppenarbeit

Praxis

UNTERRICHTSEINHEIT

Termbeschreibungen entschlüsseln und verwenden 5/6

Leitidee Zahl
Sprachlicher Fokus Terme in Text und Text in Terme transformieren
Themen Rechenverfahren und Rechengesetze

fachliche Lernziele

- Terme unter Berücksichtigung der Vorrangregeln ausrechnen
- schriftlich addieren, subtrahieren, dividieren und multiplizieren
- Fehler in Rechnungen finden

sprachliche Lernziele

- Termbeschreibungen verstehen
- Terme unter Verwendung des Fachwortschatzes beschreiben
- die Präpositionen bei Termbeschreibungen richtig auswählen
- Fehler in Rechnungen begründen
- Rechenverfahren vergleichen und reflektieren

Der Fachwortschatz zur Berechnung von Termen durchzieht den gesamten Mathematikunterricht in der Sekundarstufe. SuS müssen sowohl mit Variablen und Termen umgehen können, als auch die Transformation von symbolischer und formaler Sprache in natürliche Sprache beherrschen. Daher werden hier gleich zu Beginn die Termbezeichnungen systematisch eingeführt und die SuS mit verschiedenen Übungen dazu angeregt, die Begriffe nicht nur zu verstehen, sondern selbst zu verwenden. So können sie in den aktiven Wortschatz der SuS übergehen. Dabei geht es aber nicht nur darum, die Fachwörter zu lernen, sondern diese in grammatikalisch korrekte Sätze einzubetten. Dazu werden den SuS Beispielsätze, Satzmuster und Lückentexte zur Verfügung gestellt, mit denen sie zunächst nach Muster und schließlich frei formulieren sollen.

Ein sicheres Beherrschen der Grundrechenarten und der Vorrangregeln ist die Voraussetzung, um sich mit Problemen der Schulmathematik beschäftigen zu können. Das Kopfrechnen unter Zuhilfenahme der Rechengesetze sowie die schriftlichen Rechenverfahren wurden bereits in der Grundschule eingeführt. Im Rahmen dieser Unterrichtseinheit sollen die Verfahren wiederholt, vertieft und reflektiert werden. Während aber in der Grundschule die Regeln und Gesetze intuitiv eingesetzt werden, sollen sie nun expliziter Unterrichtsgegenstand sein und daher auch in Worte gefasst werden können. Die zuvor eingeführten Fachwörter helfen, die Sachverhalte kurz und präzise auszudrücken.

1 Glossar zu Termbeschreibungen

Im Glossar wird eine individuelle Erklärung aufgeschrieben.

In einem Glossar lassen sich die Fachwörter zu einem Thema sammeln. Das Austeilen eines fertigen Glossars ist nur selten hilfreich. Daher wird das **Glossar gemeinsam entwickelt**. So wird in jeder Klasse ein anderes Glossar entstehen, je nachdem, welche Schwerpunkte gesetzt werden, welche Fragen von den SuS kommen und welche Erklärungen benötigt werden. Dabei ist unbedingt darauf zu achten, dass die Erklärungen auch von den SuS verstanden werden. Das vorliegende Glossar ist also nur als Idee zu verstehen, wie ein Glossar aussehen könnte.
Es bietet sich an, auch die mathematischen Operatoren wie z.B. *berechne, beschreibe, begründe*, ... mit in das Glossar aufzunehmen, damit die Arbeitsanweisungen für die SuS klar sind. Das Erstellen eines Glossars macht für die SuS auch transparent, dass das Lernen von Fachwörtern ein wichtiger Bestandteil des Mathematikunterrichts ist. Je nach Lerngruppe kann es auch sinnvoll sein, das Benutzen des eigenen Glossars in einer Klassenarbeit zuzulassen; auf diese Weise werden die meisten SuS sorgfältiger bei der Erstellung ihres Glossars sein.

2 Lernplakat zu Termbezeichnungen

Lernplakate festigen den Fachwortschatz.

Die sprachlichen Mittel für das Themenfeld Termbeschreibungen werden mittels eines Lernplakats (→ Werkzeug Lernplakat, S.168) eingeführt. An einigen

Arbeitsblätter

KV-Nr.	Thema	Sozialform	Methode	Intention
1	Glossar zu Termbeschreibungen	👤👤👤	Glossar anlegen (→ S.197)	Fachwörter systematisch sammeln
2	Einführung der Termbeschreibungen	👤👤👤	Lernplakat zu Termbeschreibungen (→ S.168)	An Beispielen Fachwörter klären
3a/3b	Präpositionen bei Termbeschreibungen	👤	Lückentext (→ S.31), Wortlisten (→ S.31)	Mathematische Rechenoperatoren sprachlich mit bestimmten Präpositionen verknüpfen
4	Training der Termbeschreibungen	👤👤👤	Kopfaufgaben (→ S.199)	Trainieren der Fachwörter, damit diese in den aktiven Wortschatz gelangen
5	Vorrangregeln wiederholen und verschriften	👤	Lernen am Beispiel (→ S.166)	Korrektes Aufschreiben von Rechnungen mit Zwischenschritten, Fehlerbeschreibung nach Beispiel
6	Vorrangregeln schriftlich reflektieren	👤, 👤👤, 👤👤👤	Mathebrief verfassen (→ S.170), Schreibkonferenz (→ S.176)	Fehler bei der Anwendung der Vorrangregeln erkennen, beschreiben und korrigieren
7a/7b	Rechengesetze formulieren	👤, 👤👤	Lückentext (→ S.31)	Selbstständiges Formulieren der Rechengesetze

Grundschulen werden die Begriffe schon verwendet, sodass es auch möglich wäre, die Begriffe vorzugeben und den Beispielen zuzuordnen. Da aber zumeist nicht allen Kindern diese Begriffe bekannt sind, empfiehlt es sich, gemeinsam zu sammeln und zu sortieren. Die Fachwörter sollten zudem von den SuS in ihr Heft übertragen werden. Das Lernplakat steht in der Unterrichtseinheit so lange zur Verfügung, bis die SuS den Fachwortschatz sicher beherrschen.

3a Terme mit Worten formulieren 👤

Fachwörter einsetzen: von Satzmustern über Lückentexte zu eigenständigen Formulierungen.
Nach der Einführung der Fachwörter sollten die SuS im Unterrichtsgespräch und bei Arbeitsblättern zur Verwendung der Fachwörter ermuntert werden. Hier setzt KV 3a an. Zunächst werden die Fachbegriffe durch Zuordnung in Sätzen eingebettet. In der zweiten Übung wird der Fokus auf die Verwendung passender **Präpositionen bei Termbeschreibungen** gesetzt. Die Präpositionen sind insbesondere für SuS mit nichtdeutscher Herkunftssprache schwierig, denn diese können nicht gut grafisch dargestellt werden (wie viele Nomen und Verben): Präpositionen muss man mit den Verben lernen. Das Lernplakat leistet bei der Bearbeitung Hilfestellung, insbesondere kann es als Muster für die selbst zu formulierenden Sätze dienen. Die dritte Aufgabe stellt zwei Formulierungen einander gegenüber, in der Fachwörter entweder als Verben oder als Nomen verwendet werden. Diese Flexibilität brauchen die SuS, um (auf KV 3b) Klammeraufgaben beschreiben zu können.

Möglichkeiten zur Differenzierung
Freie Felder stellen eine einfache Form der Binnendifferenzierung dar: Schnelle SuS können diese Aufgaben erledigen und sich gegenseitig kontrollieren oder die Aufgabe an die Tafel schreiben.

3b Beschreibungen von Klammeraufgaben 👤

Die Struktur der Sprache kann als Stütze beim Rechnen wirken.
Viele SuS haben Schwierigkeiten, die Vorrangregeln zu beachten, also zu erkennen, welcher Term zuerst berechnet werden muss. Hier kann das sorgfältige Arbeiten mit Sprache eine Stütze darstellen: Formuliert man Aufgaben mit Klammern in Sätzen, so verwendet man als Verb diejenige Verknüpfung, die zuletzt ausgeführt werden soll. Die so formulierten Termbeschreibungen sind anspruchsvoller als bei KV 3a, die Aufgaben sind ansonsten nach dem gleichen Schema aufgebaut: vom Satzmuster über Lückentext zu eigenen Formulierungen.

Möglichkeiten zur Differenzierung
KV 3b kann zur Differenzierung eingesetzt werden. Sie können die Beispielaufgabe zunächst gemeinsam besprechen und dann selbstständig bearbeiten lassen oder das selbstständige Lernen am Beispiel (→ Werkzeug Lernen am Beispiel, S.166) in dieser Aufgabe üben.

4 Kopfaufgaben zu Termbeschreibungen

Kopfaufgaben trainieren das genaue Zuhören.
Um Termbeschreibungen nachhaltig zu trainieren, bietet es sich an, zu Stundenbeginn regelmäßig mündliche Kopfaufgaben (→ Werkzeug Kopfaufgaben, S. 199) zu stellen. KV 4 liefert drei Vorlagen für Kopfaufgaben zu Termbeschreibungen, die als Vorlage für die LuL dienen, KV 4 samt Lösung ist also nur für die Hand der Lehrkraft. Die Aufgaben werden zunehmend komplexer, sowohl was das Sprachliche als auch was das Mathematische anbelangt. Während der Bearbeitung der Aufgaben sollten den SuS **sprachliche Hilfen zur Verfügung stehen**, beispielsweise das Lernplakat (KV 2) oder das Glossar (KV 1), sodass die SuS, die noch Schwierigkeiten mit den Begriffen haben, darauf zurückgreifen können. Allerdings sollte der Hinweis gegeben werden, dass diese Begriffe – genau wie Fachbegriffe und Vokabeln in anderen Fächern – auch zu lernen sind. Schnell wird sich zeigen, wer gelernt hat, denn bei den meisten Kindern gelangen die Fachbegriffe rasch in den aktiven Wortschatz. Bei diesen Kopfaufgaben werden aber nicht nur die Fachbegriffe trainiert, sondern auch die Kopfrechenfähigkeiten.

Möglichkeiten zur Differenzierung
Beherrschen die SuS die Fachbegriffe, kann der Schwierigkeitsgrad der Kopfaufgaben angehoben werden. Neben Aufgaben, die auch die Vorrangregeln beinhalten, sind auch Umkehraufgaben möglich. Dabei hat es sich bewährt, von „Tintenklecksaufgaben" zu sprechen und zunehmend das x als Symbol für den Tintenklecks zu verwenden. Auch bei den Tintenklecksaufgaben kann die Sprache als Hilfe genutzt werden: Das Rückwärtsarbeiten gelingt leichter, wenn der Term in Worten präsentiert wird. Häufig ist die Reihenfolge für die SuS klarer und es ist weniger abstrakt mit „deiner Zahl" zu arbeiten als mit x.

5 Rechnen ohne Rechenbäume

Auch Beispiele muss man lesen lernen.
Neben den einzelnen Rechenverfahren geht es in dieser Unterrichtseinheit auch um die Verknüpfung mehrerer Rechenoperationen und damit um die Vorrangregeln. Diese Regeln wurden in der Grundschule bereits mit Hilfe von Rechenbäumen umgesetzt. Nun sollen diese Rechenbäume in eine Rechnung mit mehreren Gleichheitszeichen umgewandelt werden. Da es somit hauptsächlich um eine neue Schreibweise geht, kann an dieser Stelle das Arbeiten am Beispiel geübt werden (→ Werkzeug Lernen am Beispiel, S. 166). Bei dem Arbeitsblatt ist ein wiederholender Lückentext vorangestellt, um abzusichern, dass die zugrundeliegenden Vorrangregeln präsent sind.

Möglichkeiten zur Differenzierung
Will man das Arbeiten weiter erleichtern, so könnte man verstärkt mit vorbereiteten Lücken arbeiten (vgl. Aufgaben a und b). Außerdem sollten mehr Aufgaben eines Typs gerechnet werden und die Veränderungen in kleineren Schritten erfolgen.

6 Mathebriefe zu Vorrangregeln

Bei Briefen fällt das Argumentieren leichter.
Gelingt das Rechnen mit den Vorrangregeln, so können die SuS sich auf Fehlersuche begeben, um ihr Wissen zu festigen. Aufgaben vom Typ „Finde den Fehler und erkläre ihn" schrecken aber viele SuS ab. In der Folge werden diese Aufgaben ausgelassen. Eine Alternative besteht darin, diese Aufgaben in einen Mathebrief zum Rechnen (→ Werkzeug Mathebrief, S. 170) einzukleiden: Das Mädchen Saya findet die Fehler in ihrer Rechnung nicht und wendet sich mit diesem Problem an die Klasse. Für die SuS ist nun der Adressat klar und die Motivation sehr viel größer, die Aufgabe zu bewältigen.

Möglichkeiten zur Differenzierung
Auf dieser KV finden sich zwei Beispiele mit unterschiedlichem Schwierigkeitsgrad. Die KV kann in der Mitte durchgeschnitten und entsprechend verteilt werden. Im oberen Beispiel werden die Fehler vorab thematisiert – Saya hat die Reihenfolge der Vorrangregeln vertauscht – und die richtigen Lösungen werden mit angegeben. Lässt man beides weg, wie im unteren Beispiel, steigt der Anspruch der Aufgabe. Durch ein angemessenes Niveau kann mit Hilfe des Briefes das mathematische Kommunizieren und Argumentieren gemeinsam trainiert werden, es ist nicht mehr auf die Leistungsspitze beschränkt.
Die SuS können als Hilfestellungen auch KV 5 (Rechnen ohne Rechenbäume) nutzen und die Rechnungen von Saya mit dem Beispiel auf KV 5 vergleichen. Man kann auch den Hinweis geben, dass die SuS zunächst selbst die Aufgabe rechnen und dann ihre Rechnung mit der von Saya vergleichen sollen.

Gemeinschaftliche Textproduktion gelingt besser.
Das Schreiben eines Mathebriefes (→ Werkzeug Mathebrief, S. 170) ist auch gut in Partner- oder Gruppenarbeit möglich. Die SuS können sich auch mit der Methode der Schreibkonferenz (→ Werkzeug Schreibkonferenz, S. 176) gegenseitig unterstützen. Zwei Themen, zum Beispiel das Multiplizieren und Dividieren, werden ausgewählt, und jedes Paar erhält eine der Aufgaben. Anschließend gehen je zwei Paare zusammen und helfen sich gegenseitig bei der Verbesserung der Texte, bevor die Arbeit im Plenum vorgestellt wird. Auf diese Weise beschäftigen sich alle mit bei-

den Themen, ohne dass die Aufgabenstellung sich wiederholt.

7a/b Rechengesetze

Zumeist gilt: Je größer die Lücke, desto schwieriger das Ausfüllen.

Im Anschluss an diese Übungsphase werden Assoziativ-, Kommutativ- und Distributivgesetz explizit thematisiert. Dabei lohnt sich ein Vergleich der Schulbücher: In einigen werden die Gesetze anhand von Buchstaben definiert, ohne dass diese vorher eingeführt wurden. Für SuS verständlicher ist die Definition mit Hilfe einer Beispielaufgabe und eines Textes. Darauf baut auch KV7 mit dem Lückentext (→ S.31) zu den Rechengesetzen auf. Es setzt voraus, dass die Gesetze mit den SuS zuvor gemeinsam thematisiert wurden und ist als abschließende Wiederholung gedacht.

Möglichkeiten zur Differenzierung

Die Gesetze eigenständig als Texte zu formulieren ist für die SuS schwierig. Die Aufgabe wird einfacher, wenn die Lücken kleiner und auch die Beispiele zum Teil vorgegeben werden (KV7a). Auch das Vorgeben der Fachbegriffe für die Lücken stellt eine sprachliche Hilfe dar (KV7a).

Für das gehobene Anforderungsniveau (KV7b) werden an den Stellen, an denen die Rechengesetze in der sprachlichen Formulierung schwierig und sehr komplex sind, die Texte vorgegeben. In den übrigen Fällen sind die Terme eingetragen.

Glossar zu Termbeschreibungen

addieren zu	dazuzählen, zusammenzählen
die Addition	die Plus-Aufgabe
angeben	Wenn ich ein Ergebnis *angeben* soll, muss ich keine Rechnung aufschreiben.
das Assoziativgesetz	das Verknüpfungsgesetz: (5 + 13) + 7 = 5 + (13 + 7)
berechnen	Wenn ich berechne, schreibe ich immer die Rechnung auf. Das Ergebnis alleine reicht nicht.
betragen	Statt *ergeben* kann man in der Mathematik auch *betragen* verwenden.
die Differenz	das Ergebnis einer Subtraktion
das Distributivgesetz	das Verteilungsgesetz: (1000 − 3) · 7 = 1000 · 7 − 3 · 7
der Dividend, der Divisor	Beispiel: 24 : 12 = 2 Die Zahl, die ich teile, heißt Dividend (24). Der Divisor (12) ist der Teiler. Der Dividend ist die erste Zahl in einer Division, der Divisor ist die zweite Zahl.
dividieren durch	teilen
die Division	die Geteilt-Aufgabe
ergeben	Bei einer Rechenaufgabe sagen wir „die Summe ergibt 9" statt „die Summe ist 9". Wir betonen damit, dass es ein Ergebnis ist.
der Faktor, die Faktoren	Zahlen, die ich multipliziere, heißen Faktoren.
das Kommutativgesetz	das Vertauschungsgesetz: 5 · 4 = 4 · 5 und 7 + 11 = 11 + 7
der Minuend, der Subtrahend	Beispiel: 19 − 5 = 14 Die Zahl, von der ich abziehe, heißt Minuend (19). Die Zahl, die ich abziehe, heißt Subtrahend (5). Der Subtrahend ist die zweite Zahl in einer Subtraktion. Der Minuend ist die erste Zahl in einer Subtraktion.
die Multiplikation	die Mal-Aufgabe
multiplizieren mit	malnehmen
das Produkt	das Ergebnis einer Multiplikation
der Quotient	das Ergebnis einer Division
die Stelle	Bei 529 steht die fünf an erster Stelle (der Hunderterstelle), die zwei an zweiter Stelle (der Zehnerstelle) und die neun an dritter Stelle (der Einerstelle).
der Summand, die Summanden	Zahlen, die ich addiere (zusammenzähle), heißen Summanden.
die Summe	das Ergebnis einer Addition
subtrahieren von	abziehen
die Subtraktion	die Minus-Aufgabe
der Term	die Rechenaufgabe
die Ziffer, die Ziffern	Die Zahl 17 besteht aus den Ziffern eins und sieben.

Praxishandbuch Sprachbildung Mathematik
Sprachsensibel unterrichten – Sprache fördern
ISBN 978-3-12-666851-4

Lernplakat zu Termbezeichnungen

addieren – die Addition 3 + 4 = 7 erster Summand + zweiter Summand = die Summe	Die **Summe von** 3 **und** 4 beträgt 7. Addiert man 3 **und** 4, erhält man 7. Addierst du 4 **zu** 3, ergibt sich 7. Der erste Summand ist 3 und der zweite Summand ist 4.
subtrahieren – die Subtraktion 8 – 3 = 5 Minuend – Subtrahend = die Differenz	Die **Differenz von** 8 **und** 3 beträgt 5. Subtrahiert man 3 **von** 8, erhält man 5. Subtrahierst du **von** 8 die 3, ergibt sich 5. Der Minuend ist 8 und der Subtrahend ist 3.
multiplizieren – die Multiplikation 6 • 9 = 54 erster Faktor • zweiter Faktor = das Produkt	Das **Produkt von** 6 **und** 9 beträgt 54. Multipliziert man 6 **und** 9, erhält man 54. Multiplizierst du 6 **mit** 9, erhältst du 54. Die Multiplikation von 6 **und** 9 ergibt 54. Der erste Faktor ist 6 und der zweite Faktor ist 9.
dividieren – die Division 18 : 2 = 9 Dividend : Divisor = der Quotient	Der **Quotient von** 18 **und** 2 beträgt 9. Dividiert man 18 **durch** 2, erhält man 9. Die Division von 18 **durch** 2 ergibt 9. Der Dividend ist 18 und der Divisor ist 2.

Praxishandbuch Sprachbildung Mathematik
Sprachsensibel unterrichten – Sprache fördern
ISBN 978-3-12-666851-4

Terme mit Worten formulieren

1 Bilde sinnvolle Sätze und übertrage die Sätze in dein Heft. Notiere dir zu jedem Satz das passende Beispiel.

Der Quotient		Addition.	5 • 7 = 35
Das Produkt	ist das Ergebnis einer	Subtraktion.	13 + 6 = 19
Die Differenz		Multiplikation.	41 − 7 = 34
Die Summe		Division.	45 : 9 = 5

2 Jedes Rechenzeichen wird mit bestimmten Präpositionen *(zu, mit, durch …)* verwendet. Ergänze die fehlenden Worte und berechne den Wert des Terms. Manchmal gibt es mehrere Möglichkeiten.

Beschreibung des Terms	Term		Wert des Terms (= Ergebnis)
Addiere 74 zu 36.	36 + 74	=	110
Subtrahiere 16 ……… 72.	72 ……… 16	=	………
Multipliziere 7 ……… 9.	7 ……… 9	=	………
Dividiere 24 ……… 6.	24 ……… 6	=	………
Multipliziere ………	14 ……… 3	=	………
Addiere ………	16 ……… 9	=	………

3 Berechne die Terme. Formuliere anschließend den Term auf zwei verschiedene Arten. Wenn du fertig bist, finde eigene Beispiele.

Term	Ergebnis	Formulierung mit Verb	Formulierung mit Nomen
48 : 12	= ………	Dividiere 48 durch 12.	Bilde den Quotienten von 48 und 12.
14 • 4	= ………	………	Bilde das Produkt ………
		………	………
28 + 35	= ………		Bilde
		………	………
36 − 35	= ………	Subtrahiere ………	Bilde ………
		………	………
………	= ………	………	………
		………	………
………	= ………	………	………
		………	………

Praxishandbuch Sprachbildung Mathematik
Sprachsensibel unterrichten – Sprache fördern
ISBN 978-3-12-666851-4

Beschreibungen von Klammeraufgaben

Beispiel: Subtrahiere 6 vom Produkt aus 7 und 8.
Das Nomen sagt dir, was du zuerst tust: Das Produkt aus 7 und 8 ist 56. $7 \cdot 8 = 56$
Das Verb gibt an, was du als Letztes tust: Subtrahiere 6 von 56. $56 - 6 = 50$
Du kannst auch alles in einem Term schreiben: $(7 \cdot 8) - 6 = 56 - 6 = 50$

TIPP: Hier brauchst du die Klammern nicht. Wenn du dir aber angewöhnst, bei solchen Aufgaben immer Klammern zu schreiben, vermeidest du Fehler!

1 **Gehe nun vor wie im Beispiel oben. Bilde Sätze, die zu den Beispielen a) bis d) passen. Du kannst dazu das Raster unten nutzen. Übertrage die Sätze in dein Heft und löse die Aufgaben.**

a. $(4 \cdot 7) + 5$ **b.** $(48 : 12) - 4$ **c.** $3 \cdot (28 - 13)$ **d.** $20 : (2 + 8)$

Addiere	3	durch	der Differenz von	28 und 13
Dividiere	4	mit	Produkt von	2 und 8
Multipliziere	5	vom	die Summe von	4 und 7
Subtrahiere	20	zum	Quotienten von	48 und 12

2 **Ergänze die fehlenden Worte und berechne den Wert des Terms. Wenn du fertig bist, finde eigene Beispiele.**

Beschreibung des Terms	Term	Wert des Terms (= Ergebnis)
Subtrahiere 12 vom Produkt von 11 und 5	$(11 \cdot 5) - 12$	= 55 − 12 = 43
Multipliziere 7 .... der Summe .... 22 .... 93.	(..................) • 7	= ....
Addiere 21 .... Quotienten .... 84 .... 4.	....	= ....
Dividiere die Differenz .... 72 .... 48 .... 4.	(..................) : 4	= ....
Multipliziere	$11 \cdot (13 + 27)$	= ....
Dividiere 55	$55 : (46 - 35)$	= ....
....	$(67 - 46) : 3$	= ....
....	$5 \cdot 15 - 22$	= ....

Praxishandbuch Sprachbildung Mathematik
Sprachsensibel unterrichten – Sprache fördern
ISBN 978-3-12-666851-4

Kopfaufgaben zu Termbeschreibungen

1 Einfache Termbeschreibungen

a. Multipliziere 4 mit 12. → $4 \cdot 12 = 48$

b. Addiere 6 zu 13. → $13 + 6 = 19$

c. Bilde die Differenz von 23 und 14. → $23 - 14 = 9$

d. Subtrahiere 12 von 26. → $26 - 12 = 14$

e. Dividiere 54 durch 9. → $54 : 9 = 6$

2 Terme mit Klammern oder schwierigere Aufgaben

a. Multipliziere die Differenz von 16 und 7 mit 3. → $(16 - 7) \cdot 3 = 9 \cdot 3 = 27$

b. Addiere 6 zum Produkt von 7 und 8. → $7 \cdot 8 + 6 = 56 + 6 = 62$

c. Dividiere die Summe von 23 und 21 durch 4. → $(23 + 21) : 4 = 44 : 4 = 11$

d. Multipliziere 16 mit 6. → $16 \cdot 6 = 96$

e. Subtrahiere 33 vom Quotienten aus 120 und 2. → $(120 : 2) - 33 = 60 - 33 = 27$

3 Terme mit Klammern

a. Subtrahiere 6 vom Produkt von 40 und 6. → $39 \cdot 6 = 40 \cdot 6 - 6 = 234$

b. Addiere 45 zum Produkt von 9 und 7. → $9 \cdot 7 + 45 = 63 + 45 = 108$

c. Dividiere 165 durch 15. → $165 : 15 = 150 : 15 + 15 : 15 = 11$

d. Multipliziere die Differenz von 85 und 70 mit 6. → $(85 - 70) \cdot 6 = 15 \cdot 6 = 90$

e. Subtrahiere die Summe von 16 und 5 von dem Produkt aus 12 und 3. → $12 \cdot 3 - (16 + 5) = 36 - 21 = 15$

4 Umkehraufgaben – Aufgaben mit „Tintenklecksen"

a. Welche Zahl musst du mit 5 multiplizieren, um 35 zu erhalten?
→ $5 \cdot x = 35 \quad \leftrightarrow \quad x = 7$

b. Wenn du von der Zahl 12 abziehst, erhältst du 15.
→ $x - 12 = 15 \quad \leftrightarrow \quad x = 27$

c. Das Sechsfache der Zahl addiert zu 13 ergibt 25.
→ $13 + 6 \cdot x = 25 \quad \leftrightarrow \quad 6 \cdot x = 12 \quad \leftrightarrow \quad x = 2$

Praxishandbuch Sprachbildung Mathematik
Sprachsensibel unterrichten – Sprache fördern
ISBN 978-3-12-666851-4

Rechnen ohne Rechenbäume

Ergänze die Vorrangregeln:

1) Berechne zuerst die Terme ....

2) Führe Punktrechnungen vor .... aus.

3) Rechne von .... nach ...., wenn im Term nur Punktrechnungen oder nur Strichrechnungen vorkommen.

Beispiel: Berechne (13 + 17) • (37 – 16) + 13

1) Berechne die Terme in den Klammern.
Aber **Achtung**! Führe beim Aufschreiben die anderen Terme mit!
(13 + 17) • (37 – 16) + 13 = **30 • 21** + 13

2a) Führe die Punktrechnungen aus.
Vergiss auch diesmal den anderen Term nicht!
(13 + 17) • (37 – 16) + 13 = **30 • 21** + 13 = **630** + 13

2b) Führe die Strichrechnungen aus.
(13 + 17) • (37 – 16) + 13 = 30 • 21 + 13 = **630 + 13** = 643
Es reicht, wenn du die letzte Zeile notierst.

Nummer 3) der Vorrangregeln brauchst du diesmal nicht.

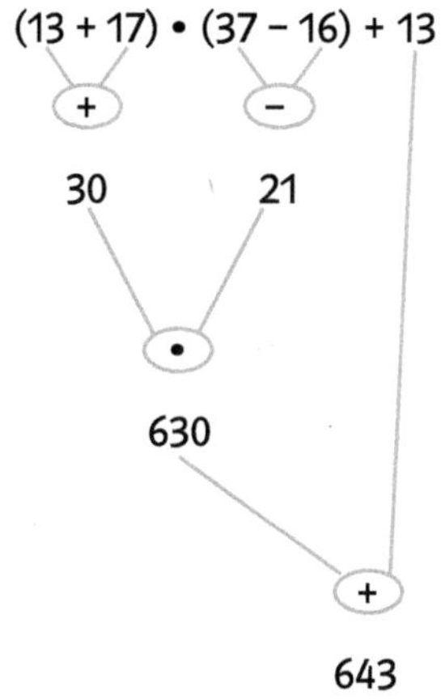

Jetzt bist du dran! Bitte notiere jeden Schritt einzeln in dein Heft!

a. 6 • 4 • 4 : 2 = ... • 4 : 2 = ... : 2 = 48

b. (91 + 9) • (4 + 11) + 5 = ... • .... + 5 = ...

c. (54 + 66) : (34 – 26) + 12

d. (3 + 6) • 4 – 5

e. 19 – 7 + 3 • 11

f. 55 : 5 – 6 • 0 + 13

Sören hat gerechnet, aber nicht die richtigen Ergebnisse herausbekommen. Rechne nach und beschreibe, welchen Fehler Sören gemacht hat.

Beispiel: 3 + 4 • 7 = 7 • 7 = 49 Richtiges Ergebnis: 31
Richtige Rechnung: 3 + 4 • 7 = 3 + 28 = 31
Fehlerbeschreibung: Sören hat zuerst addiert, aber er muss zuerst multiplizieren.
Die Vorrangregel lautet: Punkt- vor Strichrechnung.

Jetzt bist du dran! Bitte schreibe alle Rechnungen und Fehlerbeschreibungen in dein Heft!

a. 6 + 12 : 2 = 18 : 2 = 9 Richtiges Ergebnis: 12

b. 6 • 12 : 6 : 3 = 6 • 12 : 2 = 6 • 6 = 36 Richtiges Ergebnis: 4

c. (3 + 7) • (13 – 5) + 4 = 10 • 8 = 80 Richtiges Ergebnis: 84

Praxishandbuch Sprachbildung Mathematik
Sprachsensibel unterrichten – Sprache fördern
ISBN 978-3-12-666851-4

Mathebriefe zu Vorrangregeln

1 Saya hat Schwierigkeiten mit ihren Hausaufgaben. Hilf ihr, indem du ihr in einem Brief antwortest.

Liebe 5b,
ich habe gehört, dass ihr mit den Vorrangregeln rechnen könnt. Ich mache dabei noch Fehler, aber ich weiß nicht, welche.
Das sind die ***Vorrangregeln****:*

1) von links nach rechts rechnen

2) Klammern zuerst

3) Punkt- vor Strichrechnungen

Könnt ihr mir helfen? Ich schicke euch mal zwei meiner Rechnungen:

a) $3 + 5 \cdot 7 = 8 \cdot 7 = 56$ *(von links nach rechts gerechnet)*

b) $5 \cdot (17 + 4) - 3 = 85 + 4 - 3 = 86$ *(Punkt- vor Strichrechnungen)*

Die richtigen Ergebnisse sollen 38 und 102 sein.

Liebe Grüße
Eure Saya

---

2 Saya hat Schwierigkeiten mit ihren Hausaufgaben. Hilf ihr, indem du ihr in einem Brief antwortest.

Liebe 5b,
ich habe leider immer noch Schwierigkeiten, ohne Rechenbäume zu rechnen.
Ich schicke euch hier drei Rechnungen. Bitte ***überprüft*** *sie.*
Streicht *die Fehler* ***an****,* ***falls*** *ich welche gemacht habe.*
Schreibt die ***richtige Lösung*** *auf und* ***erklärt*** *mir, was ich falsch gemacht habe.*

Aufgabe a) $38 - 12 \cdot 2 = 26 \cdot 2 = 52$

Aufgabe b) $160 : 2 : 4 \cdot 4 = 80 : 16 = 5$

Aufgabe c) $4 \cdot (13 - 7) : 2 = 4 \cdot 6 = 24$

Vielen Dank!
Eure Saya

Praxishandbuch Sprachbildung Mathematik
Sprachsensibel unterrichten – Sprache fördern
ISBN 978-3-12-666851-4

Rechengesetze

Ergänze die Tabelle.

Folgende Wörter und Terme passen in die Lücken:
addiert, Assoziativgesetz (Verknüpfungsgesetz), Distributivgesetz (Verteilungsgesetz), Ergebnis, Faktor, Klammern, Kommutativgesetz (Vertauschungsgesetz), multipliziert, Summanden, Summanden, 14, 5, 3 • 2, 3 • 5, 17

Name des Gesetzes	Beispielaufgabe	Beschreibung des Gesetzes in Worten
....	3 • 4 = 4 • 3	Wenn man zwei Zahlen miteinander multipliziert, darf man die Reihenfolge der Faktoren vertauschen, ohne dass sich das .... verändert.
....	7 + 8 = 8 + 7	Wenn man zwei Zahlen ...., darf man die Reihenfolge der .... vertauschen, ohne dass sich das Ergebnis verändert.
....	(40 + 3) • 5 = 40 • 5 + ...	Wenn man eine Summe mit einer Zahl ...., darf man auch jeden .... einzeln mit der Zahl multiplizieren und anschließend die Produkte addieren.
....	(100 − 3) • 2 = 100 • 2 −	Wenn man eine Differenz mit einer Zahl multipliziert, darf man die Zahlen (Minuend und Subtrahend) einzeln mit dem .... multiplizieren und anschließend die Produkte voneinander subtrahieren.
....	(14 + 19) + 11 = ... + (19 + 11) (17 • 2) • 5 = ... • (2 • ....)	In einer Summe darf man beliebig Klammern setzen oder weglassen. Auch bei der Multiplikation darf man sich aussuchen, wie und ob man .... setzt.

Praxishandbuch Sprachbildung Mathematik
Sprachsensibel unterrichten – Sprache fördern
ISBN 978-3-12-666851-4

Rechengesetze

Ergänze die Tabelle. Assoziativgesetz, Kommutativgesetz oder Distributivgesetz?

Name des Gesetzes	Beispielaufgabe	Beschreibung des Gesetzes in Worten
………………………………… …………………………………	$3 \cdot 4 = 4 \cdot 3$	………………………………… ………………………………… ………………………………… ………………………………… …………………………………
	$7 + 8 = 8 + 7$	………………………………… ………………………………… ………………………………… ………………………………… …………………………………
………………………………… …………………………………	………………………… …………………………	Wenn man eine Summe mit einer Zahl multipliziert, darf man auch jeden Summanden einzeln mit der Zahl multiplizieren.
	………………………… …………………………	Wenn man eine Differenz mit einer Zahl multipliziert, darf man die Zahlen (Minuend und Subtrahend) einzeln mit dem Faktor multiplizieren.
………………………………… …………………………………	………………………… …………………………	In einer Summe darf man beliebig Klammern setzen oder weglassen. Auch bei der Multiplikation darf man sich aussuchen, wie und ob man ………………………… setzt.

Praxishandbuch Sprachbildung Mathematik
Sprachsensibel unterrichten – Sprache fördern
ISBN 978-3-12-666851-4

UNTERRICHTSEINHEIT

Mit Größen umgehen 5/6

Leitidee Messen
Sprachlicher Fokus Begründungen formulieren
Thema Größen und Einheiten

fachliche Lernziele
- Vorstellungen zu Längen, Flächeninhalten und Volumen aufbauen
- Einheiten umrechnen
- Berechnungen begründen

sprachliche Lernziele
- Größen richtig benennen
- Einheiten zu den Größen kennen
- Figuren benennen
- Erklärungen formulieren

Fachwörter und fachliche Redewendungen

- die (Seiten-)Länge, die Breite, der Durchmesser, der Streckenzug, die Fläche, der Flächeninhalt, das Volumen, der Umfang, das Messquadrat
- der Meter, der Dezimeter, der Zentimeter, der Millimeter, der Kilometer, der Hektar, das Ar
- der Kubikmeter, der Kubikzentimeter, der Liter
- das Dezimeterquadrat, der Quadratdezimeter, das Meterquadrat, der Quadratmeter, das Zentimeterquadrat, der Quadratzentimeter, das Flächeneinheitsquadrat
- das rechtwinklige Dreieck, das Rechteck, das Quadrat, das Parallelogramm, gleichschenklig, gleichschenklige Dreiecke
- Vorsilben: milli-, zenti-, kilo-, dezi-
- zerlegen in, aufteilen

Um diesen Fachwortschatz zu festigen, kann ein individuelles Glossar weitergeführt werden oder es können Lernplakate eingesetzt werden. Hier werden die Flächeneinheiten mit der Loci-Methode trainiert (→ KV 1).

Die Unterrichtseinheit im Überblick

Während Längen und Zeiten noch zum Erfahrungsbereich der SuS gehören, gilt dies für Flächeninhalte und Volumen kaum. Daher ist es wichtig, auch für diese Bereiche Grundvorstellungen aufzubauen und Repräsentanten (z. B. so groß wie ein Fußballfeld) zu verankern, mit denen dann im Geiste verglichen werden kann. Handlungsorientierte unterrichtliche Erfahrungen im Umgang mit diesen Größen sind hilfreich. Zunächst sollten die Längeneinheiten, die den SuS zumeist aus der Grundschule und aus ihrem Umfeld bekannt sind, gemeinsam wiederholt werden, um sicherzustellen, dass die SuS nicht nur inhaltlich, sondern auch fachsprachlich auf demselben Stand sind. Es empfiehlt sich, auch den Dezimeter einzuführen, weil dadurch vermieden werden kann, dass die SuS denken, ein Meter bestünde aus zehn Zentimetern. Anschließend werden die Begriffe *Fläche* und *Volumen* sowie Flächen- und Volumeneinheiten eingeführt. Mit verschiedenen Methoden (→ KV 1, 2, 4a/b, 5) werden die SuS dabei unterstützt, Grundvorstellungen zu Flächeninhalten und Volumina aufzubauen. Sie werden angeregt, über die Zerlegung von Figuren auch Flächeninhalte von nicht rechteckigen Figuren zu bestimmen und ihre Vorgehensweise zu erklären.

1 Wortschatzarbeit Flächeneinheiten

Vernetzt man Ort und Information, kann man über den Ort auf die Information zugreifen.
Während Einheiten für Längen den SuS schon bekannt sind (Ausnahme ist zumeist der Dezimeter), haben die SuS häufig keine Vorerfahrungen mit Flächeneinheiten. Auch ist die Fehlvorstellung, dass ein Quadratdezimeter aus zehn Quadratzentimetern besteht, nur schwer zu überwinden. Dem kann man begegnen, indem man bei der Einführung Flächeneinheiten jeweils mit einem **Repräsentanten auf große Zettel notiert** und diese im Klassenzimmer aufhängt (→ Loci-Methode, S. 203). Dabei sollte die Lehrkraft ein Augenmerk darauf haben, dass auch die sprachschwächeren SuS die Fachbegriffe verstehen. Visualisierungen sollten genutzt werden, sie erleichtern den SuS den Zugang (sprachlich und inhaltlich).
Die Lehrkraft unterstützt die SuS dabei, sich zu merken, wo die Information aufgehängt wurde, indem sie dies hin und wieder abfragt. Auf diese Art **verknüpfen die SuS den Ort mit der Information** und die Erinnerung daran, wo die Information hängt bzw. hing, hilft, sich die Information selbst wieder ins Gedächtnis zu rufen. KV 1 bietet Vorlagen zum Ausschneiden für die Loci-Methode zum Thema Flächeneinheiten.

Arbeitsblätter

KV-Nr.	Thema	Sozial-form	Methode	Intention
1	Fachbegriffe lernen und erinnern	Gruppe	Loci-Methode (→ S. 203)	Repräsentanten für Einheiten festlegen und merken
2	Gleichheit von Einheiten erkennen und begründen	Partner, Gruppe	Paare finden (→ S. 172)	Umrechnen und Größenvorstellungen spielerisch trainieren
3	Im Kontext argumentieren	Einzel, Partner, Gruppe	Sozialform Ich – Du – Wir (→ S. 206)	Anwendungsaufgabe zum Umrechnen von Einheiten
4a/b	Zerlegungen beschreiben und erklären	Einzel Partner	Tangram (→ S. 182), Geobrett (→ S. 158)	Flächeninhalte mit dem Zerlegungsprinzip bestimmen
5	Fach- und Alltagswortschatz erweitern	Gruppe	Stadt-Land-Fluss (→ S. 207)	Größenvorstellungen entwickeln, Wortschatz erweitern
6	Hörverstehen trainieren	Gruppe	Kopfaufgaben (→ S. 199)	Konzentrations- und Rechentraining, Heranführen an Textaufgaben
7	Texte mit Fachbegriffen verstehen und Erklärungen schreiben	Einzel	Wochenaufgaben (→ S. 186)	Training und Wiederholung von Inhalten

2 Paare finden (Partner, Gruppe)

Beim Spiel „Paare finden" trainieren alle SuS gleichzeitig.

Eine spielerische Art, das Umrechnen zu **trainieren und gleichzeitig zu verbalisieren** stellt das Spiel „Paare finden" für Einheiten dar. Das Arbeitsblatt beinhaltet zweimal 12 Paare, die zunächst auseinandergeschnitten werden müssen. Die Anzahl der Karten ist dabei bewusst übersichtlich gehalten, damit das Spiel nicht zu lange dauert. Es gibt zwei Niveaustufen, bei den grau hinterlegten Karten muss nicht nur umgerechnet, sondern auch geschätzt werden. Damit wird zum einen der Aufbau der Grundvorstellungen gefördert, zum anderen ergeben sich damit **weitere Begründungsanlässe**. Bei der einfacheren Variante klappt häufig auch eine Zuordnung über die Ziffern. Die sprachliche Förderung erfolgt dabei indirekt: Die Zuordnungen werden diskutiert, erfahrungsgemäß überprüfen die anderen Mitspieler sehr genau, ob jemand zu Recht ein Paar einsteckt.

Möglichkeiten zur Differenzierung

Um die einfachere Variante des Spiels noch etwas zu erschweren, könnte man häufiger gleiche Ziffern verwenden, also beispielsweise 13 cm, 13 dm und 13 m.

TIPP Der Unterschied von der Einheitsbezeichnung a = 1 Ar (Fläche) und a = 1 Jahr (Zeit) sollte geklärt werden.

3 Fahrradtouren (Einzel, Partner, Gruppe)

Ich – Du – Wir erhöht die Produktivität der Gruppe.

Bevor KV 3 verteilt wird, bietet es sich an, gemeinsam zu sammeln, was alles für die Planung einer Fahrradtour gebraucht wird. Dabei lässt sich klären, ob die SuS **über den nötigen Alltagswortschatz verfügen** oder noch Redemittel benötigen. Auch Einheiten für Zeiten und für Längen sollten im Vorfeld wiederholt werden. Mit Hilfe der Methode Ich – Du – Wir (→ Werkzeug Ich – Du – Wir, S. 206) vergleichen die SuS verschiedene hypothetische Fahrradtouren. Hierbei müssen sowohl Längen als auch Zeiten umgerechnet und addiert werden.

In der Ich-Phase füllt jeder S für sich auf der KV die Lücken in der Tabelle aus (Aufgabe 1). In der Du-Phase (Aufgabe 2) wird im Austausch mit dem Partner sichergestellt, dass alle über die Grundlagen verfügen, um die Aufgabe 3 bearbeiten zu können. Sollten hier noch Unterschiede auftreten, so sollen zunächst andere SuS gefragt werden, die Lehrkraft bleibt im Hintergrund. Damit sind die SuS in der Pflicht, **für andere SuS verständliche Erklärungen zu geben**. Anschließend geht es gemeinsam an das Planen einer hypothetischen Radtour. Die Aufgabe ist offen gestellt, sodass sich die SuS eine „schöne" Strecke aussuchen können – oder aber eine Strecke, die sie besonders sicher berechnen können. In der Wir-Phase werden dann die Radtouren der Paare verglichen.

Möglichkeiten zur Differenzierung

Je nach Lerngruppe können in der Wir-Phase entweder mehrere Gruppen zusammengelegt werden oder es erfolgt eine Besprechung in der großen Runde.

4a Zerlegen mit dem Tangram

Das Tangram führt in die Zerlegungsstrategie ein.
Eine Möglichkeit **handlungsorientiert** den Flächeninhalt zu erschließen, ist die Arbeit mit einem Tangram (→ Werkzeug Tangram, S. 182). Jeder stellt – zum Beispiel als Hausaufgabe – ein Tangram aus einem Quadratdezimeter (KV 4a oben) her und ordnet die Dreiecke anschließend so um, dass vorgegebene Muster entstehen. Die so eingeführte Methode des Zerlegens ist von grundlegender Bedeutung für die Geometrie. Da die Schüler wissen, dass Figuren gleich groß sind, können sie so Rückschlüsse auf die Berechnung der Flächeninhalte anderer Figuren ziehen, wie zum Beispiel auf den des Parallelogramms.
Die Arbeitsaufträge und insbesondere das Beschreiben der Zerlegung werden durch Redemittel unterstützt, die auf der KV zur Verfügung gestellt werden. Sprachschwächere SuS können eventuell Hilfestellung gebrauchen, wenn es darum geht, mit Nebensätzen zu arbeiten (*weil, damit, darum, …*), um eine Begründung zu formulieren.

4b Arbeiten mit dem Geobrett

Figuren entstehen schneller auf dem Geobrett als auf Papier.
Ist die Methode des Zerlegens mit Hilfe des Tangrams eingeführt, kann am Geobrett (→ Werkzeug Geobrett, S. 158) weiter trainiert und das Thema durch das **Rückführen auf Bekanntes** erweitert werden. Der handlungsorientierte Zugang unterstützt sowohl das fachliche als auch das sprachliche Lernen.
Durch das Erklären werden die fachlichen Inhalte weiter verinnerlicht. Die Partnerarbeit unterstützt nicht nur die Lösungsfindung: Bevor die Erklärungen zu den Handlungen, die gerade ausgeführt wurden, notiert werden, findet ein **Austausch in Alltagssprache** statt. Dabei stehen Geobrett und/oder Tangram unterstützend zur Verfügung, sodass auch spracharmen Lernern das Argumentieren gelingt.
Die **Dokumentation im Heft sollte in Schriftsprache erfolgen** und ist daher anspruchsvoller. Als Hilfe stellt die KV Redemittel zur Verfügung, auch kann auf die Materialien zurückgegriffen werden. Eine weitere Unterstützung kann durch den Partner erfolgen, dazu sollten jeweils ein sprachschwacher und ein sprachstarker Lerner zusammenarbeiten. Diese Form der Hilfestellung führt dazu, dass beide Partner profitieren und sich sprachlich weiterentwickeln können.

TIPP Ein häufiger Fehler ist die Annahme, dass ein Kubikmeter aus 100 Kubikzentimetern besteht. Um dem entgegenzuwirken, kann man einen Kubikmeter als Kantenmodell aufstellen und ausprobieren, wie viele Kinder in den Kubikmeter hineinklettern können. Auch kann es helfen, das Kantenmodell von jemandem, der diese Idee ($1\ m^3 = 100\ cm^3$) hat, den Kubikmeter mit Zentimeterwürfeln füllen zu lassen.

5 Stadt-Land-Fluss

Das Spiel „Stadt-Land-Fluss“ trainiert den Wortschatz und kann den Aufbau von Grundvorstellungen unterstützen.
Das Schätzen von Längen, Flächen und Volumina kann man spielerisch mit „Stadt-Land-Fluss mit Größen“ trainieren (→ Werkzeug Stadt-Land-Fluss, S. 207). Gespielt wird wie bei „Stadt-Land-Fluss“, indem ein Buchstabe ausgelost wird und anschließend zu den Kategorien passende Nomen/Begriffe gefunden werden sollen. Damit wird der **Fach- bzw. Alltagswortschatz** (je nach Vorgabe der Kategorie) **erweitert**: Begriffe, die nicht allen SuS klar sind, können von den SuS erklärt werden, die sie verwendet haben. Außerdem müssen fachliche Diskussionen geführt werden, ob ein Begriff zur Kategorie gehört.

Möglichkeiten zur Differenzierung

Haben die SuS noch Schwierigkeiten, sich unter den Größen etwas vorzustellen, können zunächst gemeinsam Repräsentanten gesucht werden (→ KV 1). Es können auch Lernplakate erstellt werden, die im Spiel von den SuS genutzt werden dürfen. Außerdem kann man – anstelle eines einzelnen Buchstabens – Buchstabenbereiche zulassen, also beispielsweise alle Buchstaben von A bis E oder alle Vokale oder alle Worte, die einen bestimmten Buchstaben enthalten (aber nicht unbedingt damit beginnen).

6 Kopfaufgaben zu Einheiten (für die Lehrkraft)

Kurze, reduzierte Texte führen an Textaufgaben heran.
KV 6 bietet Anregungen für Kopfaufgaben, die zu Stundenbeginn gestellt werden können (→ Werkzeug Kopfaufgaben, S. 199). Die Aufgaben werden mündlich von der Lehrkraft gestellt, alle SuS hören genau zu und notieren nur die Lösung in ihr Heft oder auf einen Zettel. Wenn alle Aufgaben bearbeitet wurden, werden die Aufgaben verglichen und dabei möglichst noch einmal präsentiert. Da die SuS die Aufgaben nun vor sich sehen, können sie nachvollziehen, ob sie die Aufgaben zuvor richtig verstanden haben; diese Überprüfung wird erleichtert, wenn die Lehrkraft die Aufgaben noch einmal vorliest, bevor die Lösung von den SuS genannt wird.

Ob die SuS das Umrechnen beherrschen, kann man mit Aufgaben wie Aufgabe 1 überprüfen. Die SuS müssen die zugehörigen Einheiten beherrschen, um sie lösen zu können.
Gelingt dies, können die Fachwörter, z. B. aus dem Bereich Termbeschreibungen (→ UE 1) wieder aufgegriffen werden (Aufgabe 2). Nur durch eine **kontinuierliche Arbeit mit den Fachwörtern** gelangen diese ins Langzeitgedächtnis. Haben die SuS Schwierigkeiten mit diesen Fachbegriffen, können diese an der Tafel wiederholt werden, es kann ein Lernplakat zu den Termbeschreibungen wieder aufgehängt werden oder es wird den SuS erlaubt, mit einem Glossar zu arbeiten.
Beherrschen die SuS auch diese Art von Aufgaben, kann mit einfachen Textaufgaben gearbeitet werden (Aufgabe 3). Gerade die Bearbeitung von Textaufgaben stellt für SuS häufig eine große Schwierigkeit dar, weil die Informationen so schwierig aus dem Text zu entnehmen sind. Mit diesen Kopfaufgaben werden die SuS an Textaufgaben herangeführt: Der Umfang des Textes geht nicht wesentlich über Aufgaben des Typs „Berechne die Summe aus 500 g und 2,3 kg" hinaus, aber die Aufgaben sind in einen Kontext eingekleidet. Gelingt die Bearbeitung der Kopfaufgaben nicht auf Anhieb, kann die Lehrkraft den Tipp geben, sich zunächst die Zahlen zu notieren. Danach liest sie die Aufgabe ein zweites Mal vor. Nun entscheiden die SuS, welche Rechenoperation sie auf die Zahlen anwenden sollen. Durch dieses **schrittweise Herangehen** kann die Hemmschwelle gesenkt werden, sich mit Textaufgaben auseinanderzusetzen. Sie können mit den SuS auch gezielt üben, welche Worte auf welche Rechenoperationen hindeuten (*je, insgesamt, zusammen* …). Hier kann es hilfreich sein, wenn Sie die Aufgaben auf Folie oder an die Tafel schreiben, damit das Besprechen mit Hilfe der Texte erfolgen kann.

Möglichkeiten zur Differenzierung

Haben Sie eine leistungsstarke Klasse, können Sie die Aufgaben durch mehrere Angaben, die zu berücksichtigen sind, schwieriger gestalten. Auch können die Aufgaben länger werden oder Informationen enthalten, die für die Rechnung nicht benötigt werden.

7 Wochenaufgaben

Wochenaufgaben bauen langfristig Kompetenzen auf.
Um ein kontinuierliches Training zu ermöglichen, kann man Wochenaufgaben als Hausaufgaben einführen (→ Werkzeug Wochenaufgaben, S. 186). Diese bestehen aus unterschiedlich schweren Aufgaben zum aktuellen Thema, enthalten aber immer auch Aufgaben zur Wiederholung (Aufbau von Grundwissen). Da nicht alle Aufgaben bearbeitet werden müssen, können sich die SuS ihre **Aufgaben niveaugerecht wählen**. Für LuL haben die Aufgaben den Vorteil, dass sie nur einmal wöchentlich Hausaufgaben überprüfen müssen. Das stichprobenmäßige Kontrollieren ermöglicht zudem eine kontinuierliche Diagnostik, sowohl was das Sprachliche als auch was das Fachliche anbelangt.
Bei den Wochenaufgaben auf KV 7 werden zunächst zwei Aufgaben zu Termbeschreibungen gestellt, wie sie der Klasse bereits begegnet sind. Damit werden Fachbegriffe zu Größen wiederholt und gefestigt. Die Lehrkraft kann darauf hinweisen, dass das Regelheft oder Vokabelheft als Hilfe zur Verfügung steht. An dieser Stelle wird bewusst darauf verzichtet, die Vokabeln erneut zur Verfügung zu stellen, damit den SuS bewusst wird, dass sie diese Vokabeln beherrschen sollen und eigenständig nacharbeiten müssen, wenn sie sie wieder vergessen haben.
Bei der dritten Aufgabe müssen Größen in eine gemeinsame Einheit umgerechnet und addiert werden (Thema Fahrradtour, → KV 3). Sprachlich ist die Aufgabe absichtlich nicht so anspruchsvoll gehalten, damit auch sprachschwächere SuS sie bewältigen können. Es wird nicht viel Text erwartet.
Wesentlich anspruchsvoller sowohl sprachlich als auch inhaltlich ist die Aufgabe 4. Wenn die Lehrkraft Zweifel hat, ob alle Kinder den Text verstehen, kann dieser gemeinsam gelesen werden und die **Aufgabenstellung** anschließend von den SuS **in eigenen Worten formuliert werden**. Bei dieser Aufgabe müssen zunächst alle Angaben gefunden und in die gleiche Einheit umgerechnet werden, bevor Flächen berechnet werden können. Es ist denkbar, die Anregung zu geben, zunächst alle Angaben farblich zu markieren und dann das Sammeln und Umrechnen in Form einer Tabelle vorzunehmen.

Möglichkeiten zur Differenzierung

Um diese Aufgabe für leistungsfähige SuS interessant zu machen, werden viele Punkte für diese Aufgabe vergeben. Wird diese Aufgabe gelöst, kann beispielsweise Aufgabe 1 dafür komplett ausgelassen werden. Umgekehrt kann diese Aufgabe ausgelassen werden, wenn vorher (fast) alle anderen Aufgaben bearbeitet wurden. Das Lösungsblatt zu den Wochenaufgaben kann von den SuS zur Selbstkontrolle verwendet werden. Es bietet auch Hilfestellung bei ähnlichen Aufgaben (→ Werkzeug Lernen am Beispiel, S. 166).

Wortschatzarbeit Flächeneinheiten

$1\ mm^2$ der Quadratmillimeter	$1\ cm^2$ der Quadratzentimeter	$1\ m^2 = 100 \cdot 100\ cm^2 = 10\,000\ cm^2$ der Quadratmeter
etwa so groß wie ein Salzkorn	etwa so groß wie ein Fingernagel	etwa so groß wie ein Fenster
$1\ a = 10 \cdot 10\ m^2 = 100\ m^2$ der Ar (oder das Ar)	$1\ ha = 10\,000\ m^2 = 100 \cdot 100\ m^2$ der Hektar	$1\ km^2 = 1\,000\,000\ m^2$ $= 1\,000 \cdot 1\,000\ m^2$ der Quadratkilometer
etwa so groß wie ein Hofplatz	etwa so groß wie eine Pferdekoppel	etwa so groß wie ein größerer Sportflugplatz

$1\ dm^2$ $= 10 \cdot 10\ cm^2 = 100\ cm^2$

der Quadratdezimeter

etwa so groß wie eine Handfläche

ISBN 978-3-12-666851-4

Paare finden

120 min	2 h	2 000 m	2 km
180 s	3 min	12 dm	120 cm
4 h	240 min	150 mm	15 cm
3 600 s	1 h	2,7 km	2 700 m
24 h	1 d	100 mm	1 dm
730 d	2 a	2 dm	200 mm
Zeit für Zugfahrt Hamburg–Kiel	3 600 s	Zeit für 1 km Fußweg	600 s
Gute Zeit für 100-m-Lauf	11 s	Breite einer Hand	100 mm
Größe eines Neugeborenen	ca. 5 dm	Länge eines DIN-A4-Blattes	2,97 dm
Durchmesser eines Fußballes	22 cm	Durchmesser eines Handballs	190 mm
Höhe eines Fußballtores	244 cm	Breite eines Handballtores	20,8 dm
Breite eines Fußballfeldes	700 dm	Länge eines Handballfeldes	40 m

Praxishandbuch Sprachbildung Mathematik
Sprachsensibel unterrichten – Sprache fördern
ISBN 978-3-12-666851-4

Fahrradtouren

1 Ergänze die Tabelle.

Zeiten		Längen (Strecken)	
die Sekunde	1 s	der Millimeter	
die Minute	1 min = s		1 cm = mm
	1 h =	der Dezimeter	
	1 d = 24 h		1 m = dm = cm
	1 Woche = d	der Kilometer	1 km = m
	1 a = d		

2 Vergleiche deine Tabelle mit der Tabelle deines Nachbarn. Wenn ihr euch nicht einigen könnt, fragt ein anderes Paar.

Ihr plant eine Fahrradtour: Wählt einen Weg vom Start zum Ziel. Berechnet für diesen Weg die Entfernung und die Zeit.

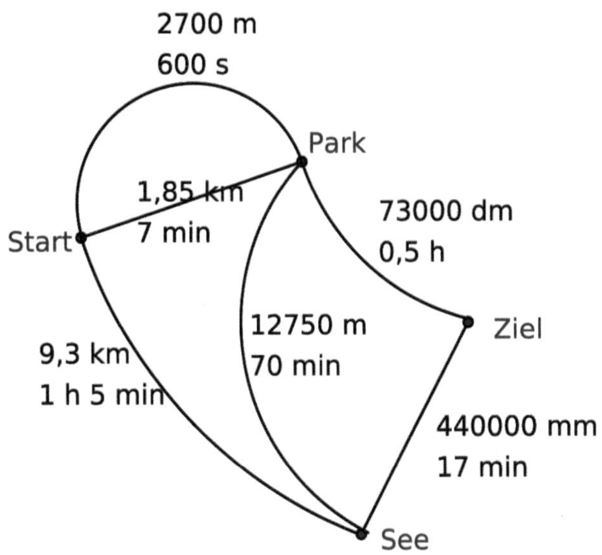

3 Bildet mit drei anderen Paaren eine Gruppe. Vergleicht eure Wege mit dem der anderen Paare. Notiert in vollständigen Sätzen:

a. Wer macht die längste Radtour? Wie weit ist der Weg? Wie lange dauert diese Radtour?

b. Wer ist am längsten unterwegs? Wie lange? Welcher Weg wurde zurückgelegt?

c. Wer kommt am schnellsten zum Ziel? Wie weit ist der Weg und wie lange dauert diese Radtour?

Praxishandbuch Sprachbildung Mathematik
Sprachsensibel unterrichten – Sprache fördern
ISBN 978-3-12-666851-4

Zerlegen mit dem Tangram

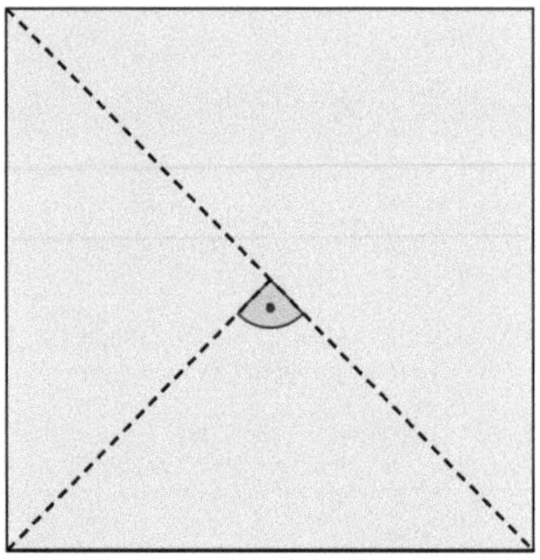

Schneide ein Quadrat mit einer Seitenlänge von 10 cm = 1 dm aus.
Ein Quadrat mit einer Seitenlänge von 1 dm (sprich: ein Dezimeter) nennen wir ein Dezimeterquadrat.
Ein Dezimeterquadrat hat einen Flächeninhalt von 1 dm^2 (sprich: ein Quadratdezimeter).
Teile dein Dezimeterquadrat in drei Dreiecke wie in der Abbildung oben zu sehen.

Aufgaben (Hilfen findest du bei den Fußnoten.)

a. Unten sind verschiedene Figuren abgebildet. Versuche mit den Teilen deines Dezimeterquadrates die Figuren zu legen[1]. Du brauchst für jede Figur alle drei Dreiecke.

b. Wenn du es geschafft hast, zeichne die Dreiecke in die Figuren ein[2].

c. Beschreibe für die Figur unten links, wie die Dreiecke den Pfeil bilden[3].

d. Beschreibe wie du vorgehst, um die Figuren zu legen[4].

e. Überlege dir, welchen Flächeninhalt die einzelnen Figuren haben. Begründe deine Vermutung[5].

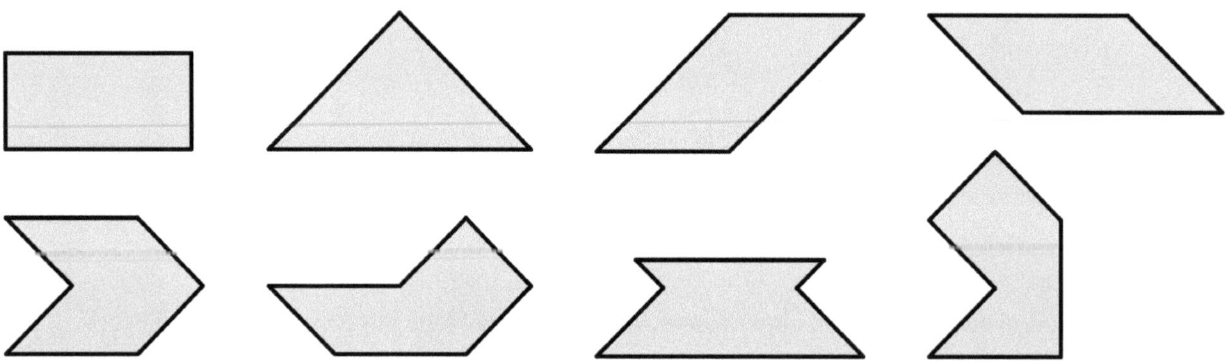

1 Lege deine drei Dreiecke so hin, dass sie zusammen so aussehen, wie die abgebildete Figur.
2 Zeichne Linien in die Figuren ein, sodass man erkennt, wie man aus den Dreiecken die Figur legen kann.
3 Diese Worte können dir helfen: *das große Dreieck, ein kleines Dreieck, das andere Dreieck, drehen, schieben, verschieben, unten, oben, rechts, links, die lange Seite des großen Dreiecks, eine kurze Seite*
4 Diese Worte können dir helfen: *zuerst, dann, anschließend, wenn … , dann …*
5 Begründungen kannst du zum Beispiel mit *weil* formulieren (als Nebensatz, das Verb steht dann an letzter Stelle) oder mit *denn* als Hauptsatz.

Praxishandbuch Sprachbildung Mathematik
Sprachsensibel unterrichten – Sprache fördern
ISBN 978-3-12-666851-4

Arbeiten mit dem Geobrett

1. **Nehmt euch zu zweit ein Geobrett und Gummibänder. Legt eine der dargestellten Figuren nach.**

2. **Bestimmt für diese Figur, wie viele Flächeneinheitsquadrate hineinpassen.**

   TIPP: Legt euch Gummibänder als Hilfslinien in die Figur.

3. **Erklärt euch gegenseitig, wie ihr zu euren Flächeninhalten kommt. Übertragt die Figuren in eure Hefte und notiert dort auch eure Erklärungen.**

   Folgende Worte können euch dabei helfen:
   das Flächeneinheitsquadrat – zählen, auszählen – addieren, subtrahieren – teilen, zerlegen, halbieren, abschneiden – zusammen, zusammensetzen – klappen, drehen, verschieben – spiegeln, gespiegelt, drehen, gedreht

4. **Wiederholt dies (legen, bestimmen, erklären) für drei weitere Figuren.**

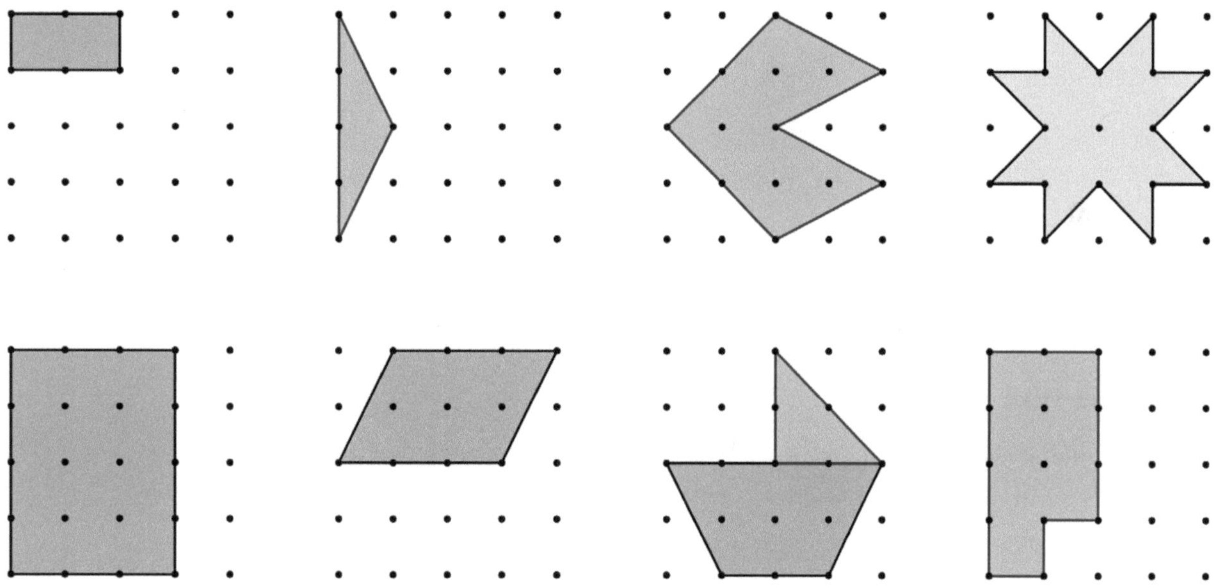

Praxishandbuch Sprachbildung Mathematik
Sprachsensibel unterrichten – Sprache fördern
ISBN 978-3-12-666851-4

Stadt-Land-Fluss

Stadt-Land-Fluss mit Längen

Nenne zu dem gegebenen Anfangsbuchstaben je etwas, das eine Länge hat von

1 cm	1 dm	1 m	1 km

Stadt-Land-Fluss mit Flächeninhalten

Nenne zu dem gegebenen Anfangsbuchstaben je etwas, das einen Flächeninhalt hat von

1 cm^2	1 dm^2	1 m^2	1 ha

Stadt-Land-Fluss mit Volumina

Nenne zu dem gegebenen Anfangsbuchstaben je etwas, das ein Volumen hat von

1 cm^3	1 dm^3	1 m^3

Praxishandbuch Sprachbildung Mathematik
Sprachsensibel unterrichten – Sprache fördern
ISBN 978-3-12-666851-4

Kopfaufgaben zu Einheiten

1 Einfaches Umrechnen
Rechne in die angesagte Einheit um.

a. 5 min – Sekunden → 300 s

b. 300 min – Stunden → 5 h

c. 25 dm – Zentimeter → 250 cm

d. 1,8 km – Meter → 1 800 m

e. 23 t – g → 23 000 000 g

2 Addieren und Subtrahieren von gemischten Einheiten
Berechne.

a. Addiere 75 min zu 2 h. → 195 min = 3 ¼ h

b. Subtrahiere 1 h von 350 min. → 290 min = 4 h 50 min

c. Addiere 25 dm und 133 cm. → 38,3 dm = 383 cm

d. Subtrahiere 300 g von 2 kg. → 1 700 g = 1,7 kg

e. Addiere 120 cm und 2 m. → 3,2 m = 320 cm

3 Kurze Textaufgaben

a. Jelena startet um 13:30 eine Radtour und ist viereinhalb Stunden *unterwegs*. Wann kommt Jelena an?
→ 13:30 + 4:30 = 18:00
→ *unterwegs* gibt an, wie lang man für den Weg braucht

b. Kevin fährt erst 750 m, dann 2 km **und dann noch einmal 500 m**. Wie weit ist Kevin *insgesamt* gefahren?
→ 0,75 km + 2 km + 0,5 km = 3,25 km = 3 250 m
→ *insgesamt* deutet auf eine Summe hin

c. Mohamed stapelt Bauklötze aufeinander. Er nimmt 12 Stück, die *je* 5 cm hoch sind **und setzt dann noch einen 2 dm hohen Klotz drauf**. Wie hoch hat Mohamed gestapelt?
→ 12 · 5 cm = 60 cm
6 dm + 2 dm = 8 dm = 80 cm
→ *je* deutet auf eine Multiplikation hin

d. Pjotr ist einen Berg hochgegangen, der 1,25 km *hoch* ist. Er geht 500 m *runter*. Wie hoch ist Pjotr jetzt?
→ 1,25 km – 0,5 km = 0,75 km = 750 m
→ erst *hoch*, dann *runter* und damit *weniger hoch*

e. Asia backt einen Kuchen. Sie braucht ein halbes kg Mehl, 250 g Zucker **und 300 ml Milch**. Wie viel wiegen diese Zutaten *zusammen*?
→ 0,5 kg + 0,250 kg + 0,3 kg = 1,05 kg = 1 050 g
→ *zusammen* deutet auf eine Summe hin

ISBN 978-3-12-666851-4

Wochenaufgaben

Name: .... Datum: ....

Diese Woche sollst du mindestens 35 Punkte erreichen.

1 Berechne … (je Teilaufgabe 2 Punkte)

a. die Summe von 423 und 28.
b. die Differenz von 119 und 53.
c. das Produkt von 18 und 5.
d. den Quotienten von 144 und 4.
e. die Summe von 60 cm und 3 dm.
f. die Differenz von 2,5 kg und 700 g.
g. den Quotienten aus 8 kg und 200 g.

2 Notiere die Terme und berechne sie. Verwende mehrere Gleichheitszeichen. (je Teilaufgabe 3 Punkte)

a. Addiere das Fünffache von 12 zum Dreifachen von 7.
b. Subtrahiere 33 von der Summe von 17 und 58.
c. Multipliziere die Summe von 17 und 53 mit 6 und subtrahiere anschließend 24.
d. Addiere 16 m, 35 dm und 122 cm.
e. Multipliziere 800 g mit 4 und subtrahiere anschließend 2 kg.
f. Dividiere 5 h durch 25 und addiere anschließend 900 s.

3 Lies genau und rechne.

Melisa will mit dem Fahrrad von Kiel nach Bad Segeberg zu ihrer Oma fahren. Sie fährt zunächst 6 900 m und kauft sich Essen für die Reise. Dann fährt sie 11,5 km. Weil das Wetter so schön ist, badet Melisa dort kurz im See. Dann fährt sie 25 km bis zu einem Tierpark. Sie verbringt dort den Nachmittag und fährt gegen Abend die letzten 12 400 m.

a. Wie weit ist Melisa insgesamt gefahren? (5 Punkte)
b. Melisa ist insgesamt 3 Stunden mit dem Fahrrad gefahren. Wie schnell ist sie etwa im Durchschnitt gefahren? (2 Punkte)

4 Beantworte den Brief von Kai. (Erklärung 6 Punkte, Rechnung 10 Punkte)

Liebe Klasse 5b,

ich möchte mein Zimmer streichen und weiß nicht, wie viel Farbe ich benötige. Bitte helft mir bei den Rechnungen, allein schaffe ich es nicht!
Mein Zimmer ist rechteckig, 3 m breit und 4 m lang. Meine Wände sind 273 cm hoch.
Die Zimmertür ist rechteckig, sie hat eine Breite von 90 cm und eine Höhe von 2 m.
Dann habe ich noch ein großes Fenster, es ist 18 dm breit und 9 dm hoch.
Ich habe mir überlegt, dass ich alle Wandflächen addiere und dann den Flächeninhalt von der Tür und dem Fenster subtrahiere.
Aber: Wie kann ich den Flächeninhalt berechnen, wenn die Höhe in cm und die Breite in m angegeben ist? Und wie subtrahiere ich davon die Tür, deren Maße in dm angegeben sind?
Es wäre toll, wenn ihr mir das erklären könnt. Vielleicht mit einer informativen Figur (einer Zeichnung)?
Und vielleicht könnt ihr auch schon für mich rechnen?

Vielen Dank und liebe Grüße
Euer Kai

Praxishandbuch Sprachbildung Mathematik
Sprachsensibel unterrichten – Sprache fördern
ISBN 978-3-12-666851-4

Wochenaufgaben

Lösungen Wochenaufgaben

1 (je Teilaufgabe 2 Punkte)

a. 423 + 28 = 451
b. 119 − 53 = 66
c. $18 \cdot 5 = 90$
d. 144 : 4 = 36
e. 6 dm + 3 dm = 9 dm = 90 cm
f. 2 500 g − 700 g = 1 800 g = 1,8 kg
g. 8 000 g : 200 g = 40

2 (je Teilaufgabe 3 Punkte)

a. $5 \cdot 12 + 3 \cdot 7 = 60 + 21 = 81$
b. 17 + 58 − 33 = 75 − 33 = 42
c. $(17 + 53) \cdot 6 - 24 = 70 \cdot 6 - 24 = 420 - 24 = 396$
d. 1600 cm + 350 cm + 122 cm = 1950 cm + 122 cm = 2072 cm
e. 800 g $\cdot 4 - 2000$ g = 3200 g − 2000 g = 1200 g
f. 5h : 25 + 900 s = 300 min : 25 + 15 min = 12 min + 15 min = 27 min

3 (a) 5 Punkte, b) 2 Punkte)

a.

Angaben im Text	Angaben in km
6 900 m	6,9
11,5 km	+ 11,5
25 km	+ 25,0
12 400 m	+ 12,4
	55,8

Melisa fährt 55,8 km weit.

b. 55,8 km : 3 h ~ 19 km/h
Melisa fährt etwa 19 km/h im Durchschnitt.

4 (Erklärung 6 Punkte, Rechnung 10 Punkte)

Lieber Kai,

am besten rechnest du zuerst alles in cm um.
1 m entspricht 100 cm, 1 dm entspricht 10 cm. Wenn du alles in cm umgerechnet hast, musst du bei den Flächen nicht aufpassen, du erhältst dann den Flächeninhalt in cm².
Am Schluss musst du nur bedenken, dass 1 m² = 100 • 100 cm² = 10 000 cm² sind (100 Reihen mit 100 Zentimeterquadraten).

Nun rechne ich dir deine Flächeninhalte aus:
Wandflächen: $2 \cdot 400 \cdot 273$ cm² + $2 \cdot 300 \cdot 273$ cm² = $1\,400 \cdot 273$ cm² = 382 200 cm²
Tür: $90 \cdot 200$ cm² = 18 000 cm²
Fenster: $180 \cdot 90$cm² = 16 200 cm²
Zu streichende Fläche: 382 200 cm² − 18 000 cm² − 16 200 cm² = 348 000 cm² = 34,8 m²

Wenn du Farbe für 35 m² kaufst, sollte es reichen, aber vielleicht kaufst du lieber für 40 m² Farbe.

Liebe Grüße
Dein(e) xxx

Praxishandbuch Sprachbildung Mathematik
Sprachsensibel unterrichten – Sprache fördern
ISBN 978-3-12-666851-4

UNTERRICHTSEINHEIT

Koordinatensystem und Diagramme 5/6

Leitidee Daten und Zufall / Raum und Form
Sprachlicher Fokus Darstellungen verwenden
Themen Zeichnungen und Diagramme erstellen und beschreiben

fachliche Lernziele
- Punkte, Strecken und Geraden in ein Koordinatensystem einzeichnen
- Diagramme erstellen und Informationen aus Diagrammen entnehmen

sprachliche Lernziele
- Konstruktionsanleitungen verstehen und umsetzen
- Diagramme beschreiben
- Feedback geben

Fachwörter und fachliche Redewendungen

- der Punkt, die Strecke, die Gerade, der Strahl, die Orthogonale
- senkrecht, parallel, orthogonal, rechtwinklig
- das Koordinatensystem, die x-Achse (die Rechtsachse), die y-Achse (die Hochachse), die Achsenbeschriftung, die Konstruktionsbeschreibung/-anleitung
- das Diagramm, das Säulendiagramm, das Balkendiagramm, das Kreisdiagramm, das Liniendiagramm
- eintragen, auftragen, verbinden, zeichnen, einzeichnen, konstruieren, anleiten, anfertigen, einen Winkel abtragen/antragen

Die Unterrichtseinheit im Überblick

Diagramme anfertigen und lesen zu können ist eine Fähigkeit, die nicht nur in der Mathematik benötigt wird, sondern auch in den Natur- und Gesellschaftswissenschaften. In dieser Einheit soll es darum gehen, Diagramme zu erstellen, Werte aus einem Diagramm zu entnehmen, Diagramme zu beschreiben, sowie Texte in einem Diagramm wiederzufinden.
Zunächst sollen sich die SuS mit dem Koordinatensystem vertraut machen, denn eine äquidistante Achsenbeschriftung sowie ein Zurechtfinden im Koordinatensystem sind Voraussetzungen für das Erstellen von Diagrammen. Dabei werden gleich alle Quadranten eingeführt, sodass die SuS auch propädeutisch einen Zugang zu negativen Zahlen erhalten. Im Koordinatensystem werden nach Anleitung Punkte, Strecken und Geraden sowie dazu parallele und senkrechte Geraden eingezeichnet. Anschließend sollen Diagramme mit Hilfe von Satzmustern beschrieben werden. Die Beschreibungen sollen mit der gesamten Klasse gewürdigt werden, daher wird vorab konstruktives Feedback geübt. Auch das Entnehmen von Informationen aus Diagrammen wird trainiert.

1 Übersetzungstabelle

Das Übersetzen ermöglicht das Befolgen der mathematischen Anweisungen.
Auch wenn die SuS verstanden haben, wie man eine Gerade durch zwei Punkte zeichnet, ist dies für sie in Konstruktionsanleitungen oft unverständlich formuliert. KV 1 listet daher in einer Tabelle typische Formulierungen/Arbeitsanweisungen zu diesem Thema auf. Die SuS sollen nun in ihren Worten eintragen, was sie konkret tun müssen. Durch das Übersetzen der Formulierungen wird zum einen den SuS deutlich gemacht, dass in der Mathematik eine Fachsprache verwendet wird, die man erklären muss, auch wenn man alle Wörter, die darin vorkommen, versteht. Zum anderen bauen sich die SuS so ein eigenes Glossar auf, auf das sie bei ähnlichen Arbeitsanweisungen zurückgreifen können.
Das Arbeitsblatt ist so aufgebaut, dass zunächst sehr kurze Konstruktionen erfolgen, die dann zunehmend komplexer werden. Sie bauen aber Bild für Bild aufeinander auf (wie bei einer Filmleiste, → Werkzeug Filmleiste, S. 196), sodass auf den Schritt davor Bezug genommen werden kann.

Möglichkeiten zur Differenzierung

Eine Hilfestellung wäre es, die Handlungen erst an der Tafel vorführen zu lassen. Anschließend können die SuS die Anweisung ausführen (in der Spalte „Zeichnung" von KV 1). Die Beschreibung dieser Handlung darf in Alltagssprache erfolgen.
Zusätzlich können Worte gesammelt werden, die bei der Beschreibung hilfreich sind. Da die SuS ausdrücklich mit ihren eigenen Worten formulieren sollen, ist das gemeinsame Sammeln nach dem Vorführen an der Tafel günstiger, als vorgefertigte Wortlisten zur Verfügung zu stellen (→ Werkzeug Glossar, S. 197).

Arbeitsblätter

KV-Nr.	Thema	Sozialform	Methode	Intention
1	Mathematische Anleitung in die deutsche Umgangssprache übersetzen	👤👤, 👤👤👤	Glossar in Form einer Übersetzungstabelle, Filmleiste (→ S.196)	Konstruktionsanweisungen entschlüsseln
2	Zeichnen nach Konstruktionsbeschreibung und Konstruktionsanleitungen schreiben	👤	Glossar nutzen/ mit Satzmustern schreiben, Filmleiste (→ S.196)	Konstruktionsbeschreibungen umsetzen und erstellen
3	Zuhören trainieren	👤	Kopfaufgaben (→ S.199)	Sicherer Umgang mit Koordinaten; Addition und Subtraktion von ganzen Zahlen
4	Nach Anleitung arbeiten	👤👤	Lernen am Beispiel (→ S.166)	Diagramme am PC erstellen
5	Satzanfänge zum Strukturieren nutzen	👤👤👤, 👤	Lernplakat (→ S.168)	Lernplakat Diagramme beschreiben
6	Texte verbessern	👤, 👤👤	Feedback (→ S.156)	Feedback zu Diagrammbeschreibungen geben
7	Beschreibungen nach Muster anfertigen	👤, 👤👤	Arbeiten mit Lernplakat (→ S.168)	Diagramme beschreiben
8	Texte im Diagramm wiederfinden	👤, 👤👤	Lebendiges Diagramm (→ S.200)	Diagramme detailliert lesen
9	Arbeiten mit vertrauten Aufträgen	👤	Wochenaufgaben (→ S.186)	Wiederholung und Vertiefung

TIPP Die Beschreibungen geben einen Einblick in die Grundvorstellungen Ihrer SuS.

2 Konstruktionsbeschreibungen umsetzen und anfertigen 👤

Eine Filmleiste erleichtert das Anfertigen einer Konstruktionsbeschreibung.

Die Übersetzungstabelle (KV 1) soll bei diesem Arbeitsblatt als Unterstützung dienen, sowohl um Konstruktionen nach Beschreibung anzufertigen als auch um selbst Konstruktionsanleitungen zu erstellen.

Bei den Konstruktionsbeschreibungen der Aufgaben 1 und 2 werden die einzelnen Schritte deutlich gegliedert. So können die SuS erledigte Teilaufgaben selbst abhaken, um die Übersicht zu behalten. Insbesondere, wenn man Schwierigkeiten mit dem Textverständnis hat, hilft eine Gliederung: Durch einen neuen Absatz wird verdeutlicht, dass keine Bezüge zu vorangegangenen Sätzen gefunden werden müssen, um diesen Satz zu verstehen, sondern jede Anweisung steht für sich allein.

Da es für die SuS sehr viel schwieriger ist, selbst Anleitungen zu schreiben, wird zunächst mit einer Filmleiste (→ Werkzeug Filmleiste, S.196) gearbeitet (Aufgabe 3). SuS, die Schwierigkeiten mit der Fachsprache haben, ermöglicht die Filmleiste, aus den gegebenen Größen zu einer Konstruktion zu kommen. Außerdem können die SuS in den Aufgaben 3 und 4 ihre Übersetzungstabelle (KV 1) als Satzmuster verwenden, aber auch die beiden vorigen Aufgabenstellungen.

Aufgabe 4 ist mathematisch wie sprachlich anspruchsvoll. Hier muss zunächst überlegt werden, wie die Zeichnung entstanden ist, bevor eine Konstruktionsbeschreibung formuliert werden kann. Daher ist ein möglicher Zwischenschritt (Tipp), dass die SuS die Konstruktion zunächst in ihr Heft übertragen. Dabei können sie sich Notizen machen, die sie dann anschließend für die Konstruktionsbeschreibung nutzen.

3 Kopfaufgaben zum Koordinatensystem

Anschaulich mit negativen Zahlen arbeiten.

KV 3 enthält Kopfaufgaben (→Werkzeug Kopfaufgaben, S.199) mit Lösungen und ist nur für die Lehrkraft gedacht. Es ist allerdings günstig, ein Koordinatensystem wie abgebildet für alle SuS sichtbar anzubringen bzw. an die Tafel zu zeichnen, solange die SuS noch nicht so vertraut sind mit dem Koordinatensystem. (→ Lernplakat zum Koordinatensystem, UE 5 KV 2, S.104. Für Klasse 5/6 bietet es sich aber an, die Begriffe zu reduzieren wie hier auf KV 3).

Bei diesen Kopfaufgaben geht es darum, sich im Koordinatensystem zurechtzufinden, also sowohl darum, einen Punkt anhand der Koordinaten im Koordinatensystem zu verankern, als auch darum, eine Verschiebung nach rechts als Verschiebung in die Richtung der positiven x-Achse vorzunehmen. Damit soll dem Vertauschen der Achsen vorgebeugt werden.

Da die Aufgabenstellungen stets nach demselben einfachen Satzmuster ablaufen, sind sie auch für sprachschwache Lerner gut zu bewältigen. Auch sie können sich hier ganz auf die Mathematik konzentrieren und scheitern nicht aus sprachlichen Gründen an rechnerisch anspruchsvolleren Aufgaben.

Die Aufgaben beginnen in dem Bereich, der im abgebildeten Koordinatensystem zu sehen ist, sodass die schwächeren SuS zunächst die neuen Koordinaten abzählen können. Dann werden die Schritte größer und die SuS müssen über diesen Bereich hinausdenken.

Etwas schwieriger wird es, wenn Bewegungen nach links (bzw. unten) über die Null hinausgehen, sodass mit negativen Zahlen gerechnet werden muss. Erfahrungsgemäß stellt das für die meisten SuS keine Schwierigkeit dar, wenn sie die Abbildung vor Augen haben: Sie ziehen zunächst bis zur Null ab und berücksichtigen dann, wie viel noch übrig bleibt (also $1 - 4 = 1 - 1 - 3 = 0 - 3 = -3$). An diese Vorerfahrungen kann später angeknüpft werden, wenn die negativen Zahlen Unterrichtsgegenstand werden.

Im nächsten Schritt können Dezimalzahlen verwendet werden, auch dies stellt einen inhaltlichen Vorgriff dar. Solange man bei einer Nachkommastelle bleibt, können die meisten SuS dies bewältigen, weil sie bei Koordinaten zumeist in cm und mm denken, und daher der Punkt (1,2 | 3,4) gedanklich verortet ist.

TIPP Beim Besprechen ist es günstig, wenn die Aufgaben als Addition bzw. Subtraktion an die Tafel geschrieben werden. So werden gesprochene Texte und Vorstellungen mit den Symbolen verknüpft; auch das unterstützt besonders die sprachschwachen Lerner, denn die Symbolsprache ist durch ihren Abstraktionsgrad für diese besonders schwer zugängig.

4 Diagramme am PC erstellen

Diagramme mit einer Tabellenkalkulation zu erstellen, eröffnet Möglichkeiten.

Zum Mathematikunterricht gehört auch der Umgang mit dem PC. Dabei ist es günstig, wenn die SuS mit Hilfe des Computers zu Ergebnissen kommen, die sie ohne ihn nicht oder nur sehr mühevoll erlangt hätten, denn so ist die Motivation höher. Auch gibt es Kinder, die sich sprachlich schwer tun, aber sich mit dem PC schon gut auskennen und dadurch motiviert sind. Um aber den PC beispielsweise ein Kreisdiagramm erstellen zu lassen, müssen die (meisten) SuS zunächst lernen, mit einem Tabellenkalkulationsprogramm umzugehen. KV 4 bietet dazu eine Anleitung.

In der Aufgabenstellung wird die Erstellung eines Diagramms motiviert: Der Klasse 2b soll bei der Planung eines Wandertages geholfen werden. Zumeist mögen jüngere SuS es, wenn sie anderen Kindern helfen können. Die Aufgabenstellung ist recht lang, weil sie schon alle Daten enthält, die im Diagramm dargestellt werden sollen. Es ist daher günstig, zunächst nur die Aufgabe zu lesen und diese anschließend von den SuS in eigenen Worten wiedergeben zu lassen, bevor die SuS mit der Arbeit am PC beginnen. Damit ist sichergestellt, dass alle SuS den Inhalt verstanden haben und alle unklaren Begriffe geklärt wurden.

Die schrittweise Anleitung zum Arbeiten mit einem Tabellenkalkulationsprogramm ist zwar etwas länger, wird aber durch Screenshots unterstützt. Die SuS werden allerdings schnell merken, dass es nicht reicht, nur die Bilder zu betrachten. Das Arbeiten am PC macht den meisten SuS erfahrungsgemäß viel Freude und motiviert sie ausreichend, auch die Anleitung für das Arbeiten mit dem PC zu lesen.

TIPP Nutzen Sie die Motivation! Lassen Sie keine Fragen zu, die in der Anleitung beantwortet werden, sondern fordern Sie dazu auf, die Information in der Anleitung zu finden.

Es ist auch günstig, alle Informationen, die die SuS für ihre Arbeit am PC brauchen, gleich zu Beginn zu geben, um die Arbeitsphase nicht unterbrechen zu müssen. Eine Unterbrechung ist schwer durchzusetzen und die SuS sind auch sehr schnell unterschiedlich weit, sodass nur wenige aktuell von den Informationen profitieren würden.

TIPP In den meisten Schulen ist die Arbeit am PC nur als Partnerarbeit möglich, weil nicht ausreichend PCs zur Verfügung stehen. Machen Sie aus der Not eine Tugend: Stellen Sie die Teams so zusammen, dass sich die SuS gegenseitig sprachlich und inhaltlich unterstützen können, und schaffen Sie viele Sprachanlässe. Stellen Sie die Aufgaben möglichst so, dass die SuS am Ende in ihrem Heft ihre Arbeit dokumentiert haben müssen.

Mit Hilfe des PCs ist es möglich, verschiedene Diagrammtypen auszuwählen. Die SuS können damit auch Kreisdiagramme erstellen, ohne dass sie Winkel berechnen und zeichnen können müssen (beides lernen sie zumeist erst später, → UE 4 Bruchrechnung). Halten sich die SuS an die Anleitung, können sie schnell Erfolgserlebnisse haben. Dies gilt auch für Kinder, die nicht gut (oder sorgfältig) im Zeichnen sind. Die Gestaltungsmöglichkeiten (Farben etc.) stellen eine weitere Motivation dar. Zumeist muss das nicht in der Anleitung beschrieben werden, da die SuS hochmotiviert sind, dies herauszufinden.
Zum Stundenende sollten die Ergebnisse verglichen und gewürdigt werden (→ Werkzeug Feedback, S. 156). Die Anleitung kann auch genutzt werden, um ähnliche Probleme zu bearbeiten, bei denen mit Tabellenkalkulationen gearbeitet wird.

5 Wie beschreibe ich ein Diagramm?

Fächerübergreifend: Diagramme werden nach einem Schema beschrieben.

Das Beschreiben von Diagrammen ist für Mathematik, die Naturwissenschaften und die Gesellschaftswissenschaften von großer Bedeutung. Fähigkeiten, die die SuS hier erwerben, sollten sie auch in anderen Fächern abrufen können. Dies gelingt besser, wenn sich die Kollegen einer Schule vorab auf ein Schema einigen und dieses Schema dann konsequent von den SuS einfordern.
Im beispielhaften Schema auf KV 5 werden sechs Punkte aufgelistet, die für die Beschreibung eines Diagramms abgearbeitet werden sollen. Die Punkte sind durchnummeriert, damit die SuS besser sehen können, welche Punkte schon erledigt sind.
Zusätzlich zu den allgemeinen Punkten wird auf der KV eine exemplarische Beschreibung für das dargestellte Beispiel angeboten. Die Textbausteine, die die SuS auf andere Diagramme übertragen können, sind dabei fett markiert. Diese ermöglichen es auch sprachlich schwächeren SuS, eine Beschreibung anzufertigen; sprachlich versiertere SuS lösen sich zumeist schnell von den Bausteinen, orientieren sich aber weiter an den Punkten. Soll im Folgenden mit anderen Diagrammen als mit Säulendiagrammen gearbeitet werden, sollten die Unterschiede gemeinsam besprochen werden.
KV 5 kann als Lernplakat (→ Werkzeug Lernplakat, S. 168) genutzt werden, auf das die SuS immer wieder zugreifen können. Bei der Einführung ist es günstig, zunächst ein sehr ähnliches Diagramm beschreiben zu lassen, beispielsweise ein Temperaturmittelwertsdiagramm einer anderen Stadt (ein Beispiel finden Sie auf KV 7). So kommen keine neuen sprachlichen Schwierigkeiten hinzu und die SuS können sich auf die inhaltliche Arbeit konzentrieren.

TIPP Wenn die SuS im Anschluss selbst ein Diagramm zeichnen, sollten sie auch eine Beschreibung davon anfertigen. Fehler im Diagramm, wie zum Beispiel das Weglassen der Achsenbeschriftung, können so bewusst gemacht werden.

6 Feedback üben

Feedback geben ist inhaltlich und sprachlich anspruchsvoll.

Da zu Diagrammen längere Texte angefertigt werden sollen, bietet es sich an, diese auch vor der Klasse präsentieren zu lassen. Nach einer Präsentation sollte ein Feedback durch die Klasse erfolgen. Feedback zu geben ist schwierig, ohne Anleitung werden die SuS zumeist unpersönliche, zum Teil auch verletzende Kommentare abgeben oder nur oberflächlich ihre Meinung kundtun. Daher empfiehlt es sich, die Regeln des Feedbacks zunächst gemeinsam mit den SuS zu erarbeiten (→ Werkzeug Feedback, S. 156).
Gerade für den sprachsensiblen Unterricht ist ein gutes Feedback immens wichtig. Zum einen können SuS durch disqualifizierende Äußerungen entmutigt werden, eine positive Verstärkung, die nach den Regeln des Feedbacks immer auch erfolgen muss, kann hingegen motivieren und das Selbstvertrauen stärken. Zum anderen muss dem Feedback anderer SuS genau zugehört werden, auch das ist gerade für sprachschwache Lerner eine gute Übung. Außerdem ist Nachfragen beim Feedback geben nicht nur erlaubt, sondern sogar erwünscht, d.h. die SuS blamieren sich nicht mit der Äußerung, sie haben eine Argumentation nicht verstanden und würden sie gerne noch einmal erklärt bekommen.
Auf KV 6 soll nun Feedback geben geübt werden. Dazu ist zunächst ein schlechtes Feedback-Beispiel vorgegeben, das von den SuS verbessert werden soll. In Aufgabe 2 geht es darum, selbst ein Feedback zu verfassen. Dabei müssen die SuS zunächst die Qualitäten und Defizite der vorgegebenen Beschreibung von Souri erkennen, damit sie diese im nächsten Schritt im Feedback bewerten können. Es ist also eine anspruchsvolle Aufgabe und es bietet sich daher an, insbesondere Aufgabe 2 in Partnerarbeit zu erledigen, wobei idealerweise jeweils ein starker Partner einen schwachen sprachlich unterstützen kann.

TIPP Nehmen Sie sich mehrere Feedbacks, die Ihre SuS zu Aufgabe 2 verfasst haben, mit nach Hause.

Suchen Sie einige besonders gelungene Passagen heraus und kopieren Sie diese – ohne Namen – auf Folie. So können Sie mit der ganzen Klasse die Feedback-Regeln und die Diagrammbeschreibungen festigen.

7 Diagramme beschreiben

Je ähnlicher dem Beispiel, desto leichter ist das Beschreiben.

KV 7 dient zum Üben des Beschreibens von Diagrammen, das mit KV 5 eingeführt wurde. Diagramm a lehnt sich dabei thematisch an das exemplarische Beispiel von KV 5 an und erfordert daher sprachlich wenig Neues. Allerdings ist das Diagramm schwieriger, weil es zum einen in den negativen Temperaturbereich geht und zum anderen, weil der Monat Juni kälter ist als der Mai und der Juli und daher besonders erwähnt werden sollte. Das nächste Diagramm (b) stellt einen thematischen Wechsel dar. Es geht nun nicht mehr um Temperaturmittelwerte, sondern um Niederschlagswerte für einen Monat. Bei den folgenden Diagrammen c und d wird neben dem Kontext auch die Darstellungsform verändert. Die Wachstumskurve ist ein Liniendiagramm und die Wahlergebnisse sind in Form eines Balkendiagramms dargestellt.
Je nach Lerngruppe können alle Diagramme nacheinander von allen beschrieben werden oder jeder Schüler bearbeitet ein Diagramm. Wenn nicht alle SuS alle Diagramme beschreiben, bietet es sich an, anschließend die Ergebnisse vor der Klasse zu präsentieren und wieder Feedback einzuholen. Gibt es noch Schwierigkeiten, kann jeder Punkt der Checkliste von KV 5 mit der Beschreibung verglichen werden. Dabei können die SuS auch gezielt auf die vorgegebenen Satzmuster zurückgreifen. Günstig ist es, wenn alle SuS die Beschreibung mitlesen können (via Folie oder Kamera und Beamer), dann kann auch die Rechtschreibung beachtet werden.

Möglichkeiten zur Differenzierung

Ist die Aufgabe der Diagrammbeschreibung für die Lerngruppe schwierig, so kann dies auch zunächst an einem Beispiel in Partnerarbeit durchgeführt werden und erst anschließend am nächsten Beispiel in Einzelarbeit.

8 Diagramme genau lesen

Aussagen müssen in Veränderungen der Kurve umgedacht werden.

Viele Punkte der Diagrammbeschreibung (KV 5) sind für die SuS relativ leicht, insbesondere die Achsenbeschriftungen und das Thema. Das konkrete Beispiel zu benennen, fällt vielen SuS schwerer. Dies gelingt dann, wenn die Lehrkraft konsequent das Beispiel als Untertitel aufführt.
Schwierig ist Punkt 5 der Diagrammbeschreibung von KV 5. Hier gilt es, Aussagen zum Diagramm zu finden und zu formulieren. KV 8 listet Aussagen, die aus dem Diagramm herausgelesen werden können, auf, die nun dem Diagramm zugeordnet werden (→ Werkzeug Lebendiges Diagramm, S. 200). Dazu müssen die SuS die Texte zuerst genau lesen. Anschließend müssen sie die Aussage, beispielsweise den stärksten Anstieg, übertragen (Woran erkenne ich im Diagramm die Aussage?) und zuordnen. Durch diese Umkehrung – statt vom Diagramm zum Text nun vom Text zum Diagramm – arbeiten die SuS aktiv mit exemplarischen Texten, auf die sie zukünftig beim Formulieren zurückgreifen können.

Möglichkeiten zur Differenzierung

Eine Hilfestellung kann sein, zunächst die Wochenenden, die durch das Beispiel bekannt sind, im Diagramm von KV 8 farbig zu markieren.

9 Wochenaufgaben

Regelmäßiges Wiederholen festigt auch die Vokabeln.

Die Wochenaufgaben nehmen in gewohnter Weise bekannte Themen und Aufgabenformate wieder auf (hier sind das Terme und Einheiten) und bieten gleichzeitig Übungen zum aktuellen Thema (Diagramme) an. Damit werden auch die Fachbegriffe wieder verwendet (→ Werkzeug Kopfaufgaben, S. 199). Haben die SuS hier noch Schwierigkeiten, sollte man sie auf ihre Vokabelhefte/Regelhefte/Ordner verweisen, in denen sie die Vokabeln notieren. Regelmäßige Wochenaufgaben trainieren demnach konsequent sprachliche und mathematische Inhalte.
Bei den Wochenaufgaben auf KV 9 soll ein Diagramm mit zwei linearen Funktionen gezeichnet und anschließend beschrieben werden. Damit die SuS dies erkennen können, müssen sie die Einteilung äquidistant vornehmen. Die LuL sollten sie darauf hinweisen, denn bei Balken- oder Säulendiagrammen gibt es diese klare Vorgabe nicht. Lineare Funktionen werden erst in Klasse 7/8 eingeführt, hier handelt es sich also um Vorerfahrungen, die die SuS sammeln können.
Die Punkteverteilung ist so geregelt, dass die SuS sich zwingend mit dem Diagramm und einem anderen Thema beschäftigen müssen.

Übersetzungstabelle

Text	Das soll ich tun	Zeichnung
A (2|1) **B (−1|−1)** Zeichne die Strecke AB in das Koordinatensystem ein.	Ich zeichne die Punkte A und B in das Koordinatensystem ein und verbinde sie mit dem Lineal.	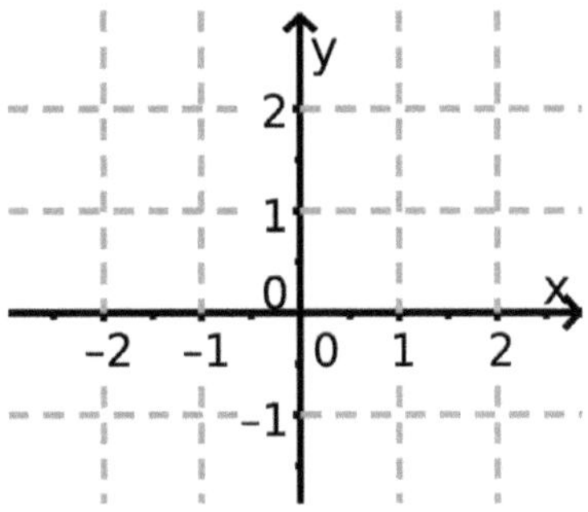
C (−2|2) Zeichne die Gerade g durch A und C.	Ich zeichne ………………………	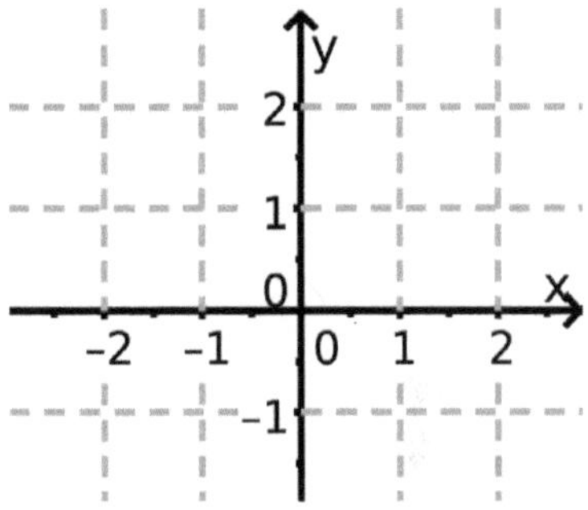
Zeichne eine Gerade h durch den Punkt B, die zur Geraden g parallel ist.	………………………	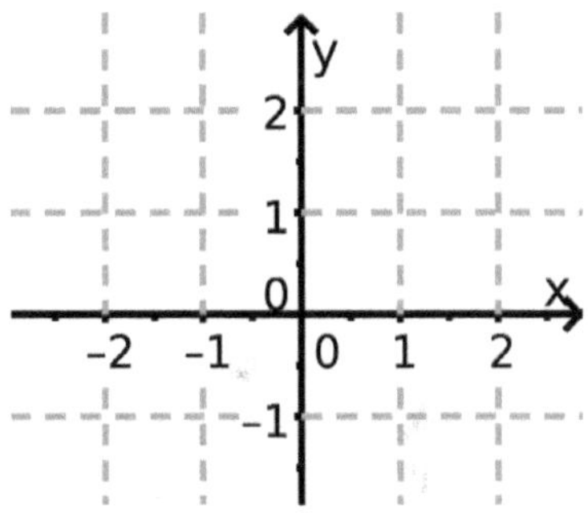
Zeichne eine Orthogonale zur Geraden g durch den Punkt B.	………………………	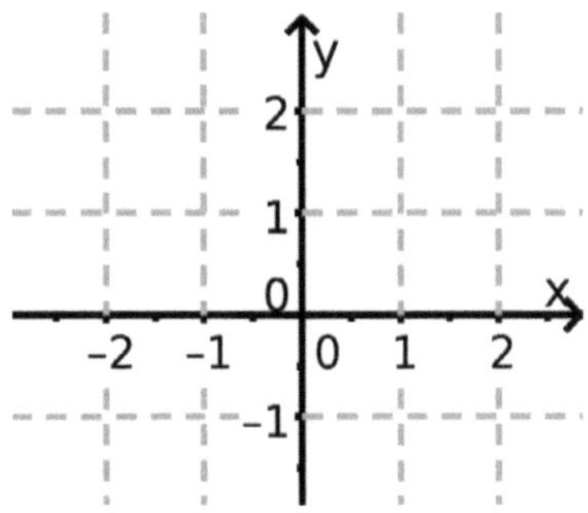
Bestimme den Abstand der Geraden g und h.	………………………	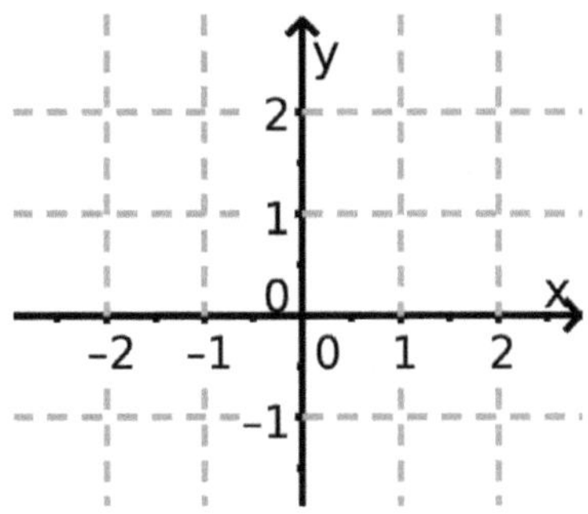

Praxishandbuch Sprachbildung Mathematik
Sprachsensibel unterrichten – Sprache fördern
ISBN 978-3-12-666851-4

Konstruktionsbeschreibungen umsetzen und anfertigen

1 Zeichne ein Koordinatensystem. Die Achsen sollen von −5 bis 5 gehen, eine Einheit entspricht einem Zentimeter.

a. Trage die folgenden Punkte in das Koordinatensystem ein: A (4|0), E(3|1), C (−3|−3).

b. Zeichne eine Gerade a durch die Punkte A und E.

c. Zeichne eine orthogonale Gerade b zur Geraden a durch C.

d. Benenne den Schnittpunkt der Geraden a und b mit B.

e. Ergänze einen Punkt D, sodass ein Rechteck ABCD entsteht.

f. Beschreibe die Lage der Strecke $\overline{CD}$ zu den Geraden a und b.

2 Zeichne ein Koordinatensystem. Die Achsen sollen von −5 bis 5 gehen, eine Einheit entspricht einem Zentimeter.

a. Trage die Punkte A (1|2), B (−2|−1) und C (4|1) in das Koordinatensystem ein.

b. Zeichne eine Gerade g durch A und B.

c. Bestimme den Abstand von C zur Geraden g.

3 Fertige eine Konstruktionsbeschreibung an. Ziel ist es, im Dreieck A(−3|3), B(4|4) und C(2|2) die Höhe zu bestimmen. Beschreibe dazu, was jeweils auf den Bildern a, b und c zu tun ist.

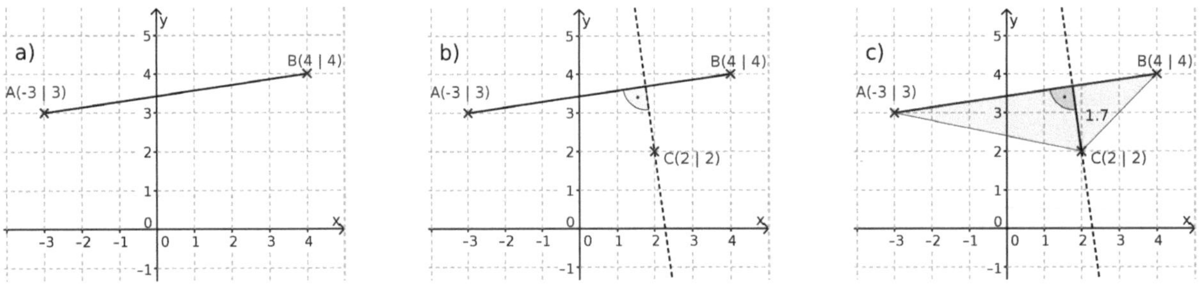

4 Fertige eine Konstruktionsanleitung an. Ziel ist es, das Viereck ABCD zu konstruieren. Gegeben sind die Punkte A (−3|−2) und B (−2|2) sowie der Abstand der Strecke $\overline{AB}$ von der Geraden durch $\overline{CD}$, er beträgt 5 Einheiten. Außerdem sind rechte Winkel vorgegeben, wie in der Zeichnung eingetragen.

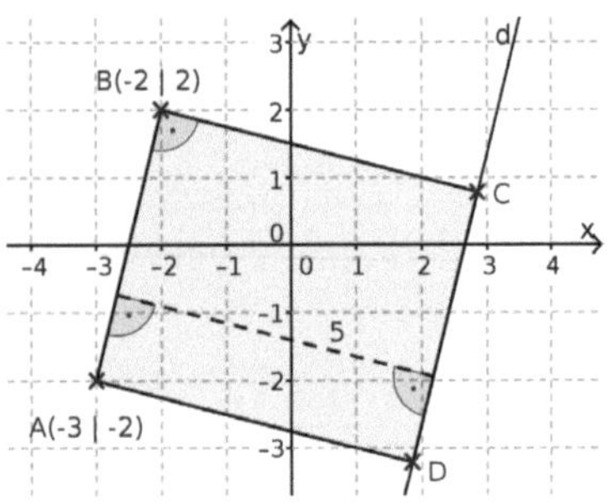

Praxishandbuch Sprachbildung Mathematik
Sprachsensibel unterrichten – Sprache fördern
ISBN 978-3-12-666851-4

Kopfaufgaben zum Koordinatensystem

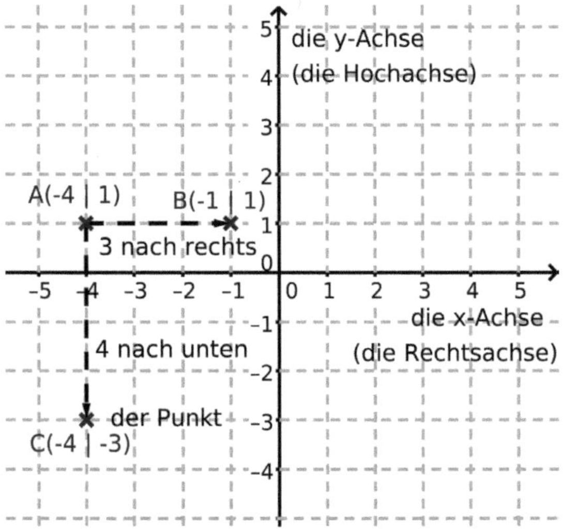

❶ Addition und Subtraktion von ganzen Zahlen

Aufgabe	Lösung
a. Du startest im Punkt (1|2) und gehst 4 Einheiten nach rechts.	4 + 1 = 5; (5|2)
b. Du startest im Punkt (1|2) und gehst 3 Einheiten nach oben.	2 + 3 = 5; (1|5)
c. Du startest im Punkt (1|3) und gehst 2 Einheiten nach rechts und eine Einheit nach unten.	1 + 2 = 3; 3 − 1 = 2; (3|2)
d. Du startest im Punkt (3|4) und gehst 14 Einheiten nach rechts.	3 + 14 = 17; (17|4)
e. Du startest im Punkt (6|14) und gehst 24 Einheiten nach oben.	14 + 24 = 38; (6|38)

❷ Erweiterung auf den negativen Bereich

Aufgabe	Lösung
a. Du startest im Punkt (3|4) und gehst 4 Einheiten nach unten.	4 − 4 = 0; (3|0)
b. Du startest im Punkt (1|2) und gehst 5 Einheiten nach links.	1 − 5 = −4; (−4|2)
c. Du startest im Punkt (−3|−1) und gehst 4 Einheiten nach rechts.	−3 + 4 = 1; (1|−1)
d. Du startest im Punkt (1|−4) und gehst 4 Einheiten nach links und 3 nach oben.	1 − 4 = −3; −4 + 3 = −1; (−3|−1)
e. Du startest im Punkt (13|14) und gehst 17 Einheiten nach links.	13 − 17 = −4; (−4|14)

❸ Erweiterung auf eine Nachkommastelle

Aufgabe	Lösung
a. Du startest im Punkt (3|4) und gehst 4,5 Einheiten nach rechts.	3 + 4,5 = 7,5; (7,5|4)
b. Du startest im Punkt (1|7) und gehst 3,2 Einheiten nach unten.	7 − 3,2 = 3,8; (1|3,8)
c. Du startest im Punkt (−2,5|4) und gehst 4 Einheiten nach rechts.	−2,5 + 4 = 1,5; (1,5|4)
d. Du startest im Punkt (−1,5|−2) und gehst 4,3 Einheiten nach links.	−1,5 − 4,3 = −5,8; (−5,8|−2)
e. Du startest im Punkt (−23|54) und gehst 12,6 Einheiten nach rechts.	−23 + 12,6 = −10,4; (−10,4|54)

ISBN 978-3-12-666851-4

Diagramme am PC erstellen

Die Klasse 2b plant einen Wandertag. Alle Kinder geben an, was sie gerne unternehmen möchten:

- Acht Kinder möchten gerne in den Zoo gehen,
- sieben Kinder möchten eine Radtour unternehmen,
- neun Kinder möchten zum Strand fahren
- und einem Kind ist es egal, wohin es geht.

Um die Mehrheiten deutlich zu machen, möchte die Klasse gerne das Ergebnis dieser Umfrage in einem Diagramm darstellen. Leider können die Kinder das noch nicht.

Hilf du ihnen, indem du die Daten in ein Diagramm einträgst und ihnen anschließend einen Rat schreibst (in dein Heft). Nutze dazu die Anleitung, um mit einer Tabellenkalkulation ein Diagramm zu erstellen.

Anleitung zum Erstellen von Diagrammen mit einer Tabellenkalkulation

a. Öffne das Tabellenkalkulationsprogramm. Du siehst nun eine Tabelle mit Spalten und Zeilen. Die Spalten sind durch Buchstaben gekennzeichnet (A, B, …). Die Zeilen sind durchnummeriert (1, 2, …).

b. Trage die Daten der Klasse in die Tabelle ein. Wähle eine Spalte und trage dort die Überschrift (Plan) ein. Darunter trägst du alle Ziele ein.
In die nächste Spalte trägst du die zweite Überschrift (Anzahl der Kinder) ein, die dorthin wollen. Unter die Anzahl trägst du jeweils ein, wie viele Kinder zu diesem Ziel wollen.

Praxishandbuch Sprachbildung Mathematik
Sprachsensibel unterrichten – Sprache fördern
ISBN 978-3-12-666851-4

c. Du kannst nun ein Diagramm erstellen. Dazu markierst du die beiden Spalten, indem du oben auf den ersten Buchstaben klickst, die Maustaste gedrückt hältst und nun den zweiten Buchstaben auswählst. Dann sollten beide Spalten farblich markiert sein.

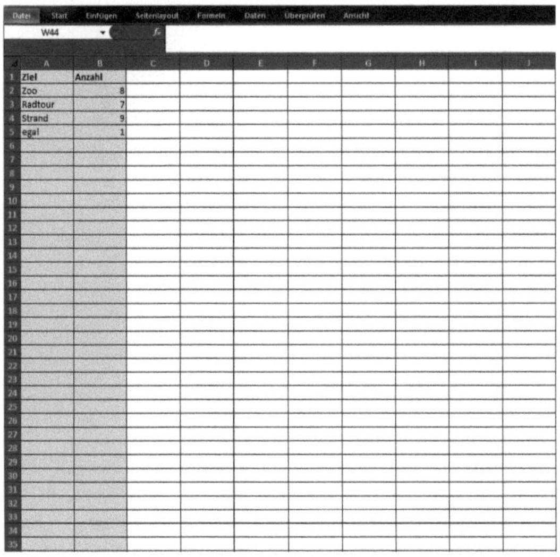

d. Nun wählst du in der oberen Leiste Einfügen – (Objekt) – Diagramm aus (siehe Bild). Jetzt kannst du auswählen, wie du die Daten darstellen möchtest, z. B. in einem Säulendiagramm, in einem Kreisdiagramm oder in einem Liniendiagramm.

e. Du kannst auch noch die Überschrift und die Achsenbeschriftungen eintragen.

f. Speichere dein Dokument. Gehe dazu auf Datei (oben in der Leiste) und wähle Speichern aus. Nun gibst du einen Namen ein, zum Beispiel Diagramm 1. Du solltest auch zwischendurch immer wieder speichern, damit keine Daten verloren gehen.

Praxishandbuch Sprachbildung Mathematik
Sprachsensibel unterrichten – Sprache fördern
ISBN 978-3-12-666851-4

Wie beschreibe ich ein Diagramm?

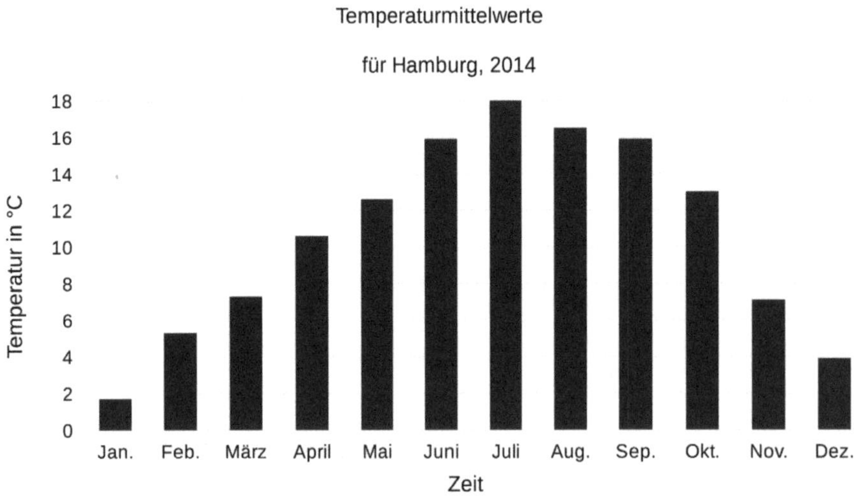

ALLE Punkte sind in vollständigen Sätzen abzuarbeiten!

Die fett markierten Satzbausteine kannst du in deiner Beschreibung verwenden.

1. Ich nenne das Thema des Diagramms. Das Thema des Diagramms ist in Form einer Überschrift oder eines Untertitels angegeben.
   → **In dem** Säulen**diagramm geht es um** die Temperaturmittelwerte[1] im Jahresverlauf[2].
2. Ich nenne die auf der y-Achse (Hochachse) eingetragene Größe und ihre Einheit.
   → **Auf der y-Achse ist** die Temperatur **in der Einheit** °C **eingetragen** …
3. Ich nenne die auf der x-Achse (Rechtsachse) eingetragene Größe und ihre Einheit.
   → … **und auf der x-Achse** die Zeit in Monaten.
4. Ich nenne das im Diagramm dargestellte Beispiel.
   → **Das Diagramm zeigt** den Jahresverlauf der Temperatur **am Beispiel von** Hamburg im Jahr 2014.
5. Ich formuliere Aussagen, die ich aus dem Diagramm ablesen kann.
   Ich suche mir besondere Werte heraus, zum Beispiel den niedrigsten Wert (Tiefpunkt) und den höchsten Wert (Hochpunkt), den Anfangs- und Endwert. Ich beschreibe die Entwicklung dieser Werte.
   → Die Temperatur **ist am niedrigsten** im Januar und **am höchsten** im Juli. **Besonders wenig/viel/hoch … ist es/sie, wenn …**
   → **Der stärkste Anstieg ist** vom März zum April zu **beobachten, der stärkste** Temperatur**abfall**[3] von Oktober bis November. **Auffällig ist auch, dass** sich die Temperaturmittelwerte zwischen Juni und September kaum ändern.
6. Ich fasse die einzelnen Aussagen des Beispiels in einer allgemeinen Aussage zusammen oder formuliere eine Schlussfolgerung.
   → **Insgesamt sieht man, dass** der Sommer kühl bis mild ist. Der Winter ist maritim geprägt[4] und für die nördliche Lage eher mild.

1 Ein Mittelwert ist ein mittlerer Wert. Ein Temperaturmittelwert ist also eine mittlere Temperatur.
2 Der Jahresverlauf gibt an, wie sich etwas von Januar bis Dezember eines Jahres ändert.
3 Der Temperaturabfall gibt an, wie stark die Temperatur gefallen ist.
4 Maritim geprägt heißt vom Meer geprägt; Hamburg liegt nahe an Nord- und Ostsee.

ISBN 978-3-12-666851-4

Feedback üben

1 **Fatima will vortragen, wie man zu einem Temperaturdiagramm eine Beschreibung anfertigt. Sie hält ihren Vortrag zur Probe vor ihrer Freundin Milla. Milla gibt ihr anschließend ein Feedback, das ist eine Rückmeldung.**
Lies dir das Feedback durch.
Unterstreiche die Äußerungen, bei denen sich Milla nicht an die Feedback-Regeln gehalten hat.
Schreibe anschließend Millas Feedback so um, dass es ein gutes Feedback wird.

Fatima, ich finde sehr schön, dass du zuerst das Thema des Diagramms genannt hast. Ich wusste dann gleich, worum es geht.

Aber es ist blöd, dass du das Beispiel nicht genauer genannt hast. Nun weiß man gar nicht, um welche Stadt es geht.

Du hast zwar die Achsen erklärt, aber die Einheiten konnte man nicht verstehen. Du hast so undeutlich gesprochen.

Wenn du die besonderen Punkte im Diagramm beschreibst, musst du auf diese Punkte im Diagramm zeigen. Man kann dir sonst nicht folgen.

Das siehst du doch auch so, oder etwa nicht?

2 **Souri hat das folgende Diagramm beschrieben. Schreibe ein Feedback zu seiner Beschreibung.**

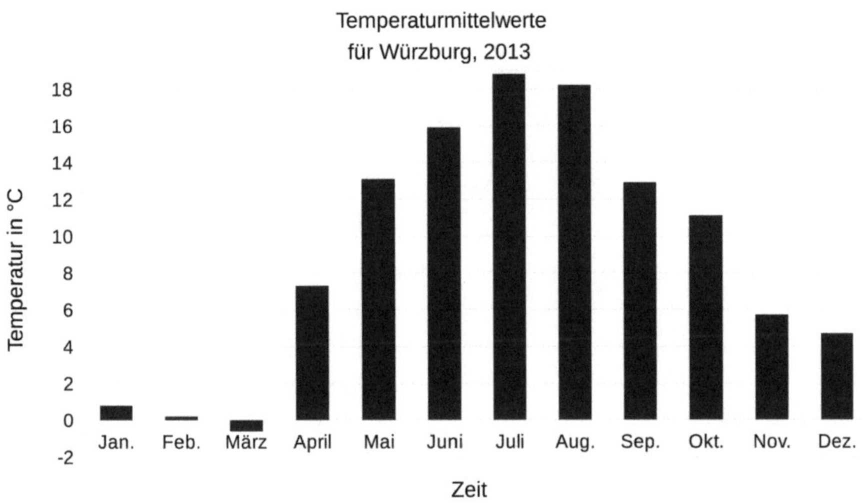

Das Säulendiagramm zeigt Daten aus Würzburg. Die x-Achse geht von −5 bis 20, die y-Achse gibt die Zeit in Monaten an. Die Temperaturen steigen von etwas unter Null Grad bist auf 15 °C an. Die höchsten Werte sind im Juli, die niedrigsten im Januar. Dazwischen steigen und fallen die Werte wieder. Sechs Säulen geht es hoch, dann geht es runter.

Praxishandbuch Sprachbildung Mathematik
Sprachsensibel unterrichten – Sprache fördern
ISBN 978-3-12-666851-4

Diagramme beschreiben

Wähle eines der folgenden Diagramme aus. Beschreibe es sorgfältig.

Diagramm	Worte, die du bei der Beschreibung verwenden kannst:
a 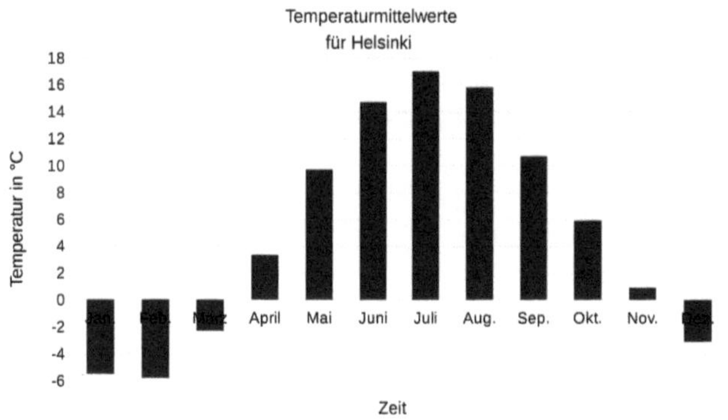	→ die Temperatur → der Mittelwert der Temperatur → der Monat → die höchste Temperatur → die tiefste Temperatur → der Temperaturunterschied → der Temperaturanstieg
b 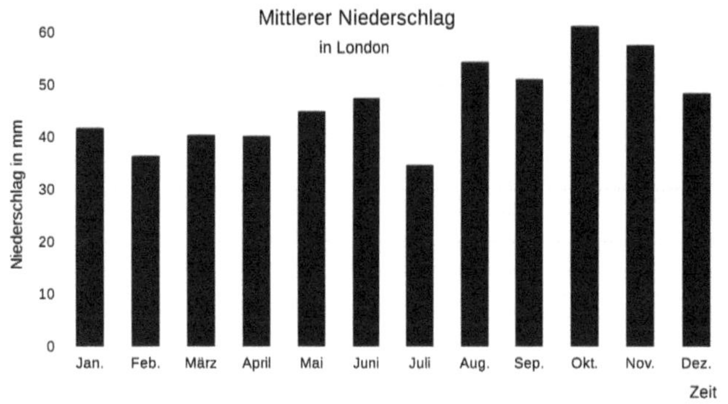	→ der Niederschlag (Regen oder Schnee) → die größte Menge Niederschlag → am wenigsten Niederschlag → mehr als → weniger als
c 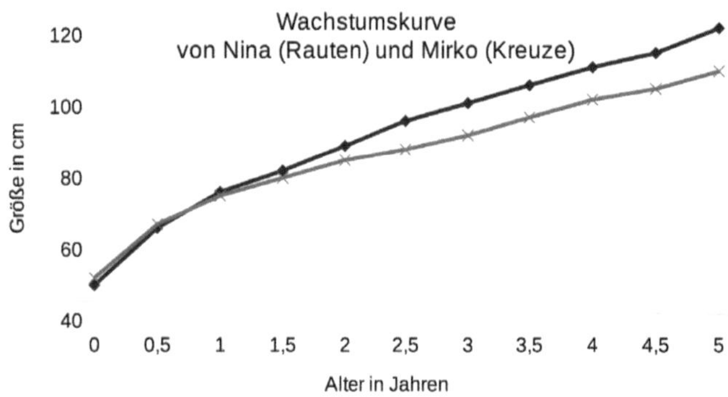	→ die Geburt → das Wachstum → das Alter → die Größe → gleich groß → weniger wachsen als → die Wachstumskurve → größer als, kleiner als
d 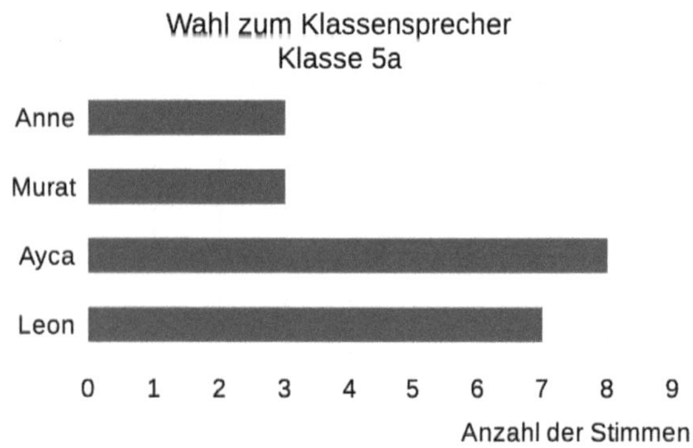	→ die Wahl → die Stimme abgeben → wählen → die Mehrheit der Stimmen → gleich viel → mehr als → weniger als

Praxishandbuch Sprachbildung Mathematik
Sprachsensibel unterrichten – Sprache fördern
ISBN 978-3-12-666851-4

Diagramme genau lesen

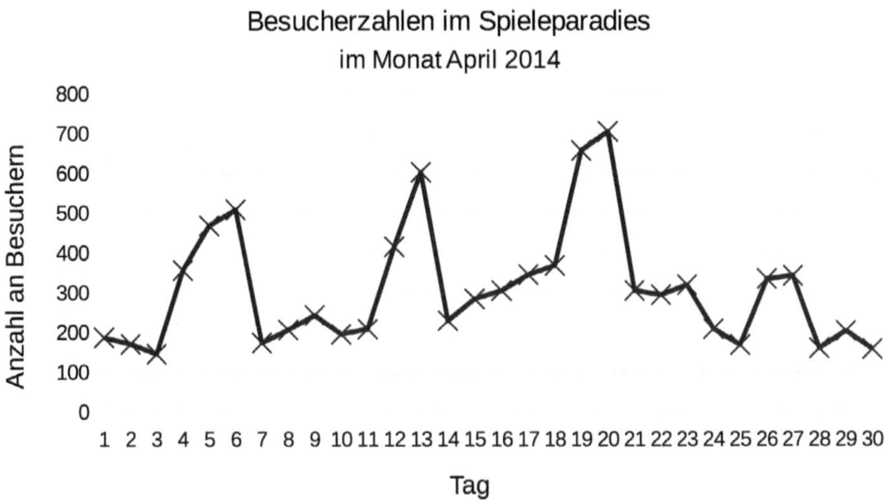

In der Abbildung siehst du die Besucherzahlen im Spieleparadies im Monat April des Jahres 2014. Unten findest du verschiedene Aussagen. Ordne die Aussagen den Tagen zu. Eine Aussage kann auch auf mehrere Tage zutreffen.

Beispiel: Am Wochenende nimmt die Besucherzahl regelmäßig zu.

Zuordnung: Die Wochenenden sind am 5. und 6., 12. und 13., 19. und 20. sowie 26. und 27. April.

1. Nach diesem Sonntag fiel die Besucherzahl am stärksten ab[1].
2. An diesem Wochenende begann der Besucheransturm[2] schon am Freitag.
3. An diesem Wochenende war das Wetter besonders schön. Daher kamen nicht so viele Besucher in das Spieleparadies.
4. In dieser Woche stieg die Besucherzahl durchgehend an[3]. An jedem Tag war sie höher als am Vortag.
5. In dieser Woche begann das schöne Wetter am Mittwoch, daher fiel die Besucherzahl dort besonders stark ab.
6. An diesem Wochenende waren am Samstag und am Sonntag etwa gleich viele Besucher im Spieleparadies.

1 *Abfallen* (fiel ab) bedeutet *weniger werden*.
2 Von einem Besucheransturm spricht man, wenn plötzlich ganz viele Besucher kommen.
3 *Ansteigen* (stieg an) bedeutet *mehr werden*.

Praxishandbuch Sprachbildung Mathematik
Sprachsensibel unterrichten – Sprache fördern
ISBN 978-3-12-666851-4

Wochenaufgaben

Name: .... Datum: ....

Diese Woche sollst du mindestens 25 Punkte erreichen.

1 (je Teilaufgabe 2 Punkte)

a. Addiere 3 m und 70 dm.

b. Dividiere 169 m durch 13.

c. Multipliziere 370 g mit 200.

d. Subtrahiere 4300 mm von 200 dm.

2

a. Zeichne zu den folgenden Daten ein Liniendiagramm mit zwei Linien, eine für jeden Paternoster. Bei einem Liniendiagramm wird zuerst ein Koordinatenkreuz gezeichnet. (8 Punkte)
Ein Paternoster ist ein offener Fahrstuhl, der nicht anhält, den man also wie eine Rolltreppe betritt und in dem gewünschten Stockwerk wieder verlässt.

b. Wo werden die Paternoster nach 5 s sein? Begründe. (3 Punkte)

c. Beschreibe das Diagramm. (8 Punkte)

Zeit in s	Höhe Paternoster 1 in m	Höhe Paternoster 2 in m
0	0 (EG)	16
1	2	14
2	4	12
3	6	10
6	12	4

3 **In Marlenes Klasse waren sehr viele Lehrer krank. Sie hatte daher nur wenig Unterricht. Berechne, wie lange sie jeweils in der Schule war.** (je Teilaufgabe 2 Punkte)

a. Montag: Unterrichtsbeginn: 7:30 Uhr, Unterrichtsende: 12:45 Uhr

b. Dienstag: Unterrichtsbeginn: 9:20 Uhr, Unterrichtsende: 12:45 Uhr

c. Mittwoch: Unterrichtsbeginn: 8:20 Uhr, Unterrichtsende: 12:05 Uhr

4 **Zahlenrätsel** (je Teilaufgabe 2 Punkte)

a. Welche Zahl muss ich durch 16 dividieren, um 3 zu erhalten?

b. Wie viele cm muss ich zu 4 dm addieren, um 1 m zu bekommen?

c. Cai und Cajsa wiegen zusammen 46 kg. Sie sind gleich schwer. Ihre Betreuerin im Kindergarten wiegt genau dreimal so viel wie einer der Zwillinge. Wie schwer ist die Betreuerin?

Praxishandbuch Sprachbildung Mathematik
Sprachsensibel unterrichten – Sprache fördern
ISBN 978-3-12-666851-4

UNTERRICHTSEINHEIT

Bruchrechnung 5/6

Leitidee Zahl
Sprachlicher Fokus Argumentieren
Thema Bruchrechnung

fachliche Lernziele
- Winkel zeichnen
- Brüche erkennen
- informative Figuren zeichnen und deuten
- Addition, Subtraktion, Multiplikation und Division von Brüchen
- Rechenfehler finden

sprachliche Lernziele
- Brüche benennen
- mit Hilfe informativer Figuren argumentieren
- Rechenregeln formulieren und begründen
- Fehler beschreiben und korrigieren
- Fachwortschatz ausbauen und festigen

Fachwörter und fachliche Redewendungen
- der Bruch, der Bruchstrich, der Nenner, der Zähler, die Dezimalzahl, die Prozentangabe
- der Anteil, die informative Figur, die Nachkommastelle, der Kehrwert
- der Winkel, der spitze/rechte/stumpfe/überstumpfe Winkel, der Schenkel, die Skala
- der unechte Bruch, der gemischte Bruch
- die gemeinsame Einteilung, die feinere/gröbere Einteilung
- gleichnamig, ungleichnamig
- erweitern, kürzen, das Komma verschieben, gleichnamig machen, umwandeln

Die Unterrichtseinheit im Überblick
Damit die SuS in der Lage sind, Anteile im Kreis darzustellen und somit informative Figuren zur Bruchrechnung, wird zunächst das Zeichnen und Ablesen von Winkeln behandelt. Die Winkel werden dabei im Kreis eingetragen, so festigt sich der Vollwinkel von 360° leichter. Anschließend werden Anteile im Kreis und in Rechtecken betrachtet. Anteile im Kreis sind zwar schwieriger zu zeichnen, aber die Darstellung eines Ganzen (Kreises) ist für viele SuS überzeugender als die eines Rechteckes. Denn bei einem Kreis kann man offensichtlich keinen Winkel mehr hinzufügen, bei einem Rechteck aber problemlos eine Verlängerung hinzuzeichnen. Welches Modell die SuS bevorzugen wird deutlich, sobald die SuS mithilfe der informativen Figuren argumentieren.
Die informativen Figuren, die so entstanden sind, begleiten die SuS durch die Einheit. Sie sollen im Folgenden mit Hilfe dieser Figuren die Rechenregeln darstellen, um sie so zu verinnerlichen und als Hilfestellung beim Kommunizieren und Argumentieren zu verwenden. Günstig dabei erweist sich nun die Rechteckdarstellung: Ich kann das Erweitern darstellen, indem ich die zu erweiternden Brüche einmal als Anteil in Querstreifen und einmal als Anteil in Längsstreifen zeichne und nun die Einteilungen übertrage. Diese anschaulichen Darstellungen sind hilfreich, wenn es darum geht, dass die SuS selbst Rechenregeln erklären oder begründen sollen.
Das Erweitern ist auch hilfreich, wenn es darum geht, Brüche zu dividieren: Hier wird auf die bekannte Vorgehensweise beim Teilen im Sinne von „wie oft passt es hinein“ zurückgegriffen; sind die Brüche gleichnamig, lässt sich der Anteil ablesen. Mit dieser Methode soll eine Grundvorstellung vom Dividieren von Brüchen aufgebaut werden, auf die auch nach dieser Unterrichtseinheit zurückgegriffen werden kann.
Im Anschluss werden Zahlen in Brüche, Dezimalzahlen, Prozentangaben, Quotienten und Produkte umgerechnet und das Umrechnen beschrieben und geübt. Die Einsicht, dass es sich hier nur um verschiedene Darstellungen handelt, hilft den SuS im Folgenden über viele Schwierigkeiten hinweg.

Um die Rechenregeln zu vertiefen, wird in Projektarbeit ein Film erstellt. Zum Lehrfilm entwerfen die SuS eigene Arbeitsblätter und fertigen am Ende eine Mind-Map zur Bruchrechnung an. Hier – wie auch bei den Partner- und Gruppenarbeiten zuvor – entstehen viele sprachintensive Situationen, in denen sich die SuS über die Aufgaben austauschen und sich gegenseitig etwas erklären. Viele Übungen in dieser Einheit sind geeignet, den Fachwortschatz einzuführen (KV 1), zu wiederholen (KV 2, KV 3, KV 4, KV 7a) anzuwenden (KV 5, KV 6) und zu festigen (KV 8, KV 9).

Arbeitsblätter

KV-Nr.	Thema	Sozial-form	Methode	Intention
1	Beschreibungen verstehen		Lückentext (→ S. 31)	Winkel im Kreis zeichnen
2	Darstellungen übersetzen		Domino (→ S. 195)	Gleiche Anteile erkennen und zuordnen
3	Mit Bildern argumentieren		Informative Figuren (→ S. 162)	Rechenregeln mit informativen Figuren veranschaulichen
4	Gegenseitiges Abfragen		Tandembogen (→ S. 208)	Rechentraining
5	Mit informativen Figuren erklären		Mathebrief (→ S. 170), Informative Figuren (→ S. 162)	Rechenfehler bzw. Rechnungen beschreiben
6	Gemeinschaftliche Textproduktion		Lehrfilm drehen (→ S. 164)	Rechenregeln erklären
7a	Rechenanleitung schreiben		Unterstützung beim Schreiben mathematischer Texte (→ S. 30)	Anleitung zum Zahlenumwandeln
7b	Anleitung nutzen		Lernen am Beispiel (→ S. 166)	Rechentraining zum Zahlenumwandeln
8	Aufgaben formulieren		Arbeitsblatt gestalten (→ S. 193), Gruppenpuzzle (→ S. 160)	Aufgaben zum Üben konzipieren
9	Begriffe verknüpfen		Mind-Map (→ S. 204)	Übersicht über die Bruchrechnung erstellen

1 Winkel im Kreis messen und zeichnen

Lücken sichern das Lesen und Verstehen ab.

Als Vorbereitung auf das Thema Bruchrechnung, bei dem viel mit informativen Figuren im Kreis gearbeitet wird, wird auf KV 1 in Form eines Lückentextes wiederholt, wie man Winkel einzeichnet und misst (→ Lückentext, S. 31).

Beim Lückentext „Winkel messen" sind die fehlenden Begriffe der kleinen Abbildung zu entnehmen, was sprachschwächere Kinder entlastet. Die SuS müssen darüber hinaus die Worte von der einen Skizze auf die andere übertragen. Selbst wenn die SuS die Begriffe nicht mehr kennen und sich durch die Lücken auch nicht die Begriffe erschließen können, so sorgen die Lücken dafür, dass die SuS nachvollziehen, wie genau ein Winkel gezeichnet wird. Zugleich dient der Text als Beispiel für Aufgabe 2. Ebenso dient der Lückentext „Winkel zeichnen" als Beispiel für Aufgabe 4.

Winkel korrekt zu zeichnen und zu messen, fällt vielen SuS schwer. Es ist für die SuS auch schwierig, ihren Mitschülern das Zeichnen oder Messen zu erklären. Durch die Bilder wird das Textverständnis unterstützt und die beiden Lückentexte können auch im Folgenden eigenständig zum Nachschlagen oder Erklären genutzt werden.

Bei Texten ohne Lücken neigen viele SuS dazu, nur die Bilder zu betrachten und allein damit ihr Glück zu versuchen. Selbst abschreiben können viele SuS, ohne die Texte richtig zu lesen oder zu durchdenken. Achtet die Lehrkraft auf Bearbeitung in Einzelarbeit, kann sie ausgefüllte Lücken als Zeichen dafür ansehen, dass die Texte gelesen und verarbeitet wurden.

2 Domino zur Bruchrechnung

Gleiche Anteile in verschiedenen Darstellungen finden und benennen.

Die KV soll von den SuS zerschnitten werden, sodass 16 Kärtchen entstehen, die jeweils zwei nebeneinanderliegende Felder enthalten. Aufgabe für die SuS ist es dann, die Karten so hintereinanderzulegen, dass immer gleich große Anteile von zwei verschiedenen Karten nebeneinanderliegen. Dabei müssen die SuS zwischen den Darstellungen wechseln: von Text zu Term oder informativer Figur. Außerdem müssen sie kürzen und erweitern. Letzteres gelingt grafisch recht leicht, denn hier kann nachgezählt werden. Auf der sprachlichen Ebene ist dies jedoch schwierig und soll mit diesem Spiel daher verstärkt trainiert werden (→ Werkzeug Domino, S. 195).

Eine Hilfestellung kann sein, weitere informative Figuren zur Verfügung zu stellen (wie auf KV 3). Eine Übersetzungsübung kann zum Beispiel an der Tafel gesammelt werden (Bruch, Text, Winkel, Anteil im Rechteck), sodass alle Darstellungsformen und die zugehörigen Beschreibungen wiederholt werden. Alternativ kann dazu aufgefordert werden, die auf den Kärtchen gezeigten Anteile in Form einer Tabelle in Winkeln, Bruch und Text anzugeben. Dann können die SuS gemeinsam darüber beraten, welche Brüche den gleichen Anteil darstellen. Bei dieser Aufgabenstellung ist es wichtig, dass alle sprachlichen Mittel dafür bekannt sind.

3 Informative Figuren zur Bruchrechnung

In Bildern rechnen, um Rechenfehler zu erkennen und zu vermeiden.

Diese KV enthält eine Darstellung von informativen Figuren, die während der gesamten Einheit genutzt werden können, um Brüche zu addieren. Es sind immer zwei Figuren nebeneinander, sodass die SuS bei Bedarf die Figuren – mit Bleistift – anmalen können, um Rechenaufgaben zu prüfen.

Auch hier unterstützen die Figuren wieder das Argumentieren: Erweitern und Kürzen kann man an den Figuren demonstrieren, man kann – für kleine Nenner – einen gemeinsamen Nenner finden, ebenso kann man erkennen, dass eine Summe kleiner oder größer als ein Ganzes sein muss. Dies erleichtert die Fehlersuche, die sich ansonsten in rein symbolischer Schreibweise für einige SuS als sehr schwierig erweist (→ Werkzeug Informative Figuren, S. 162).

Für SuS mit sprachlichen Schwierigkeiten stellen Redemittel auf der KV eine weitere Hilfestellung dar, auf die sie zurückgreifen können. Das gilt auch für das Beispiel, in dem eine Begründung bereits formuliert wurde.

Günstig ist es, hier mittels Ich – Du – Wir die Arbeit zu organisieren (→ Werkzeug Sozialform Ich – Du – Wir, S. 206), um einen hohen Austausch über die Probleme zu erreichen. Dazu stellen die SuS zunächst selbst eine Vermutung auf, was falsch und was richtig ist. Zu zweit können sie dann ihre Vermutungen abgleichen und mit Hilfe der Figuren begründen. Sind sie zu einer gemeinsamen Lösung gekommen, können sie in Partnerarbeit die Lösung verschriftlichen. Anschließend kann mit der ganzen Klasse verglichen werden, einzelne Lösungen werden ausführlich begutachtet, und zwar möglichst so, dass alle SuS den Text mitlesen können.

4 Tandembogen

Gegenseitiges Abfragen ist intensives Üben.

KV 4 (→ Werkzeug Tandembogen, S. 208) wird in der Mitte gefaltet und dann von jeweils zwei SuS so gehalten, dass jeder eine Seite des Bogens sieht. Partner A liest seine Frage vor und nennt die Antwort, Partner B kontrolliert, dann wird gewechselt. Die Fragen sind jeweils grau hinterlegt. Mit dem Tandembogen wird das Hörverständnis trainiert, aber die sprachschwachen SuS werden zum einen dadurch unterstützt, dass sie die Aufgabenstellungen mitlesen können, zum anderen liegen die Lösungen des Partners vor, sodass sie einen festen Erwartungshorizont für die Antworten des Partners vor sich haben.

Auf dieser KV werden zunächst verschiedene Begriffe abgefragt. Dies ist für beide Partner anspruchsvoll: Der eine Partner muss mit Hilfe des Satzanfanges formulieren, der andere Partner muss kontrollieren, ob die Aussage des Partners mit seiner Lösung übereinstimmt.

Anschließend sollen Aufgaben gelöst werden, die die eben abgefragten Prozesse mathematisch umsetzen. Dieses Vorgehen (erst die Definitionen abfragen, dann Aufgaben bearbeiten) wird für die nächsten Operationen wiederholt. Dabei werden bei der Division von Brüchen zwei mögliche Lösungswege angeboten, da diese beiden stark voneinander abweichen.

Der Tandembogen eignet sich gut, um zu Stundenbeginn konzentriert einzusteigen, aber auch, um nach einer Erarbeitungsphase zu prüfen, ob die SuS alles verstanden haben. Um das zu erfassen, kann jeder notieren, wie viele Aufgaben von seinem Partner richtig gelöst wurden. Der Hinweis darauf, dass richtige Lösungen gezählt werden sollen, führt häufig dazu, dass intensiver über die Korrektheit einzelner Lösungen diskutiert wird.

Möglichkeiten zur Differenzierung

Je mehr Text selbst zu formulieren ist, desto anspruchsvoller ist die Aufgabenstellung. Sollen die Bögen vereinfacht werden, so können statt der freien Texte Lückentexte verwendet werden.

5 Rechenfehler bzw. Rechnungen beschreiben

Rechenfehler finden, um diese zu vermeiden, Rechnungen beschreiben, um sie zu verinnerlichen.
Diese KV beinhaltet zwei Aufgaben zum Erstellen eines Mathebriefes auf sehr unterschiedlichem sprachlichen Niveau: Während die erste Aufgabe sprachliche Hilfen zur Verfügung stellt, wird in der zweiten Aufgabe explizit Fachsprache eingefordert (→ Werkzeug Mathebrief, S.170). Die KV sollte durchgeschnitten und sprachlich passend verteilt werden.
Bei der ersten Aufgabenstellung wird mit Hilfe von informativen Figuren aufgezeigt, dass die Rechnung so, wie sie dargestellt ist, nicht stimmen kann; die Terme sind in den Figuren bereits in Bilder übersetzt. Die Aufgabe für die SuS besteht darin, die richtige Lösung zu finden und zu erklären. Dafür können sie sich weitere informative Figuren zeichnen oder die verwenden, die auf KV 3 abgebildet sind. Als zusätzliche Entlastung sind sprachliche Hilfen vorgegeben, wobei jedes Fachwort in einem kurzen Text in Klammern erklärt wird.
Durch das Beschäftigen mit Fehlern soll vermieden werden, dass die SuS im Folgenden diese typischen Fehler selbst machen. Wenn die Fehler im Unterricht dann trotzdem wieder auftauchen, sind die SuS zunehmend dafür sensibilisiert.

Die zweite Aufgabenstellung ist offener und damit anspruchsvoller. Hier geht es nicht darum, Fehler zu finden, sondern das Dividieren von Brüchen frei zu erklären. Dabei können die SuS den Ansatz „Wie oft passt etwas in den Dividenden hinein" auf Brüche anwenden (→ KV 6). Wenn die SuS die Brüche zum Dividieren auf den gleichen Nenner erweitern, vermeiden sie ein blindes mit dem Kehrwert Multiplizieren (zumal dabei vielen nicht klar ist, von welchem Bruch der Kehrwert genommen werden muss und schon gar nicht warum). Auch in der zweiten Aufgabe stehen den SuS wieder Fachworte zur Verfügung, allerdings ohne Erklärungen und auch nicht mehr als Hilfestellung, sondern als Erinnerung daran, ihre Texte in Fachsprache zu verfassen. Das zeigt auch den SuS deutlich das sprachliche Niveau, das hier erwartet wird.

6 Einen Lehrfilm drehen

Kreativität im Mathematikunterricht wecken.
Wenn die SuS das Rechnen mit Brüchen grundsätzlich beherrschen, können sie im Rahmen eines Projektes in einer Gruppe einen Film zu einer der Grundrechenarten erstellen. Das Drehen eines Films ist eine sehr gute Gelegenheit, andere Kompetenzen wie Kreativität, Gestaltung, Dramaturgie und schauspielerisches Talent im Mathematikunterricht einzubringen. Damit bietet so ein Projekt insbesondere Kindern mit sprachlichen oder mathematischen Schwierigkeiten eine Möglichkeit, mit ihren Talenten Erfolg im Mathematikunterricht zu erleben und so ihre Motivation zu steigern.
Die Grundrechenarten sind dabei unterschiedlich schwierig für einen Film aufzubereiten: Während Addieren und Subtrahieren etwa gleich schwierig sind und sich auch gut durch informative Figuren darstellen lassen, ist das für die Multiplikation schon etwas anspruchsvoller, insbesondere, wenn man auch das Rechnen mit gemischten Brüchen einbezieht. Noch schwieriger ist die Division von Brüchen. Die Regel „mit dem Kehrwert multiplizieren" lässt sich nur schwer mit informativen Figuren erklären (darstellen aber schon). Allerdings lässt sie sich zurückführen auf die Methode „wie oft passt der Divisor in den Dividenden", wenn man zuvor die Brüche gleichnamig macht. Dies lässt sich dann auch durch informative Figuren gut darstellen und dadurch wieder leichter erklären.

Als Hilfestellung finden die SuS auf KV 6 eine kurze Erklärung ihrer Aufgabe. Die Erklärung ist allerdings bewusst recht knapp und muss in jedem Fall von den SuS mit Beispielen untermauert werden. Auch sollten die SuS möglichst Fachbegriffe, die in der Erklärung verwendet werden, in eigenen Worten wiedergeben. Eine weitere Hilfestellung zur Planung und Durchführung eines Lehrfilms stellt die Checkliste auf S.165 dar (→ Werkzeug Lehrfilm drehen).

Um den Film aufzunehmen kann man eine Videokamera (digital oder analog), eine Kamera (die meisten haben auch einen Filmmodus) oder ein Handy verwenden, denn die Qualität des Films ist nicht entscheidend. Da die Filme kurz sein sollen, können sie in einem Stück gedreht werden, sodass man hinterher den Film auch nicht nachbearbeiten muss.
Im Anschluss an das Erstellen des Films können die SuS passende Aufgaben zum Üben entwickeln (KV 8). Diese können dann nach dem Betrachten des Films von den anderen SuS bearbeitet werden.

Möglichkeiten zur Differenzierung

Das Drehen eines Films kann auch als Binnendifferenzierung eingesetzt werden, wenn beispielsweise einige SuS noch weiter die Grundrechenarten trainieren sollen, andere aber schon fit sind. Die SuS, die mathematisch sehr kompetent sind, sind häufig auch kreativ und zugleich gut darin, ihren Mitschülern etwas zu erklären, sodass am Ende alle von dem Film profitieren können.

TIPP Seien Sie kreativ im Umgang mit den Fehlern, die die SuS im Film machen. Weisen Sie nicht explizit auf die Fehler hin, sondern fordern Sie zum Beispiel im Anschluss an den Film dazu auf, noch einmal bestimmte (im Film falsch erklärte oder falsch verwendete) Begriffe zu erklären.

7a Umwandlung von Zahlen erklären

Eigene Erklärungen anfertigen und darauf zurückgreifen.

Auch wenn die SuS mit Brüchen rechnen können, fällt es ihnen oft schwer, zwischen den Darstellungen der Zahlen wie zum Beispiel Bruch und Dezimalzahl zu wechseln. Um gezielt diesen Wechsel zu trainieren, sollen die SuS in der Tabelle von KV 7a zunächst erklären, wie man von einer Darstellungsform zur nächsten kommt. Wichtig dabei ist, dass diese Wechsel bereits vorher im Unterricht vollzogen wurden.

Die Anzahl der Umwandlungen ist so ausgewählt, dass es den SuS zukünftig möglich sein sollte, von jeder Darstellung in jede andere zu wechseln, auch wenn sie unter Umständen mehrere Umwandlungen hintereinander ausführen müssen.

Als Hilfestellungen stehen den SuS zum einen die Beispiele als inhaltliche Entlastung zur Verfügung, zum anderen befinden sich unten auf der KV Redemittel.

Möglichkeiten zur Differenzierung

Haben die SuS noch Schwierigkeiten mit den Texten, können Sie sie auffordern, zunächst die Redemittel den einzelnen Aufgaben zuzuordnen.

7b Zahlen umwandeln

Eigene Erklärungen anfertigen und darauf zurückgreifen.

Auf dieser KV trainieren die SuS das Umwandeln, das sie auf KV 7a beschrieben haben. Zunächst müssen sie in der Tabelle von Aufgabe 1 alle Umwandlungen durchlaufen, sodass – durch Vergleichen – sichergestellt werden kann, dass sie alle Umwandlungen beherrschen.

Die nächste Aufgabe stellt eine Anwendung dar: Zahlen müssen umgewandelt werden, bevor mit ihnen gerechnet werden kann, aber diese Aufgaben „verstecken" das Umwandeln nicht in Textform. Während bei den Teilaufgaben a und b vorwärts gearbeitet werden muss, beinhalten die nächsten beiden Aufgaben rückwärts arbeiten und damit die Umkehrrichtung. Die SuS empfinden die Aufgaben als unterschiedlich schwierig und die Lehrkraft kann anhand der Texte von Aufgabe 3 erkennen, was den SuS noch besonders schwerfällt. Die vorgegebenen Redemittel helfen beim Formulieren der Begründungen.

Möglichkeiten zur Differenzierung

Sollen selbst Rechenmauern gestaltet werden, ergibt sich die Binnendifferenzierung wie von allein: Die meisten SuS haben das Bestreben, möglichst schwierige Rechenmauern zu erstellen. Wenn die SuS dazu angeleitet werden, die Lösungen nur ins Heft zu schreiben, können sie in Partnerarbeit die Aufgaben des anderen lösen und vergleichen.

Anschließend können die SuS das Erstellen der Aufgaben im Unterrichtsgespräch reflektieren. Dafür können sie wieder die Redemittel nutzen, die in Aufgabe 3 zur Verfügung gestellt wurden.

8 Aufgaben zum Üben erstellen

Das Gelernte durch Anleiten zum Lernen vertiefen.

Zur weiteren Vertiefung können die SuS nun selbst Aufgaben erstellen, die sie dann mit anderen Gruppen zum Lösen tauschen. Dabei müssen die SuS zunächst typische Aufgaben herausfiltern, diese mit Fachbegriffen formulieren und Beispielaufgaben erklären. Dies ist sprachlich anspruchsvoll, daher sollten den SuS Beispielaufgaben mit Erklärungen zur Verfügung stehen, die sie bereits bearbeitet haben. Sie können sich aber auch an Aufgaben aus dem Buch orientieren (→ Werkzeug Arbeitsblatt gestalten, S. 193). Das Erstellen und Aufschreiben von Aufgaben und insbesondere das Aufschreiben einer Erklärung zwingt die SuS dazu, sich gegenseitig gut zuzuhören und zu korrigieren, um gemeinsam eine korrekte Formulierung zu finden.

TIPP Prüfen Sie die Beispiele aus dem Buch zuvor genau auf sprachliche Herausforderungen und geben Sie gegebenenfalls Hilfestellung. Die SuS sollten die Beispielaufgaben so erklären, dass ihre Mitschüler diesen Text verstehen können.

Organisatorisch bietet es sich an, in den Expertengruppen weiterzuarbeiten, die schon zusammen einen Film gedreht haben (KV 6), dann können die Aufgaben auch zum Film passend gestellt werden. Im nächsten Schritt können die fertigen Aufgaben für alle vervielfältigt und die Gruppen nun so neu zusammengesetzt werden, dass in jeder Gruppe mindestens ein Experte für jedes Thema ist (→ Werkzeug Gruppenpuzzle, S. 160). Auf diese Art wird sichergestellt, dass jeder SuS in die Gruppenarbeiten mit einbezogen ist (denn schon in der ersten Phase ist sich jeder bewusst, dass er Experte wird und anderen etwas erklären muss). Zum Abschluss sollten alle Gruppen dann eine gemeinsame Aufgabe erhalten. Dies kann eine Textaufgabe sein, in der verschiedene Rechenoperationen benötigt werden, oder auch Aufgaben mit Klammern, in denen mehrere Operationen hintereinander ausgeführt werden müssen.

9 Mind-Map zum Thema Bruchrechnung

Durch Reduktion auf wenige Begriffe eine Übersicht erhalten.

Um die Diskussion über die wesentlichen Begriffe beim Bruchrechnen und ihre Zusammenhänge in den Mittelpunkt zu stellen und so die Begriffe zu vernetzen, ist es günstig, eine Mind-Map in Gruppenarbeit erstellen zu lassen (→ Werkzeug Mind-Map, S. 204).

Auf KV 9 werden Begriffe vorgeschlagen, darunter einige, die keine geeigneten Schlüsselwörter für das Thema darstellen. So ist allen SuS schnell klar, dass nicht willkürlich Begriffe aus der Liste gewählt werden können.

Aufgabe der Gruppen ist es, sich zunächst auf wenige Schlüsselbegriffe zu einigen und diese sinnvoll anzuordnen (Aufgabe 1). Bereits bei der Anordnung sollen die SuS sich Stichworte machen, die dann bei Aufgabe 2 verwendet werden können. Die schriftliche Vorbereitung ermöglicht es im Anschluss auch sprachlich schwächeren SuS, die Präsentation zu halten. Eine weitere Hilfestellung bieten die vorgegebenen Verben bei Aufgabe 2.

Wegen der Komplexität des Vorhabens ist es günstig, Rollen bei der Gruppenarbeit zu verteilen (→ Werkzeug Gruppenarbeit, Rollenkarten: Zeitwächter, Moderator, Schriftführer …, S. 190).

Winkel im Kreis messen und zeichnen

1 Winkel messen

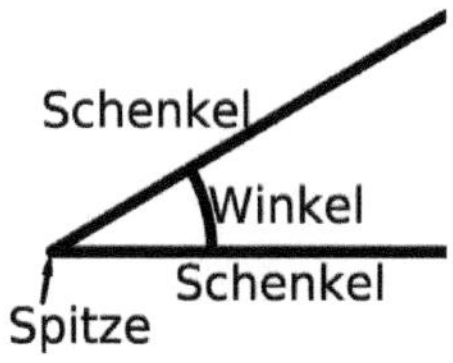

Um einen Winkel zu messen, lege ich das Geodreieck so an, dass die lange Seite des Geodreiecks

....

....

Außerdem muss die Null in der Mitte der langen Seite genau auf der .... liegen.

Ich muss beachten, dass ich die richtige Skala ablese.

In dem Kreis oben ist ein Winkel von .... eingezeichnet.

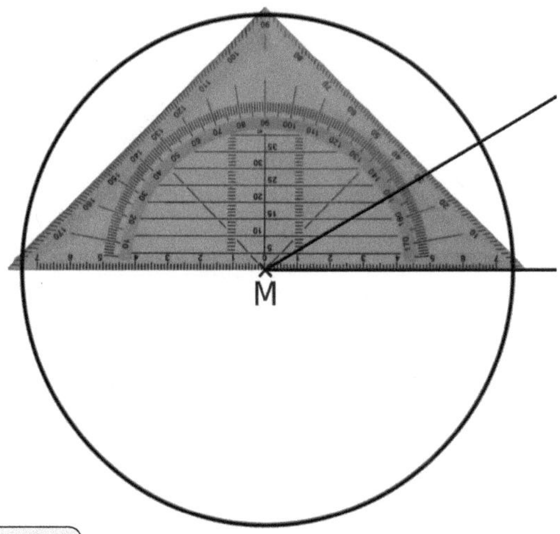

Mit Hilfe des Winkels kann ich den Anteil ausrechnen:
In dem Beispiel oben ist der (markierte) Anteil 30° vom ganzen Kreis, also von 360°. Damit ist der Bruch $\frac{\quad}{360°} = \frac{1}{\quad}$

WIEDERHOLUNG

Wir unterscheiden:

- Spitze Winkel sind zwischen 0° und .... ° groß.
- Rechte Winkel sind genau .... groß.
- Stumpfe Winkel sind größer als .... aber kleiner als ....
- Überstumpfe Winkel sind .... als 180°.

2

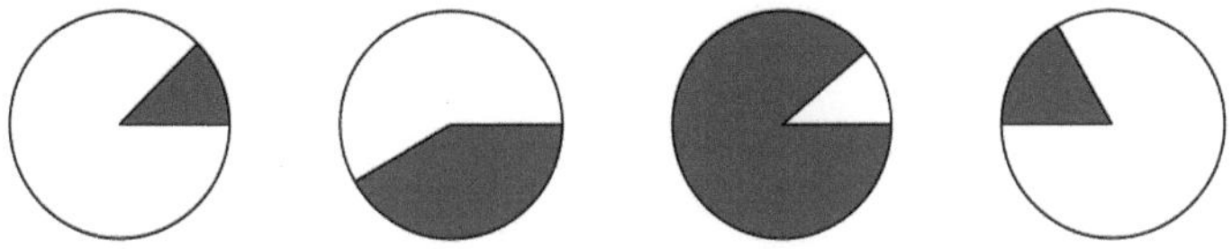

a. Miss die Winkel der grauen Flächen aus.
TIPP: Du kannst die Schenkel verlängern, dann geht es genauer.

b. Notiere jeweils, ob der Winkel spitz, stumpf oder überstumpf ist.

c. Bestimme dann den dargestellten Bruch. Denke daran: Es sind insgesamt 360° im Kreis.

Praxishandbuch Sprachbildung Mathematik
Sprachsensibel unterrichten – Sprache fördern
ISBN 978-3-12-666851-4

Winkel im Kreis messen und zeichnen

3 Winkel zeichnen

Wenn wir einen Winkel zeichnen, zeichnen wir zuerst einen der .... Dann legen wir das Geodreieck so an, dass wieder die Mitte der .... Seite an der Spitze des .... (hier im Punkt ....) liegt.

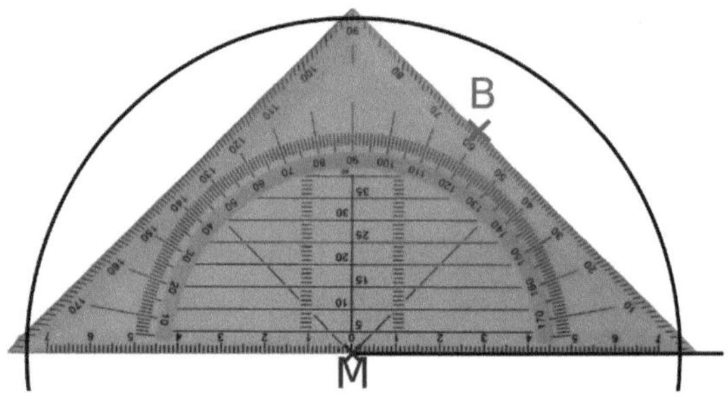

Nun markieren wir einen zweiten Punkt des zweiten Schenkels, der auf der Skala bei dem gewünschten Winkel liegt.

Im Beispiel ist das der Punkt .... Hier soll ein Winkel von .... gezeichnet werden.

Anschließend verbinden wir die Punkte (hier: M und B).

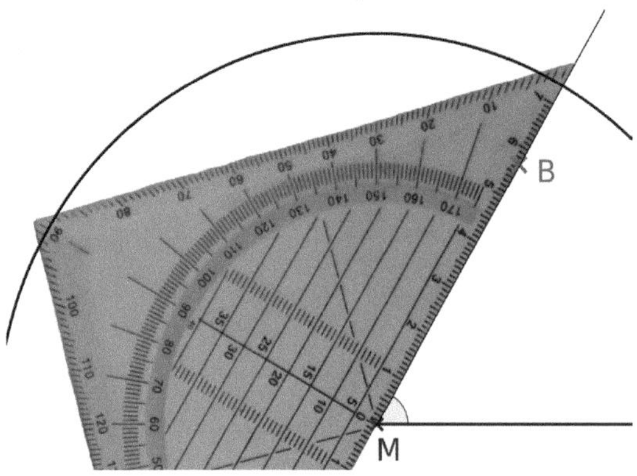

4 Zeichne die folgenden Winkel jeweils in einen Kreis ein. Berechne jeweils, welche Brüche dargestellt werden.

a. 60° **b.** 240° **c.** 200° **d.** 135°

ISBN 978-3-12-666851-4

Domino zur Bruchrechnung

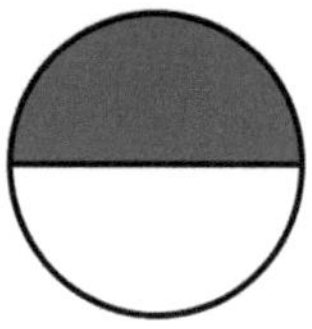	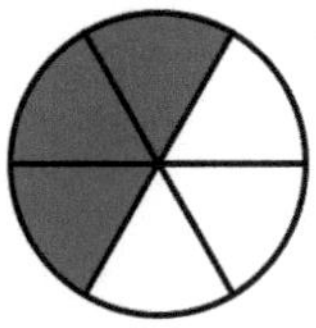	$\frac{1}{5}$	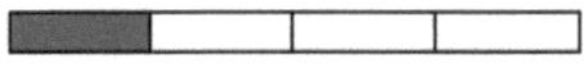
120° von 360°	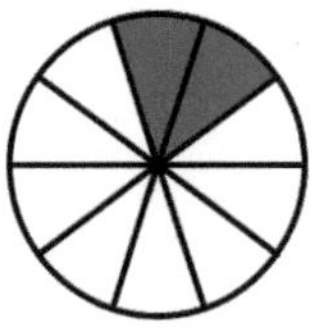		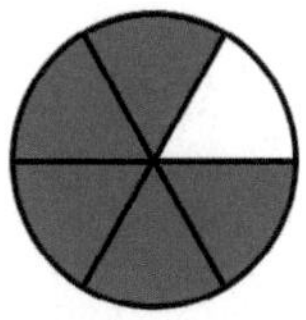
vier Fünftel	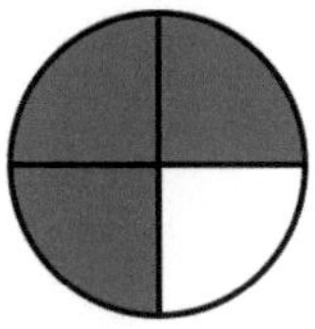	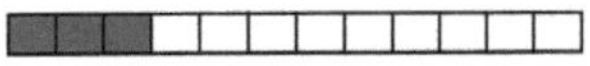	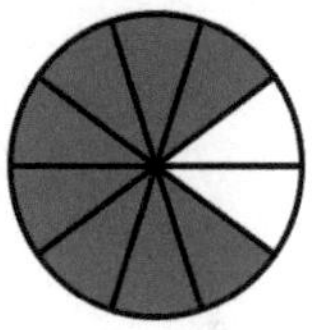
$\frac{4}{14}$	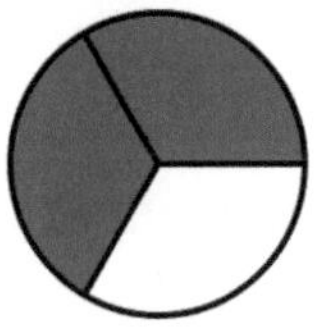	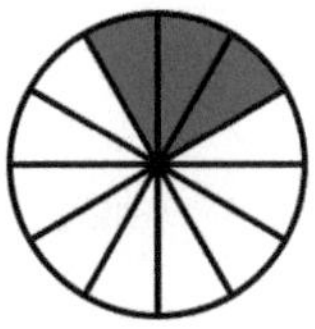	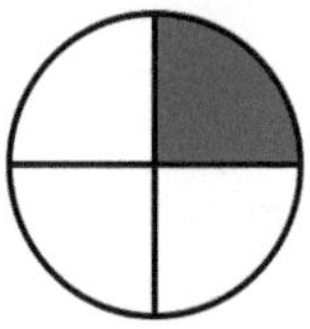
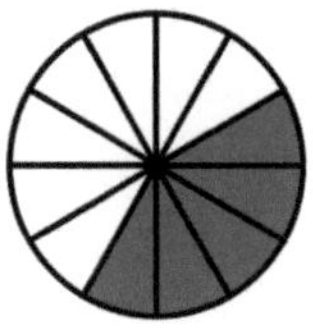	eine Hälfte	fünf Sechstel	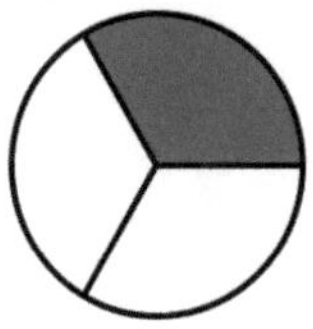
drei Viertel	Ziel	Start	zwei Siebtel
elf Zwölftel	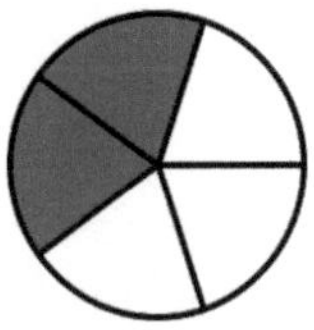	$\frac{2}{3}$	$\frac{5}{7}$
$\frac{20}{28}$	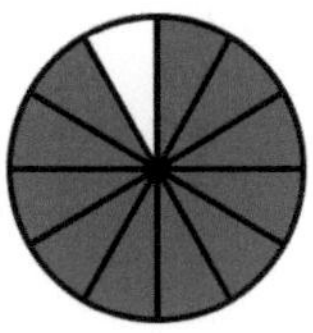	vier Zehntel	$\frac{5}{12}$

Praxishandbuch Sprachbildung Mathematik
Sprachsensibel unterrichten – Sprache fördern
ISBN 978-3-12-666851-4

Informative Figuren zur Bruchrechnung

Einteilung in

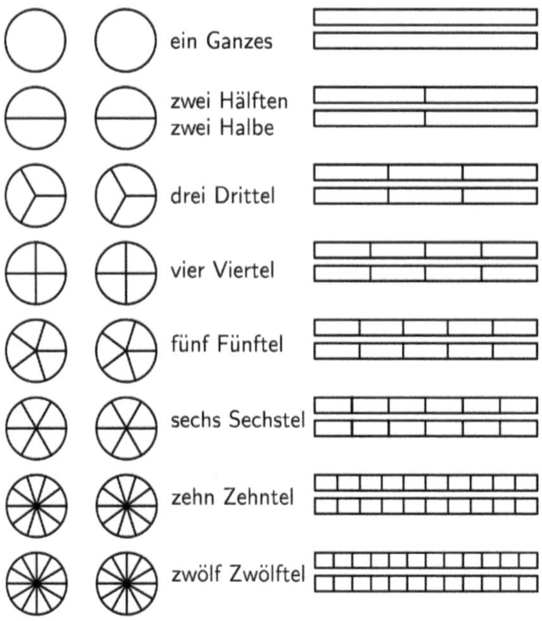

Richtig oder falsch? Überprüfe und begründe mit Hilfe der informativen Figuren. Verbessere auch die falschen Rechnungen.

Beispiel: $\frac{1}{2} + \frac{2}{3} = \frac{3}{5}$

Die Rechnung ist falsch. Wenn man Hälften und Drittel addieren will, muss man eine gemeinsame Einteilung finden. 5 ist eine Primzahl, daher kann man Halbe und Drittel nicht auf Fünftel erweitern. Außerdem sieht man, dass zwei Drittel und eine Hälfte mehr als ein Ganzes ergeben.
Richtig wäre:

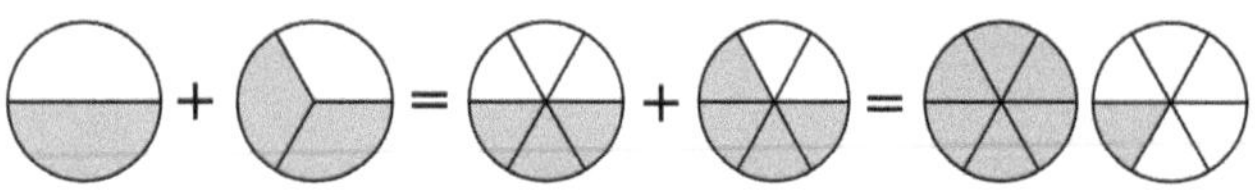

$$\frac{1}{2} + \frac{2}{3} = \frac{3}{6} + \frac{4}{6} = \frac{7}{6}$$

a. $\frac{3}{5} = \frac{6}{8}$ **b.** $\frac{2}{5} - \frac{1}{10} = \frac{3}{10}$ **c.** $3 \cdot \frac{1}{6} = \frac{1}{2}$ **d.** $\frac{2}{5} + \frac{2}{3} = \frac{2}{8}$ **e.** $\frac{5}{6} : \frac{1}{6} = 5$

TIPP für e.
Beim Teilen guckt man, wie oft der Divisor (der Teiler) in den Dividenden (die Zahl, die geteilt wird) hineinpasst.

Wörter, die du verwenden kannst:
kürzen (die Einteilung gröber machen), erweitern (die Einteilung feiner machen), auf den gleichen Nenner bringen (die gleiche Einteilung verwenden, gleichnamig machen), der Zähler, wenn – dann, weil, daher.

ISBN 978-3-12-666851-4

Tandembogen

Partner A			Partner B		
Frage an A	Frage an B	Antwort für B	Frage an A	Frage an B	Antwort für A
Die Zahl, die über dem Bruchstrich steht, heißt			Die Zahl, die über dem Bruchstrich steht, heißt **Zähler**.		
Die Zahl, die unter dem Bruchstrich steht, heißt **Nenner**.			Die Zahl, die unter dem Bruchstrich steht, heißt		
Gleichnamig machen bedeutet …			Gleichnamig machen bedeutet, **man erweitert zwei Brüche so, dass die Nenner gleich werden.**		
Wenn ich einen Bruch erweitere, **dann multipliziere ich den Zähler und den Nenner mit derselben Zahl. Der Wert des Bruchs ändert sich dabei nicht.**			Wenn ich einen Bruch erweitere, dann …		
$\frac{7}{13} = \frac{28}{?}$			$\frac{7}{13} = \frac{28}{?}$		$\frac{7}{13} = \frac{4 \cdot 7}{4 \cdot 13} = \frac{28}{52}$
	$\frac{4}{17} = \frac{12}{?}$	$\frac{4}{17} = \frac{4 \cdot 3}{17 \cdot 3} = \frac{12}{51}$		$\frac{4}{17} = \frac{12}{?}$	
Addiere drei Siebtel und zwei Siebtel.			Addiere drei Siebtel und zwei Siebtel.		$\frac{3}{7} + \frac{2}{7} = \frac{5}{7}$
	Subtrahiere drei Achtel von sieben Achtel.	$\frac{7}{8} - \frac{3}{8} = \frac{4}{8} = \frac{1}{2}$		Subtrahiere drei Achtel von sieben Achtel.	
Wenn man zwei Brüche miteinander multipliziert, dann …			Wenn man zwei Brüche miteinander multipliziert, dann **multipliziert man den Zähler mit dem Zähler und den Nenner mit dem Nenner.**		
Wenn man zwei Brüche dividiert, dann **macht man sie gleichnamig und dividiert den Zähler des ersten Bruchs durch den Zähler des zweiten Bruchs (oder: dann multipliziert man den ersten Bruch mit dem Kehrwert des zweiten Bruchs).**			Wenn man zwei Brüche dividiert, dann …		
Multipliziere zwei Drittel mit neun Achtel.			Multipliziere zwei Drittel mit neun Achtel.		$\frac{2}{3} \cdot \frac{9}{8} = \frac{3}{4}$
	Multipliziere vier Siebtel mit vierzehn Drittel.	$\frac{4}{7} \cdot \frac{14}{3} = \frac{8}{3}$		Multipliziere vier Siebtel mit vierzehn Drittel.	
$\frac{7}{17} : \frac{3}{17} = ?$			$\frac{7}{17} : \frac{3}{17} = ?$		$\frac{7}{17} : \frac{3}{17} = \frac{7}{3}$
	$\frac{2}{13} : \frac{7}{13} = ?$	$\frac{2}{13} : \frac{7}{13} = \frac{2}{7}$		$\frac{2}{13} : \frac{7}{13} = ?$	

Praxishandbuch Sprachbildung Mathematik
Sprachsensibel unterrichten – Sprache fördern
ISBN 978-3-12-666851-4

Rechenfehler bzw. Rechnungen erklären und beschreiben

1 Beantworte den Brief.

Folgende Worte können dir helfen: der Nenner (die Zahl, die im Bruch unten steht), der Zähler (die Zahl, die im Bruch oben steht), addieren (+), subtrahieren (−), multiplizieren mit (malnehmen), dividieren durch (teilen), gleichnamig machen (zwei Brüche so umformen, dass die Nenner gleich sind), die gleiche Einteilung, größer als (>), erweitern (Nenner und Zähler mit derselben Zahl multiplizieren, der Wert des Bruchs bleibt gleich), kürzen (Nenner und Zähler durch dieselbe Zahl dividieren, der Wert des Bruchs bleibt gleich)

Liebe 5b,
wir rechnen jetzt in Mathematik mit Brüchen. Wenn die untere Zahl, also der Nenner, gleich ist, kann ich addieren und subtrahieren. Wenn ich aber zwei ungleichnamige Brüche addieren soll, habe ich noch Schwierigkeiten. Die Aufgabe war: Addiere zwei Drittel und ein Viertel.
Ich dachte, ich müsste das so rechnen: $\frac{2}{3} + \frac{1}{4} = \frac{3}{7}$, *aber dann habe ich mir noch informative Figuren gezeichnet. Wie ihr seht, passt das nicht:*

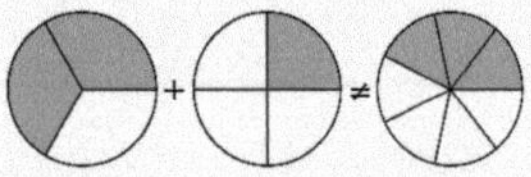

Könnt ihr mir helfen?
Liebe Grüße
Eure Tomke

---

2 Beantworte den Brief.

Denke daran, Fachbegriffe zu verwenden, zum Beispiel: der Nenner, der Zähler, gleichnamig machen, dividieren, multiplizieren, die Einteilung, erweitern, kürzen

Liebe 5b,
immer, wenn ich gerade etwas verstanden habe, kommt wieder etwas Neues dazu. Und dann habe ich wieder neue Fragen. Jetzt sollen wir Brüche durcheinander dividieren. Dividieren kann ich gut, ich muss ja nur gucken, wie oft eine Zahl in eine andere hineinpasst. Aber wie soll das bei Brüchen gehen?
Ich schicke euch mal drei Aufgaben. Bitte schreibt mir auf, wie ich das rechnen muss. Und erklärt mir bitte die Rechnungen mit informativen Figuren, damit ich mir die Rechnung besser merken kann.

a. $\frac{5}{8} : \frac{1}{8}$ b. $\frac{3}{4} : \frac{1}{8}$ c. $\frac{2}{7} : \frac{3}{5}$

Liebe Grüße
Eure Tomke

Praxishandbuch Sprachbildung Mathematik
Sprachsensibel unterrichten – Sprache fördern
ISBN 978-3-12-666851-4

Einen Lehrfilm drehen

Ziel: Dreht einen Film, in dem ihr für eure Klassenkameraden

Gruppe A: das Addieren **Gruppe B: das Subtrahieren**

Gruppe C: das Multiplizieren **Gruppe D: das Dividieren**

von Brüchen anschaulich erklärt. Der Film sollte etwa 5 Minuten lang sein.

Ihr habt für dieses Projekt eine Woche Zeit. Hausaufgaben gebt ihr euch selbst.

Hilfestellungen:

Gruppe A

Beim Addieren von Brüchen muss man die Brüche gleichnamig machen. Das heißt, dass man die gleiche Einteilung verwendet.

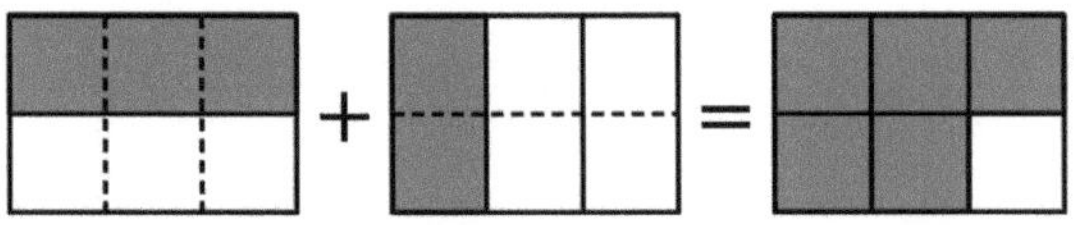

$\frac{1}{2}$ + $\frac{1}{3}$ = $\frac{5}{6}$

Gruppe B

Beim Subtrahieren von Brüchen muss man die Brüche gleichnamig machen. Das heißt, dass man die gleiche Einteilung verwendet.

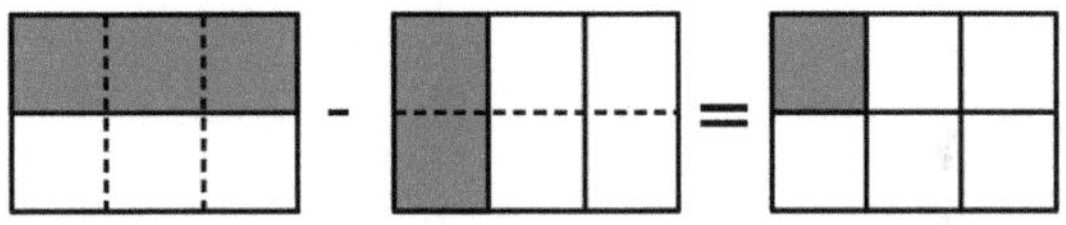

$\frac{1}{2}$ - $\frac{1}{3}$ = $\frac{1}{6}$

Gruppe C

Beim Multiplizieren von Brüchen nimmt man einen Anteil von einem Anteil. Wenn man also vier Fünftel einer Schokolade hat und will von den vier Fünfteln zwei Drittel haben, muss man die vier Fünftel in drei gleich große Teile teilen und dann zwei davon nehmen. Wir können also die ganze Schokolade in fünf mal drei Teile teilen und dann vier mal zwei Teile davon nehmen. Daher multipliziert man den Zähler mit dem Zähler und den Nenner mit dem Nenner.

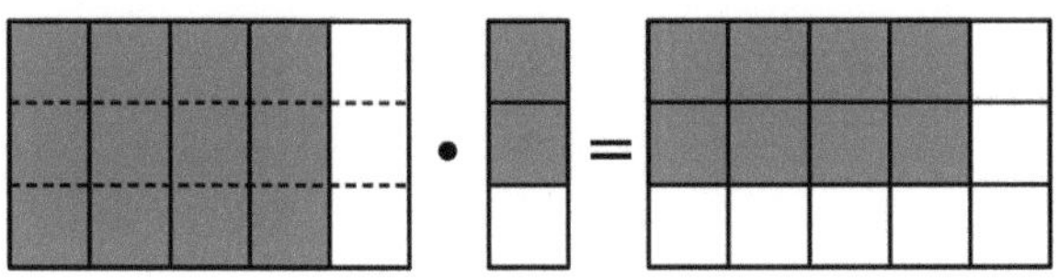

$\frac{4}{5}$ · $\frac{2}{3}$ = $\frac{8}{15}$

Gruppe D

Beim Dividieren von Brüchen prüft man, wie oft der eine Anteil in den anderen hineinpasst. Wenn ich zum Beispiel vier Fünftel einer Tafel Schokolade habe und wissen möchte, wie oft ich zwei Drittel einer Tafel essen kann, mache ich zunächst die Brüche gleichnamig. Dann zähle ich, wie oft zwei Drittel der Stücke (also 10 Stücke) in meine vier Fünftel Stücke (12 Stücke) hineinpassen:

$$\frac{4}{5} : \frac{2}{3} = \frac{12}{15} : \frac{10}{15} = \frac{12}{10} = 1\frac{1}{5}$$

Wenn ich die gleiche Einteilung habe, muss ich also nur die Zähler dividieren.

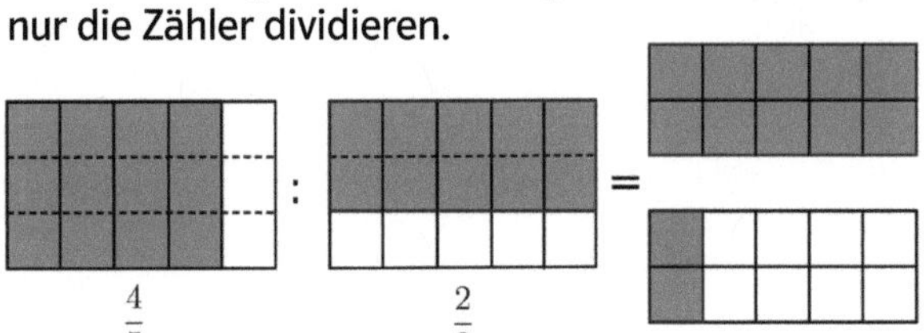

$\frac{4}{5}$: $\frac{2}{3}$ = $1\frac{1}{5}$

Daher kann ich auch mit dem Kehrwert des zweiten Bruchs multiplizieren:

$$\frac{4}{5} : \frac{2}{3} = \frac{4 \cdot 3}{5 \cdot 3} : \frac{2 \cdot 5}{3 \cdot 5} = \frac{4 \cdot 3}{5 \cdot 2} = \frac{4}{5} \cdot \frac{3}{2} = \frac{6}{5} = 1\frac{1}{5}$$

Praxishandbuch Sprachbildung Mathematik
Sprachsensibel unterrichten – Sprache fördern
ISBN 978-3-12-666851-4

Umwandlung von Zahlen erklären

Schreibe genau auf, was du tun musst. Du findest unten Formulierungen, die dir helfen können. Rechne auch die Beispiele aus.

Umwandlung von	Beispiel	Das muss ich tun	Weitere Beispiele
… einer Dezimalzahl in einen Bruch	$1{,}34 = \frac{134}{100} = \frac{67}{50}$	Ich schreibe die Zahl ohne Komma in den Zähler. In den Nenner schreibe ich eine 1 mit so vielen Nullen, wie ich das Komma nach rechts verschieben musste. Nun muss ich noch kürzen.	a. 1,412 = ________ b. 0,7 = ________
… einem Bruch in eine Divisionsaufgabe	$\frac{67}{50} = 67 : 50$		a. $\frac{3}{17} =$ b. $\frac{115}{3} =$
… einer Dezimalzahl in eine Multiplikationsaufgabe	1,34 = 134 · 0,01		a. 0,034 = b. 12,5 =
… einer Dezimalzahl in eine Prozentangabe	1,34 = 134 %		a. 0,034 = b. 12,5 =
… einer Divisionsaufgabe in eine Dezimalzahl	67 : 50 = 1,34 − 50 170 − 150 200 −200 0		a. 25 : 2 = b. 19 : 6 =

Formulierungen:

- das Komma verschieben
- die Stelle
- die Anzahl der Nachkommastellen
- die schriftliche Division
- das Komma setzen, wenn …
- das Hundertstel
- die Abkürzung für
- den Bruchstrich ersetzen durch
- der Nenner, der Divisor (Teiler)
- der Zähler, der Dividend (die Zahl, durch die geteilt wird)

Praxishandbuch Sprachbildung Mathematik
Sprachsensibel unterrichten – Sprache fördern
ISBN 978-3-12-666851-4

Zahlen umwandeln

1 Ergänze die Tabelle. Kürze die Brüche immer so weit wie möglich.

Dezimalzahl	Bruch	Quotient	Prozentangabe	Produkt
12				
	$\frac{3}{4}$			
		27 : 100		
			1,2 %	
				33 · 0,1

2 Ergänze die Rechenmauern.

a. +
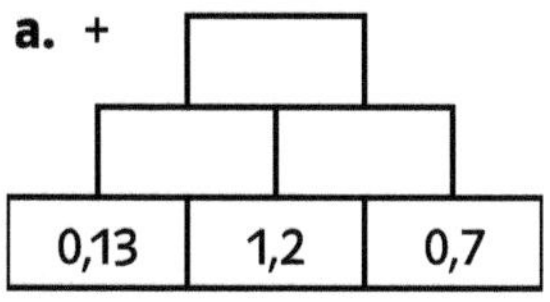

b. +
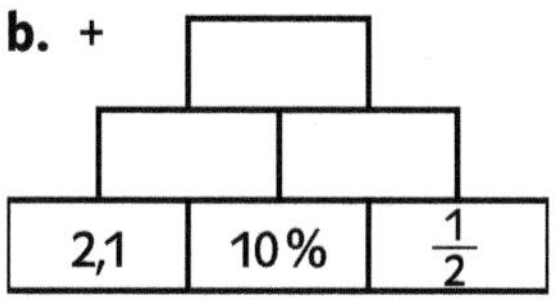

c. •
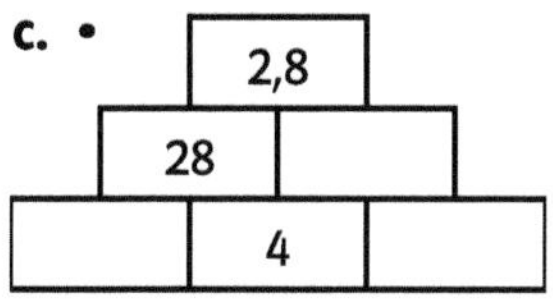

d. +
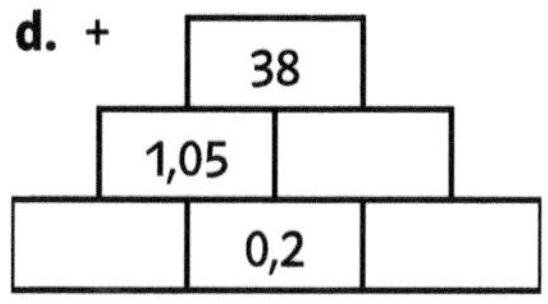

3 Welche Rechenmauer war für dich am einfachsten?
Versuche zu beschreiben, warum du sie einfach findest.
Beschreibe auch, was die anderen Aufgaben schwieriger macht.

Diese Wörter können dir helfen: die Dezimalzahl, die Prozentangabe, der Bruch, die ganze Zahl, einfacher als, schwieriger als, die gleiche Darstellung, in einer anderen Darstellung, addieren, die Addition, multiplizieren, die Multiplikation, vorwärts arbeiten, in eine Richtung rechnen, rückwärts arbeiten, auf etwas schließen, daraus folgern, sowohl – als auch

4 Denke dir selbst Rechenmauern aus.
Verwende verschiedene Darstellungen wie Dezimalzahlen, Brüche, Prozentangaben.
Erstelle jeweils eine Lösung zu deinen Rechenmauern.

a.
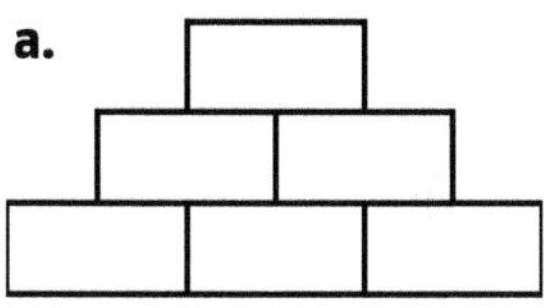

b.
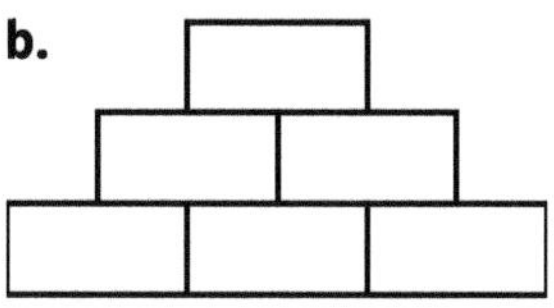

c.
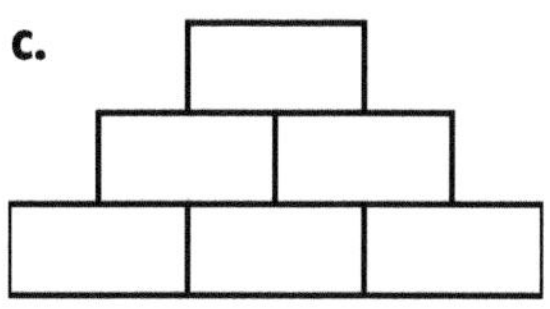

d.
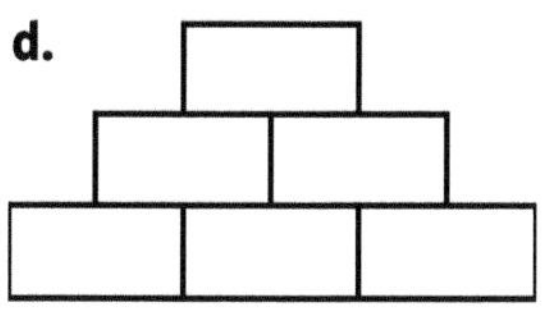

Praxishandbuch Sprachbildung Mathematik
Sprachsensibel unterrichten – Sprache fördern
ISBN 978-3-12-666851-4

Aufgaben zum Üben erstellen

Zum Wiederholen und Üben sollt ihr zu einem Thema der Bruchrechnung ein Arbeitsblatt erstellen:

Gruppe A: das Addieren

Gruppe B: das Subtrahieren

Gruppe C: das Multiplizieren

Gruppe D: das Dividieren

1. Beginnt mit einer **Beispielaufgabe**. Eine Beispielaufgabe ist eine typische Aufgabe, an der das Lösungsverfahren gezeigt wird. Zu der Beispielaufgabe gehört auch ein Text, der das Vorgehen erklärt.

2. Alle **Fachbegriffe**, die man für euer Thema braucht, müsst ihr erklären! Ihr könnt dabei auch Lücken lassen, wenn eure Mitschüler die Begriffe schon kennen sollten.

3. Formuliert dann mindestens 5 **Aufgaben, die so ähnlich** sind wie die Beispielaufgabe.

4. Im nächsten Schritt **erfindet ihr mindestens 5 weitere Aufgaben**, indem ihr die Aufgabenstellung ein bisschen verändert. Ihr könnt zum Beispiel schwierigere Zahlen wählen oder mit Tintenklecksen arbeiten. Ihr könnt auch die Aufgabe in einem Text verstecken oder mehrere Aufgaben kombinieren. Oder ihr gebt das Ergebnis vor und fragt nach dem Anfang.

5. Zu eurem Arbeitsblatt gehört auch ein **Lösungsblatt**, damit eure Mitschüler die Aufgaben kontrollieren können.

Tipps für die Gruppen

	A: Addieren	B: Subtrahieren	C: Multiplizieren	D: Dividieren
Mögliche Beispielaufgabe	$\frac{2}{3}+\frac{1}{4}$	$\frac{2}{3}-\frac{1}{3}$	$\frac{2}{3}\cdot\frac{3}{5}$	$\frac{5}{6}:\frac{7}{12}$
Fachbegriffe	gleichnamig machen, erweitern	gleichnamig machen, erweitern	kürzen	erweitern, Kehrwert
Ähnliche Aufgabe	$\frac{1}{5}+\frac{3}{7}$	$\frac{4}{7}-\frac{2}{9}$	$\frac{2}{15}\cdot\frac{5}{16}$	$\frac{3}{5}:\frac{7}{20}$
Schwierigere Aufgabe	$\frac{2}{4}+\frac{1}{2}+\frac{7}{8}$	$3\cdot\left(\frac{4}{7}-\frac{1}{3}\right)$	$\frac{3}{4}\cdot\frac{5}{8}\cdot\frac{1}{7}$	$\frac{6}{7}:\frac{2}{5}$
Textaufgaben (Die Fragen fehlen noch!)	Asia hat eine viertel Pizza und bekommt eine Hälfte dazu.	Marc muss eine halbe Tafel Schokolade abgeben. Er hat zwei Drittel einer Tafel bekommen.	Die Hälfte der Kinder bestellt Pizza. Ein Drittel der Kinder, die Pizza bestellen, möchte Pizza mit Schinken.	Für seine Geburtstagsfeier hat Uri 9 halbe Pizzen gekauft. Für jeden seiner Gäste möchte er eine drittel Pizza haben.

Praxishandbuch Sprachbildung Mathematik
Sprachsensibel unterrichten – Sprache fördern
ISBN 978-3-12-666851-4

Mind-Map zum Thema Bruchrechnung

1 Erstellt ein Mind-Map zum Thema Bruchrechnung. Wählt dazu zunächst zwischen 10 und 20 Begriffe aus, die für das Thema Bruchrechnung zentral sind. Ihr könnt die Liste unten nutzen, dort sind viele mathematische Fachbegriffe gesammelt.

Schreibt jeden eurer Begriffe **einzeln** auf eine Karte.
Überlegt euch gemeinsam, wie ihr die Karten anordnen wollt.

- Es soll dabei deutlich werden, wie die Begriffe voneinander abhängen.
- Wenn ihr euch für eine Anordnung entschieden habt, klebt die Begriffe auf ein großes Blatt auf und verbindet die Begriffe mit Pfeilen.
- Notiert euch in Stichworten, warum ihr die Begriffe so anordnen wollt.
- Ihr könnt Begriffe, die zusammengehören, auch in einer Farbe markieren (zum Beispiel durch einen farbigen Rahmen), oder auch ein Bild malen, das zu dem Begriff passt.

Mathematische Fachbegriffe:
Achtung! Nicht alle Begriffe sind sinnvoll bei einer Mind-Map zur Bruchrechnung einzusetzen!

die Addition
der Anteil
der Bruch
der Bruchstrich
die Dezimalzahl
die Diagrammbeschreibung
die Division
das Dreieck
die Ecke
das Erweitern
der Flächeninhalt
der gemischte Bruch
das Gewicht
gleichnamig machen
die informative Figur
das Komma
das Kopfrechnen
der Körper
der Kreis
das Kreisdiagramm
das Kürzen
der Kubikmeter
die Länge
die Multiplikation
der Nenner
orthogonal
die Prozentangabe
der Quotient
die Raute
Rechnen mit Rest
das Rechteck
die schriftliche Division
die schriftliche Multiplikation
die Subtraktion
die Textaufgaben
der Teiler
der unechte Bruch
der Vektor
das Vielfache
der Winkel
die x-Achse
der Zahlenstrahl
der Zähler
die Zeit

2 Erklärt, wie die Begriffe auf eurer Mind-Map zusammenhängen.

Schreibt es so auf, dass ein Mitschüler, der heute nicht dabei ist, mit der Erklärung eure Mind-Map versteht. Nutzt dazu die Stichpunkte, die ihr euch bei Aufgabe 1 gemacht habt.

Verben, die ihr für eure Erklärungen verwenden könnt:
angeben, anzeigen, bedeuten, berechnen, darstellen, das Komma verschieben, erklären, gleichnamig machen, umrechnen, umwandeln, verständlich machen, zeichnen

Praxishandbuch Sprachbildung Mathematik
Sprachsensibel unterrichten – Sprache fördern
ISBN 978-3-12-666851-4

UNTERRICHTSEINHEIT

Lineare Funktionen 7/8

Leitidee Probleme mathematisch lösen
Sprachlicher Fokus Probleme formulieren und aus Formulierungen Terme herauslesen
Thema Lineare Funktionen

fachliche Lernziele
- Gerade als Lösungsmenge einer Gleichung mit zwei Variablen
- Funktionsgleichungen aufstellen
- Wechsel zwischen Term, Tabelle, Graph und Text
- Nullstelle, y-Achsenabschnitt sowie Steigung mittels Steigungsdreieck bestimmen
- Textaufgaben bearbeiten

sprachliche Lernziele
- Fachwortschatz festigen
- Transformation der verschiedenen Darstellungen Tabelle, Term, Graph und Text ineinander
- Rechnungen beschreiben und erklären
- Kontexte, die sich mit linearen Funktionen darstellen lassen, erkennen und selbst formulieren
- Textaufgaben entschlüsseln

Fachwörter und fachliche Redewendungen
- die Funktion, der Funktionswert (y-Wert)
- die Stelle (x-Wert), der Quadrant
- die Nullstelle, der y-Achsenabschnitt
- die Steigung, das Steigungsdreieck
- Geraden schneiden sich, der Schnittpunkt
- positive und negative Steigung, steil, flach

Die Unterrichtseinheit im Überblick
In dieser Unterrichtseinheit sollen die SuS dabei unterstützt werden, zwischen den verschiedenen Darstellungsformen Tabelle, Term, Graph und Text wechseln zu können (→ Werkzeug Puzzle, S. 174). Dazu gehört auch, dass sie aus einer Beschreibung erkennen, ob es sich um einen linearen Zusammenhang handelt oder nicht. Um eine Vorstellung von linearen Funktionen zu bekommen, wird zunächst der Paternoster als Kontext betrachtet: Damit werden die Begriffe *Steigung* (als Geschwindigkeit), *y-Achsenabschnitt* (als Einstiegsort), *Nullstelle* (Erdgeschoss) und *Schnittpunkt* zweier Graphen (Treffpunkt zweier Paternoster) anschaulich eingeführt. Dass der Paternoster sich dabei nur endlich lange in eine Richtung bewegt, wird angesprochen, stört aber erfahrungsgemäß nicht. Um auch die negativen Zahlen einzuschließen, werden Kellerstockwerke hinzugefügt.

Anschließend geht es darum, an die Arbeit mit Textaufgaben heranzuführen, dazu wird von der Alltagssprache her die Fachsprache erschlossen. Im Lerntagebuch (→ Werkzeug Lerntagebuch, S. 202) sollen die SuS ihre Lernprozesse versprachlichen, dabei müssen sie zunächst keine Fachsprache verwenden – stellen dann aber häufig fest, dass es mit Fachsprache leichter geht. Im Vorher-Nachher-Test (→ Werkzeug Vorher-Nachher-Test, S. 184) steigt das Sprachniveau, es geht darum, Klassenkameraden verständlich mathematische Inhalte zu erklären. Das Bearbeiten der Textaufgaben selbst wird zum einen methodisch mit Checklisten unterstützt (→ Checkliste Textaufgaben, S. 23, → Checkliste Lösungsstrategien, S. 25), zum anderen werden zunächst Aufgaben im bekannten Kontext bearbeitet. Wie weit die SuS auch sprachlich in die Thematik eingedrungen sind, zeigt sich beim Erstellen eigener Aufgaben (→ Werkzeug Aufgabenvariation, S. 152) und beim Umschreiben der Fachbegriffe (→ Werkzeug Inverses Kreuzworträtsel, S. 198).

1 Vorstellungsübung Paternoster

Grundvorstellungen mit einem Rahmenkontext aufbauen.
Während es üblicherweise bei den Vorstellungsübungen um das Befassen mit einem anspruchsvollen Problem geht, wird die Übung hier als Einstieg eingesetzt. Damit soll erreicht werden, dass sich die SuS ganz auf den Kontext einlassen und den Fahrstuhl als Prototypen einer linearen Funktion verinnerlichen. Verweilt man zu Beginn des Themas bei diesem Modell, so gelingt es den SuS im Folgenden zumeist gut, Graphen zu erfassen und Terme oder Graphen zum Text innerhalb dieses Kontextes zuzuordnen. Die mathematischen Begriffe *Steigung* und *y-Achsenabschnitt* können als Geschwindigkeit und Einstiegspunkt anschaulich gemacht werden. Auch hier können insbesondere SuS, die eher Schwierigkeiten haben, sich fachsprachlich korrekt auszudrücken, profitieren, denn sie können diesen Kontext (und somit diese Bilder wie z. B. „wie schnell" sich „nach oben" bewegt

Arbeitsblätter

KV-Nr.	Thema	Sozialform	Methode	Intention
1	Durch genaues Zuhören eine mathematische Vorstellung aufbauen	👤, 👤👤, 👤👤👤	Vorstellungsübung (→ S. 210), Placemat (→ S. 205)	Mittels eines Rahmenkontexts lineare Funktionen einführen
2a/b	Neue Begriffe im Koordinatensystem darstellen sowie im Glossar sammeln	👤👤👤	Lernplakat (→ S. 168), Glossar (→ S. 197)	(Fach)Begriffe klären und festigen
3	Lernstand versprachlichen	👤	Lerntagebuch (→ S. 202)	Lernprozess begleiten
4	Über Kommunikation zur Leistungsverbesserung	👤👤, 👤👤👤	Vorher-Nachher-Test (→ S. 184)	Lernstandsanalyse und -verbesserung
5	Textaufgaben durch gemeinsamen Kontext vereinfachen	👤	Blütenaufgaben (→ S. 194)	Aufgaben zu linearen Funktionen im Rahmenkontext des Paternosters
6	Aus Texten Terme entnehmen	👤, 👤👤	Textaufgaben mathematisieren	Vorstellungen festigen
7	Transformationen in der Darstellungsform finden und Zusammengehörigkeit begründen	👤👤, 👤👤👤	Puzzle (→ S. 174)	Term, Text, Tabelle und Graph zuordnen
8	Zuordnungen begründen	👤, 👤👤, 👤👤👤	Terme und Graphen zuordnen	Zwischen Darstellungsformen wechseln
9	Eigene Aufgaben erstellen	👤, 👤👤👤	Aufgabenvariation (→ S. 152)	Festigen des Wissens über lineare Zusammenhänge
10	Fachvokabular festigen	👤👤, 👤👤👤	Inverses Kreuzworträtsel (→ S. 198)	Zu Begriffen passende Umschreibungen finden

wird) weiter nutzen, um andere Situationen zu beschreiben. Bei der abstrakteren Beschreibung in Fachsprache kann dann die ganze Klasse helfen, da alle den Kontext kennen.
Die KV enthält einen Text, den die Lehrkraft vorliest. Dabei sollte die Lehrkraft vorab einige Begriffe klären, beispielsweise den Begriff des Paternosters. Außerdem kann die Lehrkraft abmachen, dass sich SuS melden, wenn sie einen Satz nicht verstanden haben, sodass die Lehrkraft reagieren kann, indem sie den Satz in anderen Worten wiederholt. Die SuS sollen im Anschluss an das Vorlesen zunächst ihre Vorstellungen bildlich und schriftlich zu Papier bringen. Dadurch gibt man der Übung mehr Gewicht, die SuS festigen so ihre Vorstellungen und können später besser auf das Bild des Paternosters zurückgreifen.
Organisatorisch kann man die Vorstellungsübung in ein Placemat (→ Werkzeug Placemat, S. 205) einbinden: Die SuS arbeiten in Vierergruppen und nutzen je Gruppe ein großes Blatt mit Unterteilungen, um zunächst ihre eigenen Notizen je auf einer Seite des Blattes festzuhalten. Anschließend lesen und kommentieren sie reihum die Ergebnisse der anderen. Als Nächstes diskutieren sie in ihrer Gruppe und einigen sich auf eine gemeinsame Vermutung – und möglichst auch auf eine Begründung ihrer Vermutung, die in der Mitte des Blattes festgehalten wird. Dabei sollte die Lehrkraft darauf achten, dass möglichst sprachlich heterogene Lerngruppen entstehen, damit die SuS sich bei der Arbeit gegenseitig unterstützen können.

TIPP Zusätzliche Fragen und Anweisungen (Aufgaben 1 und 2) sollten an der Tafel notiert werden, sodass alle SuS diese jederzeit nachlesen können.

Möglichkeiten zur Differenzierung

Auch kann den sprachschwächeren SuS der Text im Anschluss an die Übung in die Hand gegeben werden, damit sie Dinge, bei denen sie im Nachhinein nicht so sicher sind, noch einmal nachlesen können.

2a und b Begriffe im Koordinatensystem

Begriffe mit Bildern verankern.

Beim Thema Lineare Funktionen wird mit besonders vielen Fachbegriffen gearbeitet. Zum Teil sind sie den SuS schon bekannt, sollten aber trotzdem wiederholt und gefestigt werden, denn wenn die SuS die Begriffe nicht kennen, können sie sich weder Vorstellungen zu neuen Begriffen aufbauen, noch können sie erklärenden Texten folgen. Es ist hilfreich, die Begriffe in einem Koordinatensystem zu notieren und in Form eines Lernplakats (→ Werkzeug Lernplakat, S. 168) oder als Eintrag im Heft zu sichern. Dabei sollte die untere Abbildung aus der oberen gemeinsam mit den SuS entwickelt werden, d.h. immer, wenn ein Aspekt im Unterricht behandelt wurde (beispielsweise, wie man die Steigung bestimmt), wird dieses anschließend ins Lernplakat eingetragen.

Auch das Glossar sollte gemeinsam entwickelt und ergänzt werden und nicht als Vokabelliste zu Beginn der Einheit ausgeteilt werden. Nur wenn die SuS am Formulieren beteiligt werden, ist sichergestellt, dass sie mit ihren Erklärungen auch arbeiten können. Beispielhaft sind auf KV 2b Begriffe erklärt. Es ist sinnvoll, bei den Erklärungen den Kontext zu nutzen, mit dem man die Begriffe eingeführt hat; hier wurden beispielsweise die Begriffe *Steigung* und *y-Achsenabschnitt* im Bild des Paternosters erklärt (KV 1), außerdem sollten Beispiele verwendet werden, die möglichst im Zusammenhang mit dem Lernplakat stehen.

3 Lerntagebuch führen

Fortschritte wahrnehmen.

Der Begriff der Funktion ist für viele SuS schwer zu fassen. Die häufig verwendete Erklärung „Eine Funktion ist eine Zuordnung, die jedem x-Wert genau einen y-Wert zuordnet" hilft zumeist nicht, weil der Begriff der Zuordnung nicht viel klarer ist und zudem das mathematische „genau ein" für SuS übersetzt werden muss. Da die SuS im Lerntagebuch nicht dazu gezwungen werden, Fachsprache zu verwenden, und nicht bewertet wird, inwieweit die SuS sich sprachlich (und inhaltlich) korrekt ausdrücken, ermöglicht das auch sprachlich schwächeren SuS, sich solchen Fachbegriffen zu nähern. Die Lehrkraft kann durch Lesen der Lerntagebücher viel darüber erfahren, wie weit die SuS mit der Begriffsbildung gekommen sind. Auf KV 3 werden Satzbausteine zur Verfügung gestellt, mit denen die SuS ihre Eintragungen vornehmen können.

TIPP Um die SuS für das regelmäßige Schreiben im Lerntagebuch zu motivieren, kann es hilfreich sein, dieses zu benoten; dabei sollten die Kriterien der Beurteilung vorab erklärt werden (→ Werkzeug Lerntagebuch, S. 202).

4 Vorher-Nachher-Test zu linearen Funktionen

Motivation mit Lernen durch Lehren steigern.

Textaufgaben bereiten vielen SuS Schwierigkeiten, insbesondere, wenn sie allgemein mit der Sprache Schwierigkeiten haben, daher sind Textaufgaben oft unbeliebt. Ein Vorher-Nachher-Test mit intensiver Gruppenkommunikation stellt eine gute Möglichkeit dar, gerade auch sprachschwächere SuS zu motivieren, sich eigenverantwortlich mit Textaufgaben auseinanderzusetzen.

Beim Vorher-Nachher-Test auf KV 4 wird Aufgabe 2a beim Vortest gestellt, Aufgabe 2b beim Nachtest. Die Tabelle mit Fragen zu Strategien (Aufgabe 1) wird in beiden Tests erfasst. Die SuS erhalten dazu im Vorfeld grundsätzliche Unterstützung, und zwar sowohl das Textverständnis (→ Checkliste Textaufgaben, S. 23), als auch die Strategien betreffend, mit denen man Probleme löst (→ Checkliste Lösungsstrategien, S. 25). Dies spiegelt sich im Test wider: Es geht nicht nur darum, Textaufgaben zu bearbeiten, sondern auch darum, Strategien und Beispiele dafür zu kennen.

Zwischen Vor- und Nachtest liegt eine intensive Gruppenphase, in der sprachstärkere und sprachschwächere SuS sich gegenseitig mit Lernen durch Lehren helfen (→ Werkzeug Vorher-Nachher-Test, S. 184, → Werkzeug Lernen durch Lehren, S. 201).

Es bietet sich an, den Vortest eher zur Mitte der Einheit zu schreiben, damit die SuS sich bei dem folgenden Training (beispielsweise mit KV 5 und KV 6) gegenseitig unterstützen können.

Der Nachtest sollte zeitnah nach dem Üben geschrieben werden, damit möglichst viele SuS die Erfahrung machen, dass trainieren auch etwas bewirkt.

TIPP Wenn die SuS Lernen durch Lehren praktizieren sollen, ist es hilfreich, das Lehren auch mit zu benoten.

5 Blütenaufgaben

Textaufgaben sind verständlicher, wenn man einen Kontext beibehält.

Textaufgaben sind für die SuS immer anspruchsvoller als „Türmchen", weil sie sich zunächst in einen Kontext eindenken müssen. Um dies einfach zu gestalten, wird bei den Blütenaufgaben von einem Kontext ausgegangen, zu dem dann viele Aufgaben in verschiedenen Schwierigkeitsgraden gestellt werden (→ Werkzeug Blütenaufgaben, S. 194). So müssen sich die SuS keine neuen Vokabeln erarbeiten, um die nächste Aufgabe zu bearbeiten, und können sich vollständig auf die Mathematik konzentrieren. Doch auch wenn man den Kontext beibehält, sollte man die SuS beim Bearbeiten unterstützen: Zum einen gilt es, die Informationen gezielt aus dem Text zu entnehmen. Dabei kann man die Checkliste für Textaufgaben (→ S. 23) verwenden. Auf der anderen Seite müssen die SuS über Strategien zum Lösen von Textaufgaben verfügen (→ S. 25)

Möglichkeiten zur Differenzierung

Nicht alle SuS müssen alle Aufgaben bearbeiten, sondern die SuS suchen sich selbst Aufgaben aus. Dafür sollten die Aufgaben nach Schwierigkeitsgrad sortiert angeboten werden, um Frustrationen zu vermeiden. Es müssen auch nicht alle Aufgaben besprochen werden: Bei den besonders schwierigen Aufgaben kann die Lehrkraft auch direkt Rückmeldung geben, wenn nur wenige SuS die Aufgabe bearbeitet haben.

6 Textaufgaben

Terme aus Textaufgaben herauslesen.

Sind die SuS mit Hilfe der Blütenaufgaben (KV 5) an das Bearbeiten von Textaufgaben gewöhnt, geht es nun darum, sich in verschiedenen Kontexten zurechtzufinden. Das bedeutet auch in sprachlicher Hinsicht eine größere Herausforderung. Die SuS sollten dabei verstärkt mit Wortschatzhilfen unterstützt werden, z. B. durch Worterklärungen. Auf KV 6 gibt es daher unter den Aufgaben Hilfestellungen zu Wörtern, die schwierig sein könnten. Die Textaufgaben auf KV 6 verlangen zusätzlich, dass die SuS ihre Rechnungen erklären müssen, was bei den Aufgaben in vielen Büchern fehlt. Die Erklärungen erfordern – ähnlich wie das Lerntagebuch –, dass jeder SuS seine Überlegungen selbst in Worte fasst. Haben die SuS noch Schwierigkeiten, kann dies für die erste Textaufgabe gemeinsam exemplarisch erarbeitet und an der Tafel festgehalten werden. Es bietet sich an, den Text jeweils neben den zu beschreibenden Rechenschritt zu notieren, und die SuS dazu aufzufordern, sich an diesem Vorgehen zu orientieren.
Wie bei allen Textaufgaben sollten die SuS Checklisten oder Plakate zu Textaufgaben allgemein und zu den Strategien bei Textaufgaben zur Verfügung haben (→ S. 25).

TIPP Achten Sie darauf, bei den Textaufgaben die Operatoren zu verwenden, die den SuS bekannt sind.

7 Funktionenpuzzle

Gleiche Funktionen in verschiedenen Darstellungsformen erkennen.

Diese KV muss zunächst zerteilt werden, damit die SuS die Puzzleteile anschließend sortieren können (→ Werkzeug Puzzle, S. 174). Es gehören jeweils fünf Puzzleteile zusammen, das heißt, jede Funktion wird in fünf verschiedenen Darstellungsformen präsentiert. So müssen die SuS die Informationen jeweils aus den Darstellungen herauslesen und übersetzen (transformieren), um sie mit anderen Darstellungen vergleichen zu können.
Günstig ist es, in Partner- oder Gruppenarbeit sortieren zu lassen, damit sich die SuS aktiv darüber austauschen, welche Darstellungen zusammengehören. Die Lehrkraft kann darüber hinaus beobachten, welche Darstellungen den SuS vertraut und verständlich sind und daher zuerst sortiert werden.

Möglichkeiten zur Differenzierung

Eine Hilfestellung – sprachlich und inhaltlich – kann sein, farblich zu markieren, welche Informationen in der jeweiligen Darstellung gegeben sind; beispielsweise können die y-Achsenabschnitte in der Grafik, in den Texten (als y-Achsenabschnitt und als Einstiegsstockwerk) und in der Tabelle in einer Farbe markiert werden.
Üblicherweise sind die SuS unterschiedlich schnell fertig. Für die schnellen kann der Arbeitsauftrag im Anschluss sein, ihre Sortierung schriftlich zu begründen.

8 Vom Funktionsterm zum Graphen und zurück

Graphen und Terme schnell erfassen.

Wenn schon mehrfach thematisiert wurde, wie Terme grafisch dargestellt werden, sollten die SuS eine Zuordnung zügig vornehmen und diese Zuordnung auch systematisch dokumentieren können. Bei KV 8 liegt der Fokus darauf, diese Zuordnungen zu begründen und eine allgemeine Zuordnungsanleitung zu formulieren.
Zunächst sollen die SuS in Einzelarbeit versuchen, die Zuordnungen zu finden und zu begründen. Damit soll sichergestellt werden, dass alle SuS eigene Formulierungen suchen und sich dann in der Gruppenarbeit auch beteiligen. Es stehen ihnen Redemittel zur Verfügung.
Für die anschließende Arbeit ist es günstig, wenn die Lehrkraft auf eine sprachlich heterogene Zusammensetzung der Gruppen achtet, damit die SuS voneinander lernen können.
In der Gruppe werden die Zuordnungen verglichen, die Anleitungen vorgelesen und eine gemeinsame „besonders gute“ Anleitung wird verfasst. So werden alle Anleitungen gewürdigt und gute Formulierungen gesammelt.
Anschließend soll die Gruppe eine Anleitung verfassen, wie grundsätzlich solche Zuordnungsaufgaben zu lösen sind. Als sprachliche Hilfen stehen ihnen die alten sowie einige ergänzende Redemittel zur Verfügung, aber auch ihre gemeinsam erstellte Anleitung.

Möglichkeiten zur Differenzierung

Haben die SuS noch Schwierigkeiten mit den Formulierungen, so kann die Lehrkraft dazu auffordern, auf der Kontextebene (also beispielsweise mit den Begriffen des Paternosters) zu argumentieren; häufig gelingt es ihnen so besser, ihre Zuordnungen zu begründen, weil die Argumente konkret und nicht mathematisch abstrakt sind und daher auch weniger Fachsprache benötigt wird.

Die Lehrkraft kann auch den Hinweis geben, ähnliche gemeinsam verfasste Begründungen zu betrachten oder sich an das Puzzle (KV 7) zu erinnern.

Von den sprachlich starken SuS kann die Lehrkraft einfordern, dass Fachbegriffe verwendet werden, zum Beispiel kann eine Mindestanzahl an Fachwörtern vorgegeben werden, die verwendet werden müssen.

9 Aufgabenvariation

Als Vertiefung zu Textaufgaben eigene Aufgaben erstellen.

Wurde das Bearbeiten von Textaufgaben geübt, kann im Anschluss daran das Erstellen eigener Aufgaben erfolgen. Dies ist eine mathematisch wie sprachlich anspruchsvolle Tätigkeit, daher ist es gut, wenn die SuS Unterstützung erhalten, beispielsweise in Form einer Übersicht (→ Werkzeug Aufgabenvariation, S. 152). Auf KV 9 werden hilfreiche Redewendungen sowie mögliche Kontexte zur Verfügung gestellt.

Für das Erstellen, Besprechen und Bearbeiten der eigenen Aufgaben kann man zwei bis drei Unterrichtsstunden einplanen. Diese sind gut genutzt: Jeder SuS erstellt Aufgaben auf seinem Niveau, die Lehrkraft kann individuell unterstützend eingreifen. Beim Besprechen ist es auch lehrreich, wenn eine Aufgabe nicht lösbar ist, weil z. B. nicht alle Informationen zur Verfügung gestellt wurden oder der Zusammenhang nicht linear ist. Da durch die SuS Aufgaben auf unterschiedlichem sprachlichen und fachlichen Niveau entstehen, kann dies in der anschließenden Bearbeitungsphase zur Binnendifferenzierung genutzt werden.

10 Inverses Kreuzworträtsel zu linearen Funktionen

Durch das Umschreiben von Begriffen ein Thema reflektieren.

Bei dieser KV geht es darum, dass die SuS zu vorgegebenen Begriffen Umschreibungen suchen, sodass ein Kreuzworträtsel erstellt werden kann.

Zunächst suchen die SuS in Partnerarbeit zu den Begriffen Umschreibungen. Dies ist insbesondere dadurch schwierig, dass bei zusammengesetzten Wörtern die beiden einzelnen Wörter nicht verwendet werden sollten, die sonst helfen, dieses Wort zu erschließen. Diese erste Phase stellt sicher, dass sich alle SuS am Finden von Formulierungen beteiligen. Durch den Hinweis, dass auch außermathematische Umschreibungen verwendet werden dürfen, wird die Abgrenzung von Fach- und Alltagssprache bewusst gemacht.

Im nächsten Schritt gehen mehrere Paare zusammen (zwei oder drei sind günstig, sonst werden die Gruppen zu groß und einige SuS beteiligen sich nicht mehr aktiv). Nun werden die Formulierungen verglichen und die besten als Fragen neben das unausgefüllte Rätsel (auf der KV unten) geschrieben. Die fertigen Kreuzworträtsel sollten der Klasse präsentiert werden und – wenn möglich – einer Parallelklasse zum Ausfüllen übergeben werden.

Möglichkeiten zur Differenzierung

Schwächere SuS können ein Glossar oder ihr Heft als Hilfestellung verwenden, stärkere sollten ohne Hilfestellung arbeiten.

TIPP Wenn die Lehrkraft zwei gleichartige Kreuzworträtsel erstellt, kann jedes von der Hälfte der Klasse bearbeitet werden. Im letzten Schritt können dann die SuS die Fragen der anderen Gruppe mit dem passenden leeren Kreuzworträtsel erhalten, sodass sie diese Rätsel lösen können. Dies ist zumeist motivierender, als das Rätsel einer Parallelklasse zu übergeben.

Vorstellungsübung Paternoster

Die SuS setzen sich zu viert um einen Tisch und haben ein großes Blatt Papier in der Mitte liegen, das in fünf Felder eingeteilt wurde (→ Werkzeug Placemat).

Text zum Vorlesen für die Lehrkraft
Bei jedem * sollte man eine kleine Pause machen.

Setzt euch ganz entspannt hin. * Seid leise. * Schließt die Augen. * Hört genau zu. *
Ihr seid in einer großen Stadt. Ihr wollt das größte Gebäude der Stadt besuchen. *

Vor dem Gebäude ist eine lange Schlange. Viele Menschen wollen nach oben fahren. *
Ihr stellt euch an, es sind noch 50 m bis zum Eingang. Langsam kommt ihr voran, langsam und gleichmäßig. Ihr guckt nach oben. Das Gebäude ist SEHR hoch. Ihr steht jetzt so dicht davor, dass ihr die Spitze gar nicht mehr sehen könnt. *

Noch 5 m bis zum Eingang. Langsam, aber immer im gleichen Tempo, kommt ihr voran. Nun könnt ihr sehen, wie es nach oben geht. *
Es ist kein geschlossener Fahrstuhl, mit dem man fährt, sondern eine offene Kabine, in die man einsteigt. Die Kabine fährt mit gleichbleibender Geschwindigkeit nach oben. Unter der Kabine ist gleich die nächste Kabine. Ihr lest das Schild neben diesem besonderen Fahrstuhl: PATERNOSTER steht darauf. *
Gleich seid ihr dran. Ihr wartet, bis der Boden einer Kabine auf eurer Höhe ist, dann steigt ihr ein. Ihr fahrt nach oben. Ihr guckt auf die Uhr: Die Kabine fährt in einer Minute 4 Stockwerke nach oben. *
In einer Minute 4 Stockwerke nach oben. *
Öffnet die Augen. * *

1 Stelle dar, was im Text beschrieben wird. Du kannst zeichnen oder schreiben.
Notiere deine Vermutung: Wie lange fährt man bis in den 20. Stock? (Zeitvorgabe: 5 Minuten)

2 Tauscht euch in eurer Gruppe über eure Vermutungen aus.
Einigt euch auf eine gemeinsame Vermutung und notiert diese.
Überlegt euch eine mathematische Begründung für eure Vermutung.
Ihr könnt rechnen, zeichnen oder einen Text dazu schreiben.

Praxishandbuch Sprachbildung Mathematik
Sprachsensibel unterrichten – Sprache fördern
ISBN 978-3-12-666851-4

Begriffe im Koordinatensystem – Lernplakat

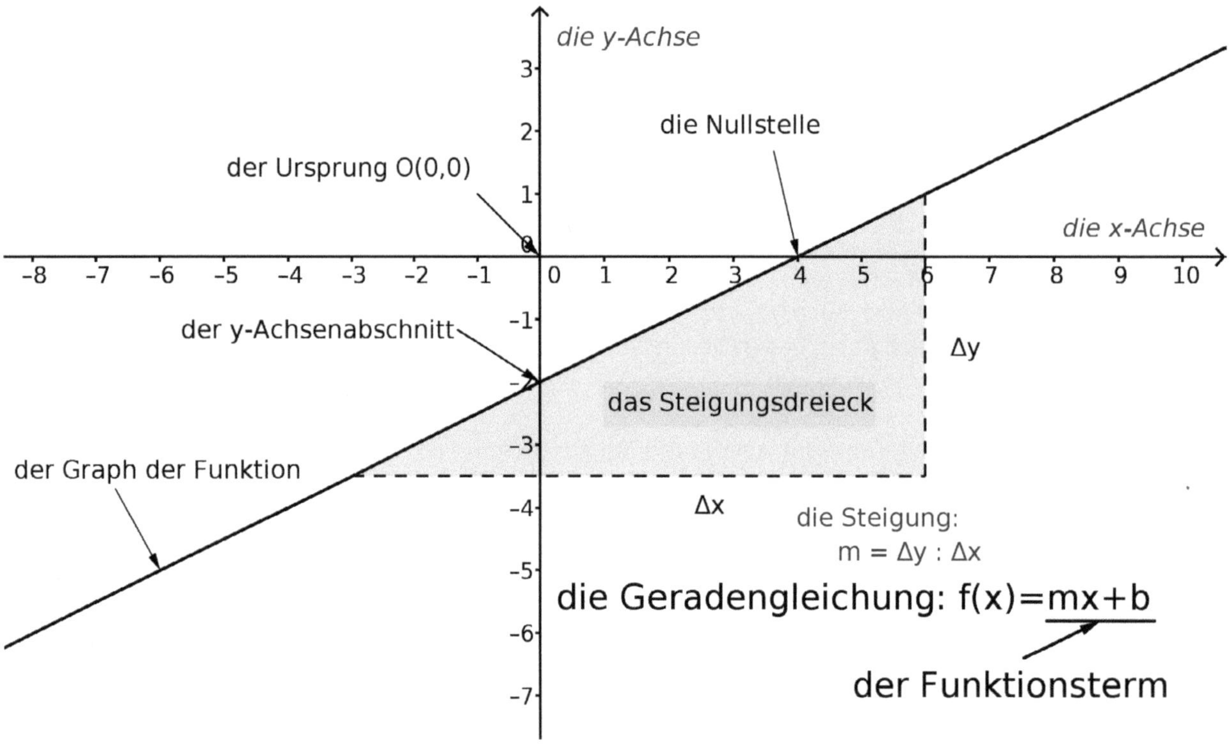

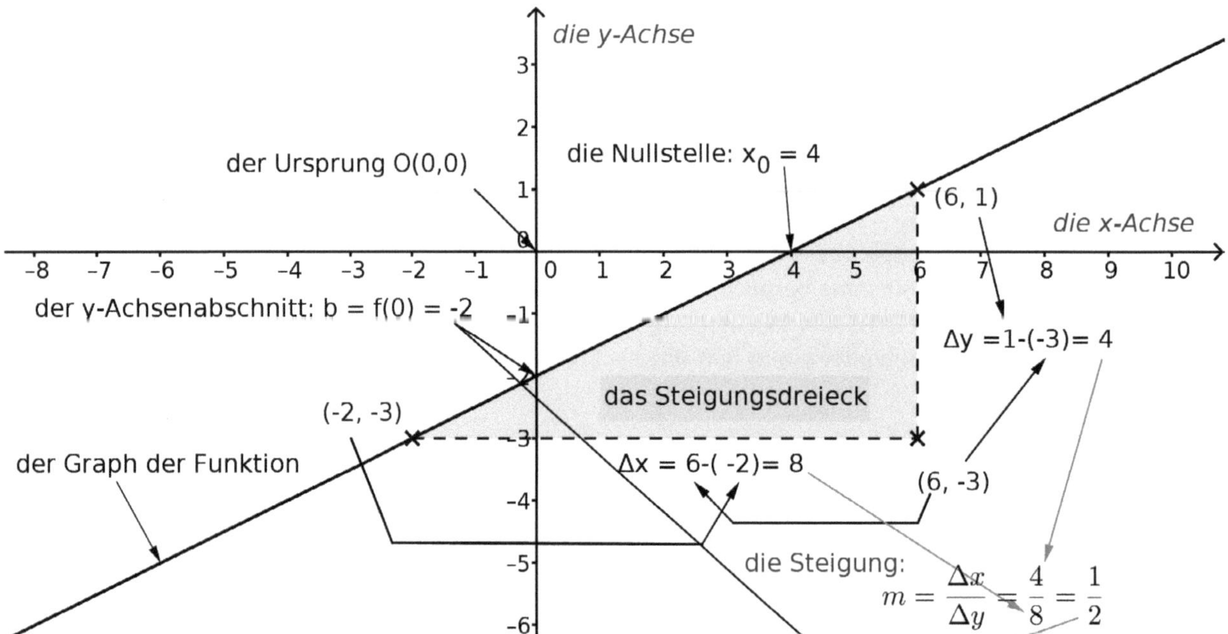

$$m = \frac{\Delta x}{\Delta y} = \frac{4}{8} = \frac{1}{2}$$

$$f(x) = mx + b = \frac{1}{2}x - 2$$

ISBN 978-3-12-666851-4

Begriffe im Koordinatensystem – Glossar

die Äquivalenzumformung	Bei einer **Äquivalenzumformung** ändert man beide Seiten einer Gleichung so, dass sich die Lösung der Gleichung nicht verändert. Man kann zum Beispiel auf beiden Seiten gleich viel addieren oder subtrahieren oder beide Seiten mit derselben Zahl (außer Null) multiplizieren oder durch sie dividieren. Beispiele: a. $3x + 5 = 11 \quad \vert -5$ $\Leftrightarrow 3x = 6 \quad \vert :2$ $\Leftrightarrow x = 2$ b. $2y - x = -4 \quad \vert +x$ $\Leftrightarrow 2y = x - 4 \quad \vert :2$ $\Leftrightarrow y = 0{,}5x - 2$
die Funktion	Bei einer **Funktion** gibt es für jede Stelle (jeden x-Wert) genau einen y-Wert. (Aber es kann verschiedene Stellen geben, die denselben y-Wert haben!). Da der y-Wert von x abhängt, schreibt man auch f(x) statt y (für jedes x erhalte ich einen Wert für y).
die Gerade	Eine **Gerade** ist eine unendlich lange, gerade Linie. Eine Gerade hat keinen Anfang und kein Ende. Sie besteht aus unendlich vielen Punkten.
die Geradengleichung	Eine **Geradengleichung** ist eine Gleichung, die x und y enthält. Es können Vielfache von x und von y vorkommen, es kann eine Zahl addiert oder subtrahiert werden, aber keine Potenzen (also nicht $x \cdot x$ oder y^3). Alle Lösungen dieser Gleichung ergeben Punkte auf der Geraden. Beispiele: a. $2y - x = -4$ b. $y = 0{,}5x - 2$
nach x auflösen	Wenn man eine Gleichung **nach x auflöst**, stellt man sie so um, dass auf der einen Seite (meist der linken Seite) nur noch x steht und auf der anderen Seite kein x mehr.
sich schneiden	Wenn zwei Geraden sich in genau einem Punkt (dem Schnittpunkt) treffen, sagt man, die Geraden **schneiden sich**.
die Steigung	Die **Steigung** (m) gibt an, wie viele Einheiten man nach oben geht, wenn man von der Geraden genau eine Einheit nach rechts geht (beim Paternoster gibt die Steigung die Geschwindigkeit an). Beispiel: Man geht acht Einheiten nach rechts und vier nach oben, dann ist die Steigung $4 : 8 = 0{,}5$. Bei Geraden unterscheidet man zwischen ▪ steigenden Geraden, sie gehen von links unten nach rechts oben (der Paternoster fährt hoch), ▪ Geraden mit der Steigung Null, sie sind parallel zur x-Achse (die Höhe des Paternosters oder einer Person ändert sich nicht), der Funktionsterm enthält dann kein x mehr, ▪ und fallenden Geraden, sie gehen von links oben nach rechts unten (der Paternoster fährt hinunter).
das Steigungsdreieck	Das **Steigungsdreieck** ist ein Dreieck, das man an die Gerade zeichnet. Die Grundseite ist parallel zur x-Achse, eine Seite ist parallel zur y-Achse, die dritte Seite ist ein Abschnitt der Geraden. Mit Hilfe des Steigungsdreiecks berechnet man die Steigung: Man teilt die Länge der Seite in y-Richtung durch die Länge der Seite in x-Richtung. Die Steigung wird genauer, wenn man das Dreieck größer wählt und zwar so, dass man die Längen gut ablesen kann.
umformen	Wenn man einen Term anders aufschreibt, **formt man ihn um**. Zum Beispiel kann man eine Klammer ausmultiplizieren, der Wert des Terms verändert sich dadurch nicht. Beispiele: a. $(1000 + 13) \cdot 5 = 1000 \cdot 5 + 13 \cdot 5$ b. $97 \cdot 16 + 3 \cdot 16 = 100 \cdot 16$ c. $3(x + 1) = 3x + 3$ d. $5x + 4 = 4 + 5x$ Man kann auch Gleichungen mit Äquivalenzumformungen umformen.

Praxishandbuch Sprachbildung Mathematik
Sprachsensibel unterrichten – Sprache fördern
ISBN 978-3-12-666851-4

umstellen	Wenn man einen Term oder eine Gleichung **umstellt**, verändert man die Reihenfolge. Beispiel: $3x + 3 = 3 + 3x$ Bei einer Gleichung kann man auch so umstellen (zum Beispiel durch Äquivalenzumformungen), dass eine Variable nur noch auf einer Seite steht.
der Ursprung	Der Punkt (0,0) wird auch **Ursprung** genannt und manchmal mit O abgekürzt. Das kommt von lateinisch *origio*: Ursprung.
die Variable	Eine **Variable** ist ein Buchstabe, der für einen Wert steht, den wir nicht kennen. Du kannst dir einen Tintenklecks vorstellen, der eine Zahl verdeckt. Bei einer Gleichung suchen wir oft für eine Variable eine Zahl, damit die Gleichung wahr ist (also links und rechts der gleiche Wert rauskommt). Bei einer Geraden kann man für die Variable x verschiedene Werte einsetzen, man erhält dann für jeden x-Wert einen y-Wert. Wir sagen, die Variable y hängt von x ab.
die x-Achse	Die Achse, die nach rechts geht, heißt **x-Achse**.
die y-Achse	Die Achse, die nach oben geht, heißt **y-Achse**.
der y-Achsenabschnitt	Der **y-Achsenabschnitt** gibt an, bei welchem y-Wert die y-Achse geschnitten wird (in welchem Stockwerk man in den Paternoster einsteigt). Man berechnet ihn als Funktionswert an der Stelle $x = 0$, also als $f(0)$.

ISBN 978-3-12-666851-4

Lerntagebuch führen

Im Lerntagebuch schreibst du auf, wie du lernst.

Zu jeder Unterrichtsstunde schreibst du einen **Eintrag mit Datum**.
Gib zu jeder Stunde **zuerst das Thema** an und **was ihr gemacht habt**.
Wähle dann mindestens zwei weitere Punkte aus und beschreibe die Unterrichtsstunde genau. Du findest unten Satzbausteine, die du verwenden kannst.
Schreibe immer vollständige Sätze.

Thema der Unterrichtsstunde:

- Wir haben uns mit ... beschäftigt.
- Das Thema der Stunde lautete ...
- In dieser Stunde ging es darum, wie ...

Das haben wir gemacht:
- Wir haben in Gruppenarbeit ...
- Zunächst haben wir ... Dann ... Anschließend ...
- Nachdem ..., haben wir ...

Mein Beitrag heute:

- Ich habe ... präsentiert.
- In der Gruppenarbeit habe ich die Rolle ... übernommen. Dabei habe ich besonders darauf geachtet, dass ...
- Ich habe ... erklärt, wie ...
- Ich habe nachgefragt, wie ...., bis ich es verstanden hatte.

Das war neu für mich:
- Ich habe gelernt, wie man ...
- Wenn man ... hat, kann man ...

Das möchte ich mir merken:
- ... bedeutet, dass ...
- Wenn ich das Problem habe, ..., kann ich ...
- Die Strategie ... kann ich anwenden, wenn ...

So ging es mir im Unterricht/so habe ich mich gefühlt:
- Ich habe mich gefreut. Nun habe ich verstanden, wie ...
- Ich war enttäuscht. Ich wollte gerne ..., aber ...

Das habe ich noch nicht verstanden:
- Ich weiß noch nicht, wie man ...
- Ich kann nicht ausrechnen, wie ...
- Woher weiß ich, welche Methode ...
- Wie kann ich aus dem Text ...

ISBN 978-3-12-666851-4

Vorher–Nachher-Test zu linearen Funktionen

Name: ....

Datum: ....

1 Ergänze die Tabelle. Notiere zu jeder Strategie zwei Fragen.

Strategie	Fragen, die dabei helfen, die Information aus der Aufgabe zu entnehmen	Erklärung der Strategie mit einem Beispiel
Vorwärts arbeiten		
Rückwärts arbeiten		
Systematisches Probieren		
Informative Figur		

2a Dominik und Alexander wollen sich treffen. Dominik ist 10 km von Alexander entfernt. Dominik fährt mit dem Fahrrad durchschnittlich 20 km/h auf Alexander zu. Alexander startet 10 Minuten vor Dominik zu Fuß mit einer Geschwindigkeit von 5 km/h. Bestimme, wann die beiden sich treffen.

✂ —

2b Ein ICE (Inter-City-Express, ein sehr schneller Zug) startet um 8:00 in Kiel. Er fährt mit einer Durchschnittsgeschwindigkeit von 120 km/h Richtung München. Eine Regionalbahn (ein langsamer Zug) startet um 6:30 mit einer durchschnittlichen Geschwindigkeit von 70 km/h. Bestimme, wann der ICE die Regionalbahn etwa eingeholt hat.

Praxishandbuch Sprachbildung Mathematik
Sprachsensibel unterrichten – Sprache fördern
ISBN 978-3-12-666851-4

Blütenaufgaben

Bearbeite so viele Aufgaben, dass du insgesamt mindestens 8 Sterne gesammelt hast.

Ein Paternoster ist ein Fahrstuhl mit Kabinen, die sich mit gleichbleibender Geschwindigkeit bewegen. Auf einer Seite fährt der Paternoster nach oben. Dort wird er über Rollen umgelenkt, auf der anderen Seite fährt er nach unten. Der Paternoster fährt mit einer Geschwindigkeit von 8 Stockwerken pro Minute nach oben.

Paternoster aus dem Kieler Rathaus.

a. Wie lange brauchst du, um 2 Stockwerke nach oben zu fahren? *

b. Wie schnell fährt der Paternoster nach unten? *

c. Fenja steigt im 2. Kellergeschoss (in der Tiefgarage) ein. Sie muss in den fünften Stock fahren. Wie lange ist Fenja im Paternoster unterwegs? **

d. Asia steigt im 8. Stock ein und fährt nach unten. Görkem steigt zur gleichen Zeit im zweiten Stock ein und fährt nach oben. Wie lange dauert es, bis sie sich treffen? In welchem Stock sind sie dann? **

e. Erstelle zu den Fahrten von Fenja (Aufgabe c), Asia und Görkem (Aufgabe d) eine Wertetabelle. ***

f. Trage die Fahrten von Fenja (Aufgabe c), Asia und Görkem (Aufgabe d) in das Koordinatensystem unten ein.
TIPP: Du kannst auch mit einer Wertetabelle arbeiten (Aufgabe e). ***

g. Beschreibe die Paternosterfahrten von Kenny, Zaineb und Dejan, die im Koordinatensystem unten rechts eingetragen sind. ***

h. Wer von den dreien, Kenny, Zaineb oder Dejan (Abbildung unten rechts), fährt in einem anderen Paternoster? Erkläre. **

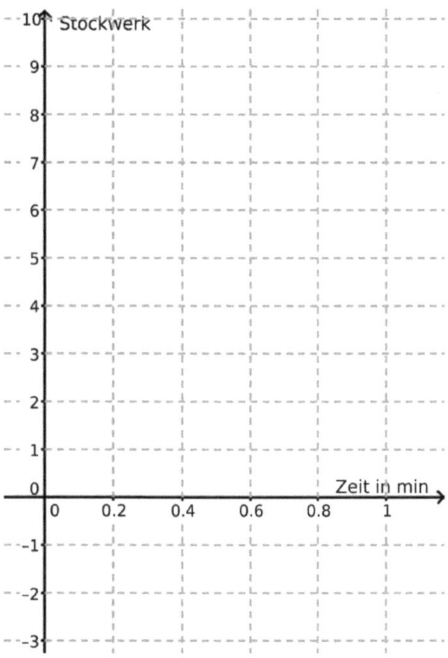

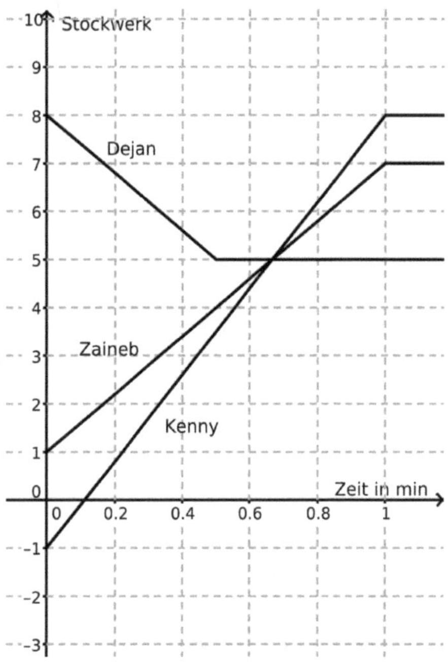

Praxishandbuch Sprachbildung Mathematik
Sprachsensibel unterrichten – Sprache fördern
ISBN 978-3-12-666851-4

Textaufgaben

Denke daran, deine Rechnungen immer so aufzuschreiben, dass deine Klassenkameraden sie auch verstehen können.
Schreibe immer auf, was die Variablen und die Terme bedeuten, mit denen du rechnest.
Rechne so viele Aufgaben, dass du am Ende mindestens 10 Sterne gesammelt hast.

a. Delia will Käse kaufen. Es gibt eine Packung mit 6 Scheiben zu 1,99 € und eine Packung mit 8 Scheiben zu 2,59 €. Delia möchte möglichst wenig pro Scheibe bezahlen. Welche Packung sollte sie nehmen? Erkläre Delia deine Rechnung. *

b. Aus einer Regentonne tropft durch ein Leck[1] Wasser heraus. Pro Stunde sinkt[2] der Wasserstand um 3 cm. Morgens um 8:00 ist das Wasser noch 40 cm hoch. Wann ist dass Wasser nur noch 1 cm hoch? Beschreibe, wie du zu deinem Ergebnis kommst. **

c. Kevin möchte wissen, wie viel sich Autoreifen abnutzen[3]. Er hat einen Rechner im Internet gefunden. Dort hat er angegeben, dass er ein Jahr jeden Tag 30 km fährt. Die Profiltiefe[4] der neuen Reifen beträgt 8 mm. Der Rechner gibt an, dass man nach einem Jahr noch eine Profiltiefe von 6,12 mm hat. Wie groß ist die Abnutzung je 10 000 km?
Bis zu einer Profiltiefe von 4,5 mm darf man die Autoreifen fahren[5]. Wie weit kommt Kevin mit den neuen Reifen? Erkläre. ***

d. Alina möchte es sich gemütlich machen. Sie hat zwei Kerzen, die sie gleichzeitig anzündet. Die rote Kerze ist 10 cm hoch und brennt in einer Stunde um 1,4 cm ab. Die blaue Kerze ist 20 cm hoch und brennt in einer Stunde um 2,1 cm ab. Wann sind die beiden Kerzen gleich hoch? Erkläre deine Rechnung. **

e. Dorian möchte einen Kuchen backen. Er braucht dazu 100 g Zartbitterschokolade (Schokolade mit einem Kakaoanteil von 50 %[6]). Dorian findet im Schrank nur Bitterschokolade (mit 80 % Kakaoanteil) und Vollmilchschokolade (mit 30 % Kakaoanteil). Bestimme und erkläre, wie viel Dorian von den Sorten Bitterschokolade und Vollmilchschokolade mischen muss, um 100 g Zartbitterschokolade zu erhalten. ***

f. Murat und Hanno müssen zur Schule. Murat wohnt 3 km von der Schule entfernt und fährt mit dem Fahrrad. Er fährt ungefähr 15 km/h schnell. Hanno wohnt nur 1,5 km von der Schule entfernt und geht zu Fuß. Er geht ungefähr 6 km/h schnell. Beide starten 10 Minuten bevor die Schule beginnt. Berechne, ob Murat und Hanno pünktlich zum Unterricht kommen, und erkläre deine Rechnung. **

g. Familie Frisch sucht einen günstigen Telefontarif. Der Anbieter „Grün ist günstig" hat eine Grundgebühr von 4,99 Euro (das ist der Preis, den man jeden Monat zahlen muss, auch wenn man nicht telefoniert) und einen Minutenpreis von 0,05 Euro. Beim Anbieter „Gute Verbindung" muss man keine Grundgebühr zahlen, dafür liegt der Minutenpreis bei 0,12 Euro. Schreibe eine Empfehlung für Familie Frisch. ***

* eher einfach   ** etwas schwieriger   *** anspruchsvoll

1 Ein Leck ist ein kleines Loch, durch das Wasser kommt.
2 Der Wasserstand fällt, das Wasser wird weniger.
3 Abnutzen heißt, die Reifen werden durch das Fahren schlechter. Denn das Profil der Reifen wird durch das Fahren kleiner.
4 Die Profiltiefe gibt an, wie hoch das Reifenmuster (Profil) ist.
5 Wenn das Profil, also das Muster, nicht mehr hoch genug ist, rutscht der Reifen.
6 50 % sind aus Kakao, der Rest etwas anderes.

Praxishandbuch Sprachbildung Mathematik
Sprachsensibel unterrichten – Sprache fördern
ISBN 978-3-12-666851-4

Funktionenpuzzle

Immer 5 Kärtchen gehören zusammen, finde Sie!

Der Paternoster startet im dritten Kellergeschoss und fährt zwei Stockwerke pro Minute hoch.

Der Paternoster startet im dritten Kellergeschoss und fährt zwei Stockwerke pro Minute hinunter.

Der Paternoster startet im ersten Stock und fährt ein Stockwerk in zwei Minuten herunter.

Der Paternoster startet im ersten Kellergeschoss und fährt ein Stockwerk in zwei Minuten herunter.

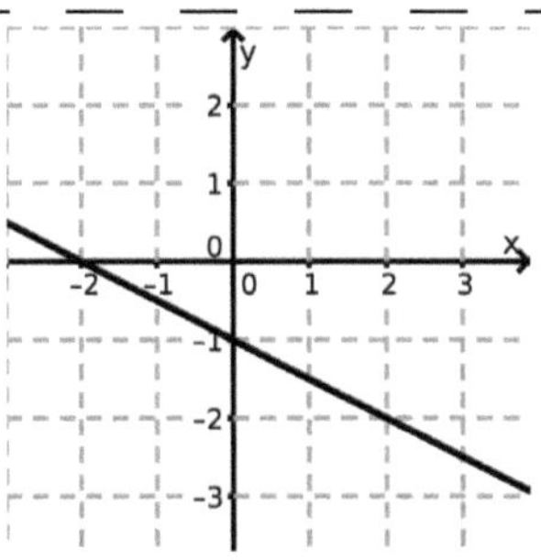

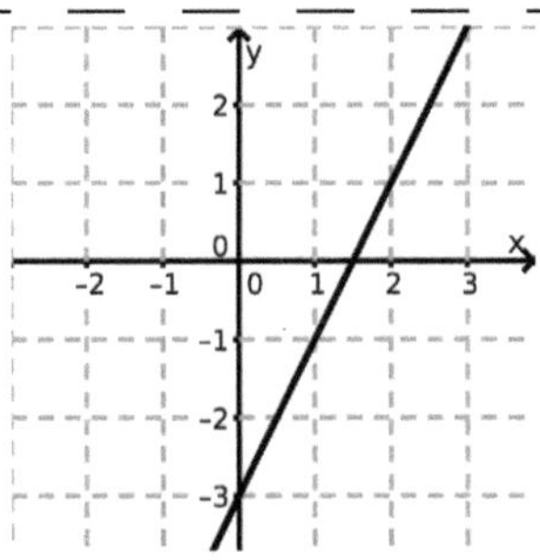

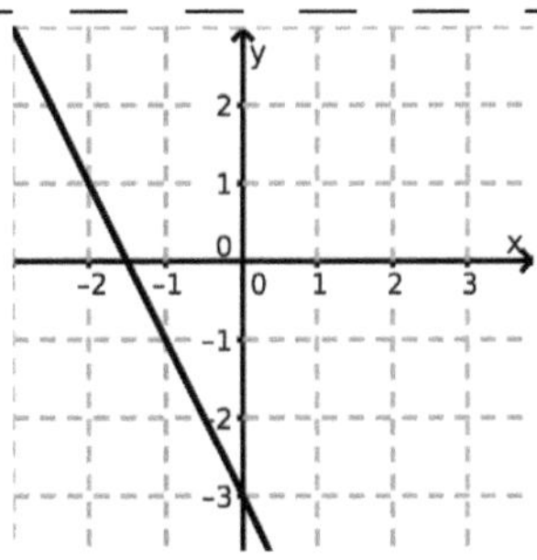

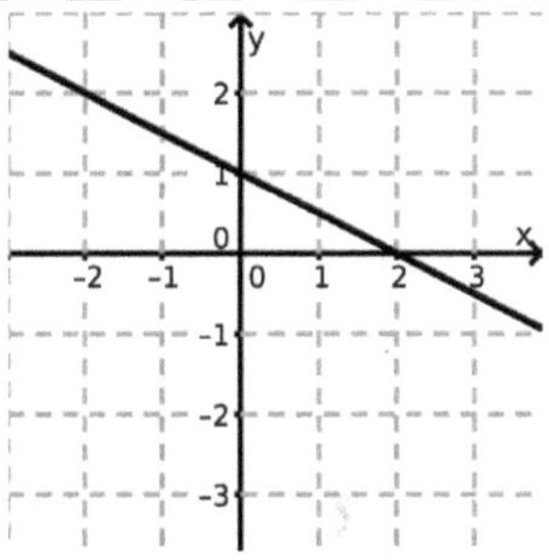

Die Gerade hat die Steigung −0,5 und den y-Achsenabschnitt −1.

Die Gerade hat die Steigung −2 und den y-Achsenabschnitt −3.

Die Gerade hat die Steigung 2 und den y-Achsenabschnitt −3.

Die Gerade hat die Steigung −0,5 und den y-Achsenabschnitt 1.

$y = -0{,}5x + 1$

$y = -0{,}5x - 1$

$y = -2x - 3$

$y = 2x - 3$

x	y
−2	−7
0	−3
1	−1

x	y
−2	0
0	−1
2	−2

x	y
−4	3
−1	1,5
3	−0,5

x	y
−2	1
0	−3
1	−5

Praxishandbuch Sprachbildung Mathematik
Sprachsensibel unterrichten – Sprache fördern
ISBN 978-3-12-666851-4

Vom Funktionsterm zum Graphen und zurück

1 **Ordne die Funktionsgleichungen den abgebildeten Graphen zu. Begründe deine Zuordnungen schriftlich.**

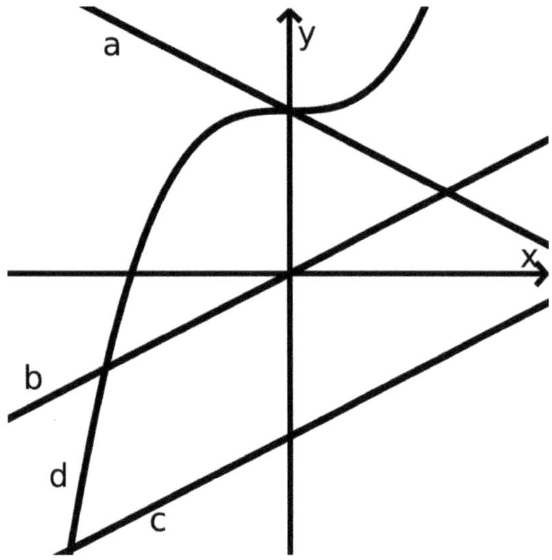

Folgende Wörter kannst du verwenden:
fallend – negativ – positiv – die Steigung – steigend – der y-Achsenabschnitt – der Ursprung – weil – denn – aber – außerdem

$f_1(x) = 0{,}5x$
$f_2(x) = 0{,}5x - 2$
$f_3(x) = 0{,}25x^3 + 2$
$f_4(x) = 2 - 0{,}5x$

2 **Vergleicht eure Ergebnisse in der Gruppe.**
Lest dazu reihum eure Begründungen vor.
Notiert die besten Formulierungen als gemeinsame Lösung.

3 **Schreibt eine Anleitung auf, die es ermöglicht, solche Zuordnungsaufgaben zu lösen. Schreibt eure Namen auf die Anleitung.**

Ihr könnt die Wortliste von oben (Aufgabe 1) verwenden, eure gemeinsam erstellte Lösung (Aufgabe 2), außerdem noch folgende Formulierungen:
immer wenn … – wenn … dann – prüfen ob – größer/kleiner als – gleich

4 **Tauscht mit einer anderen Gruppe die Anleitungen aus.**
Ordnet die Funktionsgleichungen mit Hilfe der Anleitung der anderen Gruppen den Graphen in der Abbildung zu.

1) $y = 1{,}5x - 2$
2) $y = -0{,}25x^3 + 1$
3) $y = 0{,}5x$
4) $y = -0{,}5x + 1$

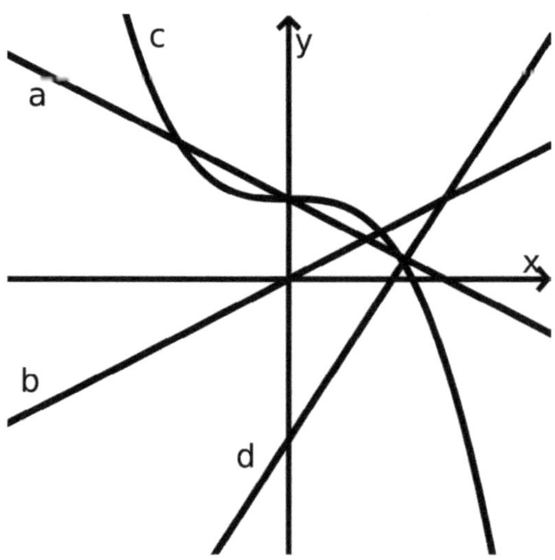

Formuliert eine Rückmeldung für die Gruppe:

- Gelingt die Zuordnung, wenn man sich ganz genau an die Anleitung hält?
- Was gefällt euch gut an der Anleitung?
- Sind die Formulierungen in der Anleitung verständlich?
- Habt ihr Verbesserungsvorschläge?

Praxishandbuch Sprachbildung Mathematik
Sprachsensibel unterrichten – Sprache fördern
ISBN 978-3-12-666851-4

Aufgabenvariation

Ausgangsaufgabe

Nujin will auf den Rathausturm steigen. Der Rathausturm hat 162 Stufen, jede Stufe ist 25 cm hoch. Wie tief guckt Nujin vom Turm auf den Platz, wenn Nujin 1,60 m groß ist?

Formuliere Aufgaben, die so ähnlich sind, wie die Ausgangsaufgabe.

Folgende Wörter und Redewendungen können dir beim Formulieren von Fragen helfen:

- Wie viele …, wenn …?
- Wie lange …?
- Wie oft … bis …?
- Beschreibe, wie …
- Begründe, warum …
- Berechne …
- Bestimme …

Beispiele für Größen, die linear zusammenhängen können:

- Zeit (in min) – Höhe eines Paternosters (in Stockwerken)
- Zeit (in Jahren) – Größe (in m)
- Masse (in kg) – Betrag (in €)
- Entfernung (in km) – Fahrpreis (in €); bei Taxifahrten kommt ein Grundpreis dazu (den man zahlt, unabhängig davon, wie weit man fährt)
- Energieverbrauch (in kWh) – Energiekosten (in €); häufig gibt es auch hier einen Grundpreis
- Zeit (in min) – Höhe einer Kerze (in cm)

Praxishandbuch Sprachbildung Mathematik
Sprachsensibel unterrichten – Sprache fördern
ISBN 978-3-12-666851-4

Inverses Kreuzworträtsel zu linearen Funktionen

1 **Partnerarbeit:**
Überlege dir mit einem Partner Umschreibungen für die Begriffe des Kreuzworträtsels oben. Notiere die Umschreibungen auf einen Zettel.

2 **Gruppenarbeit:**
Setzt euch mit zwei anderen Paaren zusammen. Sucht aus euren Vorschlägen die besten Umschreibungen heraus. Diskutiert dabei auch, warum die anderen nicht so geeignet sind.
Notiert eure gemeinsame Lösung neben dem Rätsel unten.

Ihr könnt folgende Formulierungen verwenden: Gesucht ist … – wenn … dann – Wenn etwas nicht …, dann ist es … – hier – Wie bezeichnet man … .
Ihr könnt auch einen Lückentext verfassen.

TIPP: Überlegt euch, welche Begriffe mit dem Begriff zusammenhängen, den ihr umschreiben sollt. Verwendet diese Begriffe bei euren Umschreibungen. Ihr könnt auch Erklärungen verwenden, die nicht mit Mathematik zusammenhängen.

1 ....

2 ....

3 ....

4 ....

5 ....

6 ....

7 ....

8 ....

9 ....

Praxishandbuch Sprachbildung Mathematik
Sprachsensibel unterrichten – Sprache fördern
ISBN 978-3-12-666851-4

UNTERRICHTSEINHEIT

Haus der Vierecke 7/8

Leitidee Raum und Form
Sprachlicher Fokus Mathematisch argumentieren
Thema Eigenschaften und Definitionen von Vierecken

fachliche Lernziele
- Eigenschaften und Definitionen von besonderen Vierecken

sprachliche Lernziele
- Eigenschaften fachsprachlich benennen
- Definitionen formulieren
- Formulieren von Wenn-dann-Aussagen

Fachwörter und fachliche Redewendungen

- die Definition
- einander gegenüberliegend, aneinandergrenzend
- das Paar, der rechte Winkel
- die Diagonale, benachbart
- das Viereck, das Rechteck, das Quadrat, die Raute, das Trapez, der Drachen, das Parallelogramm
- symmetrisch, die Symmetrieachse
- senkrecht, orthogonal, rechtwinklig
- Wenn-dann-Aussage, je mehr – desto ..., wenn-dann ...

Die Unterrichtseinheit im Überblick

In dieser Unterrichtseinheit geht es darum, dass die SuS exaktes Formulieren und genaues Lesen und Zuhören trainieren. Dafür wird zunächst der Begriff der „Definition" erarbeitet, wobei auf eine den SuS vertraute Definition aus der Biologie aufgebaut wird. Es ist für SuS erfahrungsgemäß motivierend, wenn sie erkennen, dass bestimmte Verfahren für mehrere Fächer anwendbar sind, sie also einen Gesamtvorteil davon haben, diese Verfahren zu lernen. Anschließend wiederholen die SuS spielerisch vertraute Begriffe aus dem Bereich der Flächengeometrie und erlernen neue Formulierungen, die üblicherweise bei der Beschreibung von Vierecken verwendet werden. Dabei wird davon ausgegangen, dass den SuS die verschiedenen Gruppen von Vierecken aus der Klassenstufe 5/6 bekannt sind und den SuS die Methode vertraut ist, einen Repräsentanten einer Gruppe darzustellen. Die SuS erstellen Steckbriefe für Vierecke und nutzen dabei die neuen Formulierungen, bevor sie die Vierecke systematisch ordnen, indem sie Wenn-dann-Aussagen und Abhängigkeiten formulieren. Durch Kopfaufgaben und eine Vorstellungsübung wird das konzentrierte Zuhören geübt. Am Ende der Einheit werden die geometrischen Fachbegriffe spielerisch gefestigt, indem sie umschrieben und erraten werden sollen. Die vorgestellten Methoden sind exemplarisch und können leicht auf andere geometrische Themen übertragen werden, z. B. Körperformen, Dreiecke usw.

1 Was macht ein Insekt zum Insekt?

Bei Fachworten das Fächerübergreifende betonen.
Der Begriff der „Definition" ist ein sehr abstrakter Begriff und daher schwer zu verstehen. Die SuS verfügen aber über Vorerfahrungen zu diesem Begriff aus anderen Gebieten wie zum Beispiel der Biologie. Auf dieser KV soll die Definition von Insekten, die den SuS zumeist vertraut ist (Insekten sind sechsbeinige Tiere), genutzt werden, um die Definition als Fachwort im Mathematikunterricht zu etablieren.
Wichtig ist dabei die Abgrenzung von definierenden und weiteren Eigenschaften. Das wird auf der KV direkt angesprochen, sollte aber im Rahmen von Aufgabe 2 im Unterrichtsgespräch erneut thematisiert werden: Eine Definition enthält nur so viele Informationen, wie unbedingt nötig, beispielsweise „Ein Nicht-Insekt ist alles, was kein Insekt ist".
Aufgabe 3 dient dazu, den Begriff zu festigen. Umschreibungen von Alltagsgegenständen sind dabei meist schwieriger als Fachbegriffe: Ein Tisch kann auch drei Beine haben, es gibt hohe und tiefe, kleine und große Tische, ... Durch den spielerischen Charakter sind die SuS motiviert, ihre Definitionen vorzulesen und zu erraten; sie werden so sensibilisiert für exakte Formulierungen, die für die Arbeit mit Definitionen notwendig sind. Da sich die SuS die Gegenstände, die sie definieren, selbst aussuchen, können sie Alltagsgegenstände wählen, die sie mit Alltagsbegriffen umschreiben können. Haben die SuS Schwierigkeiten, kann man exemplarisch im Unterrichtsgespräch Begriffe finden, die für die Beschreibung eines Begriffes nützlich sind und dann zu zweit überlegen lassen, welche Begriffe für die Definition passen, bevor man eine gemeinsame Definition erstellt. Im nächsten Schritt können die SuS dann zu zweit für

Arbeitsblätter

KV-Nr.	Thema	Sozialform	Methode	Intention
1	Begriff der Definition			Begriff „Definition" erfassen
2	Fachworte zuordnen		Paare finden (→ S.172)	Fachwortschatz lernen
3	Eigenschaften von Vierecken sammeln		Lernen am Beispiel (→ S.166), Gruppenpuzzle (→ S.160)	Steckbriefe schreiben
4 a/b	Eigenschaften für Wenn-dann-Formulierungen und Folgerungen nutzen		Lernen am Beispiel (→ S.166)	Abhängige Aussagen erkennen und formulieren
5	Hörverstehen trainieren		Kopfaufgaben (→ S.199), Vorstellungsübung (→ S.210)	Definitionen und Eigenschaften reflektieren
6	Begriffe umschreiben		Tabu-Wörter (→ S.180)	Fachwortschatz festigen

einen anderen Begriff umschreibende Begriffe suchen und eine Definition erarbeiten, die dann im Klassenverband vorgestellt wird.

2 Paare finden

Bilder prägen sich leichter ein als Erklärungen in Worten.

Auch wenn die SuS viele Fachbegriffe (hier zum Thema Vierecke) aus Klasse 5/6 kennen, ist es sinnvoll, sie im Rahmen der Unterrichtseinheit zu wiederholen und zu festigen, auch als sprachliche Vorbereitung für die nachfolgenden Aufgaben. Bei dem Spiel „Paare finden" auf KV 2 (→ Werkzeug Paare finden, S.172) werden keine Definitionen gegeben, diese sollen sich die SuS erst im Folgenden erarbeiten. Die Begriffe werden stattdessen möglichst einfach mit Hilfe eines Bildes dargestellt. Dabei ist allerdings zu beachten, dass eine Raute auch ein Parallelogramm ist, hier aber das Bild einer Raute nur der Raute zugeordnet werden soll.

Bei dem Spiel werden alle Karten verdeckt auf den Tisch gelegt, zwei werden vom ersten Spieler umgedreht. Wenn sich kein Paar darunter befindet, dreht der Spieler EINE Karte wieder um. Nun deckt der zweite Spieler zwei Karten auf. Findet ein Spieler ein Paar, darf derjenige klatschen und sich das Paar nehmen, ansonsten wird wieder eine Karte umgedreht …

Möglichkeiten zur Differenzierung

KV 2 kann sprachschwachen SuS auch als Wort-Bild-Liste zum Nachschlagen zur Verfügung gestellt werden.

TIPP Die Bilder der Vierecke können auch anders spielerisch genutzt werden: Jedes Kind erhält dabei ein Bild eines Vierecks. Die Lehrkraft sagt eine Eigenschaft an und dann müssen alle Figuren nach oben gehalten werden, die diese Eigenschaft aufweisen. Dabei ist es gut, wenn jede Figur mindestens zweimal vorhanden ist, so können sich die SuS gegenseitig überprüfen. Dieses Spiel ist gut als Festigung durchzuführen, also nachdem die Eigenschaften von Vierecken besprochen wurden (nach KV 4).

3 Einen Steckbrief erstellen

Definierende Eigenschaften finden und benennen.

Das Erstellen eines Steckbriefs ist eine sprachlich anspruchsvolle Aufgabe, selbst wenn die SuS schon Formulierungen kennen, die sie dazu benötigen. Daher wird auf KV 3 als Beispiel der Steckbrief eines Quadrats vorgegeben. Dieser exemplarische Steckbrief führt bereits als Hilfe fast alle Formulierungen auf, die die SuS für andere Steckbriefe benötigen (→ Werkzeug Lernen am Beispiel, S.166). Diese Hilfestellung ist den SuS aber vermutlich nicht klar – inhaltlich werden die Formulierungen erst auf der KV 4 erarbeitet – die sprachlich schwachen SuS werden es hier aber unter Umständen bereits entdecken, wenn sie sich eng an der Vorlage orientieren. Die SuS sollen nun einen Steckbrief zu einem beliebigen Viereck erstellen.

Auch wenn beim Steckbrief die Definition vor den Eigenschaften steht, werden die SuS dazu angeleitet, zuerst die Eigenschaften zu sammeln, bevor sie die Definition erstellen, da das Auswählen der definierenden Eigenschaften sprachlich und mathematisch schwieriger ist. Besonders für diese Aufgabenstellung ist es günstig, wenn die Steckbriefe in Gruppen erstellt werden.

Bei dieser KV wird davon ausgegangen, dass den SuS das Verfahren, einen Repräsentanten von der Menge der Rechtecke o. ä. darzustellen, aus Klasse 5/6 vertraut ist. Wurden die Rechtecke vorher nicht behandelt, sollte man zunächst verschiedene Rechtecke präsentieren und die SuS das Gemeinsame entdecken und notieren lassen. Das kann dann auch mit Hilfe der Steckbriefe erfolgen.

TIPP Lassen Sie die Steckbriefe in einem Gruppenpuzzle erstellen (→ Werkzeug Gruppenpuzzle, S. 160): In den Expertengruppen werden die Steckbriefe erstellt, anschließend gehen die SuS in ihre Stammgruppen und präsentieren sich gegenseitig ihre Vierecke. In ihrer Stammgruppe erhalten sie dann den Auftrag, die Eigenschaften von Vierecken zu untersuchen (KV 4).

4a und b Eigenschaften von Vierecken

An anschaulichen Beispielen mathematische Sätze formulieren.

Wenn die SuS mit den Formulierungen zur Beschreibung der Eigenschaften von Vierecken vertraut sind, können sie die Vierecke systematisch auf ihre Eigenschaften hin testen. Dies geschieht anhand der Tabelle auf KV 4a. Auch wenn man diese Aufgabe in Partner- oder Gruppenarbeit durchführen lässt, bietet es sich an, zunächst alle SuS dazu aufzufordern, die Tabelle allein auszufüllen. Sonst ist die Gefahr groß, dass langsamere SuS die Kreuze nur übernehmen. Haben alle SuS die Tabelle zumindest weitgehend ausgefüllt, kann in Gruppen verglichen und über strittige Fälle diskutiert werden. Dabei können die SuS auf die Steckbriefe zurückgreifen, die mit Hilfe von KV 3 erstellt wurden, denn sie beinhalten die Formulierungen, die hier verwendet werden.
Sind in den Gruppen noch mehrere Streitfälle, sollte gemeinsam verglichen werden. Dazu empfiehlt es sich, die Texte auf Folie oder an der Tafel vor sich zu haben, um besser darüber sprechen zu können. Wichtig ist, dass die korrekte Lösung von KV 4a abschließend für alle SuS zur Verfügung steht.
Haben die SuS nun eine gewisse Sicherheit erlangt, was das sinnentnehmende Lesen von Eigenschaften betrifft, geht es auf KV 4b wieder um das eigene Formulieren: Zunächst sollen die SuS Wenn-dann-Formulierungen üben, dann sollen sie mathematische Sätze formulieren. Die SuS können sich dabei an dem Satzmuster des Beispiels orientieren. Die SuS können die Definitionen heranziehen, um daraus andere Eigenschaften abzuleiten. Das sollte auch sprachschwachen SuS gelingen, da sie durch die vorangehenden KV über viele Vorerfahrungen verfügen.

Möglichkeiten zur Differenzierung

Gelingt dies den SuS leicht, so können sie die Genau-dann-wenn-Formulierung trainieren, die sie in der Oberstufe benötigen. Damit die SuS sich die Aufgabe nach Schwierigkeitsgrad selbst auswählen können, wurden die beiden Aufgaben nebeneinandergestellt. Dabei müssen sie weniger Genau-dann-wenn-Formulierungen finden, denn dies ist inhaltlich anspruchsvoller.
Abschließend sollen die SuS die Vierecke ordnen. Dies ist eine schwierige Aufgabe, es müssen sehr viele Aspekte berücksichtigt und formuliert werden (die aber inhaltlich mit der Tabelle und den Steckbriefen vorliegen), daher ist es hier wieder besonders günstig, wenn in Gruppen gearbeitet wird.

5 Kopfaufgaben und Vorstellungsübung

Zuhören ist Konzentrationsübung.

Diese KV ist nur für die Hand der Lehrkraft bestimmt. Die Kopfaufgaben werden zu Stundenbeginn vorgelesen, jede Schülerin und jeder Schüler macht sich Notizen ins Heft. Dies ist eine gute Konzentrationsübung. Damit die Übung nicht zu lang wird, sollten nicht mehr als fünf Dinge auf einmal abgefragt werden (→ Werkzeug Kopfaufgaben, S. 199)
Haben die SuS große Schwierigkeiten, die Aussagen zu bewerten, kann man sie ihnen in schriftlicher Form vorlegen (z. B. auf Folie). Ansonsten kann die Lehrkraft die Aussagen (einzeln) in der Besprechung erneut vorlesen und dann von den SuS direkt kommentieren lassen.
Eine weitere Möglichkeit, das genaue Zuhören zu trainieren, ist die Vorstellungsübung (→ Werkzeug Vorstellungsübung, S. 210). Ein Beispiel, das sich mit dem Wiedererkennen verschiedener Vierecke beschäftigt, findet sich unter den Kopfaufgaben.
Die SuS setzen sich dazu entspannt hin und schließen die Augen. Der Text wird langsam von der Lehrkraft vorgelesen, fett gedruckte Worte werden betont. Versteht jemand ein Wort nicht, kann sich der Schüler oder die Schülerin melden, die Lehrkraft kann dann den Satz umformulieren.

Möglichkeiten zur Differenzierung

Hat die Lehrkraft den Text vorgelesen, kann sie den SuS Zeit geben, sich eine Skizze anzufertigen und sich anschließend in einer Murmelphase (→ Werkzeug Sozialform Murmelphase, S. 191) mit dem Sitznachbarn auszutauschen, bevor im Unterrichtsgespräch über das Problem gesprochen wird.

TIPP Fordern Sie Ihre SuS dazu auf, die Übung mit zwei Linealen oder zwei gleich langen Stiften nachzuvollziehen. So können sie die entstehenden Figuren überprüfen. (Das lässt sich auch an der Tafel durchführen, dort können die verschiedenen Vierecke bzw. das Dreieck jeweils eingezeichnet werden).

6 Tabu mit geometrischen Fachbegriffen

Beim Umschreiben braucht man viele Worte.

Damit sich der Fachwortschatz nachhaltig einprägt, sollte man die Fachwörter reflektieren. Mit KV 6 lässt sich Tabu spielen (→ Werkzeug Tabu-Wörter, S.180) und damit der Wortschatz aktiv und im spielerischen Wettbewerb nutzen. In dem Spiel sollen zentrale Fachbegriffe der Unterrichtseinheit umschrieben werden, wobei jeweils vier hilfreiche Begriffe „tabu" sind, also nicht verwendet werden dürfen.
Die Klasse wird in zwei Gruppen geteilt, aus jeder Gruppe geht ein Schüler oder eine Schülerin nach vorn. Ein Schüler erklärt eine festgelegte Zeit lang Begriffe, seine Gruppe rät, dann wird gewechselt. Dabei sollen die SuS die Begriffe, die mit auf der Liste stehen, nicht verwenden. Gewonnen hat die Gruppe, die die meisten Begriffe erraten hat.

Möglichkeiten zur Differenzierung

Ist das für die SuS zu schwierig, kann man den Gebrauch eines Wortes von der Liste gestatten.

Alternativ können die SuS auch selbst die Fachwörter sammeln und Karten erstellen. Dies vernetzt ihren Fachwortschatz besonders gut. Außerdem kann die Lehrkraft die erstellten Karten sammeln, sodass beim nächsten Spielen nicht nur die neuen, sondern auch die älteren Begriffe wiederholt werden.

Sowohl das Raten (Zuhören!) als auch das Beschreiben sind sprachlich anspruchsvoll, daher bietet es sich an, diese Übung erst zum Ende der Einheit durchzuführen.

Was macht ein Insekt zum Insekt?

Auf der linken Seite findest du Insekten abgebildet. Auf der rechten Seite sind keine Insekten abgebildet.

Insekt			Nicht-Insekt		

1 Finde eine Definition, also eine genaue Bestimmung, für ein Insekt.

Überlege dir dazu zuerst:

- Welche Eigenschaften hat ein Insekt?
- Was unterscheidet die Insekten von den anderen (Nicht-Insekten)?
- Was muss man unbedingt prüfen, um sicher zu sein, ob es ein Insekt ist oder nicht?

Notiere dir jetzt eine Definition für ein Insekt.
Beachte: Bei der Definition schreibst du nur das auf, was unbedingt vorhanden sein muss. Du schreibst also nicht alle Eigenschaften auf, sondern nur so viele, dass du sicher entscheiden kannst, ob es ein Insekt ist oder nicht.

2 Notiere auch eine Definition für „Nicht-Insekten".

3 Wähle einen Gegenstand oder eine Tierart aus und schreibe eine Definition für diesen Gegenstand oder diese Tierart auf. Lies die Definition jemandem vor, aber lass dabei den Namen des Gegenstands/des Tieres aus.

Beispiel
Definition: Ein x ist ein Gegenstand mit zwei Rädern. Menschen können sich damit fortbewegen.
Sie müssen dabei treten.
Lass deinen Partner raten, was du definiert hast.

4 Notiere: Was macht eine gute Definition aus?

Betrachte dazu die Definition des Insekts und des „Nicht-Insekts". Gehe dazu auch die Definitionen durch, die du beschrieben und erraten hast.

Praxishandbuch Sprachbildung Mathematik
Sprachsensibel unterrichten – Sprache fördern
ISBN 978-3-12-666851-4

Paare finden

das Quadrat	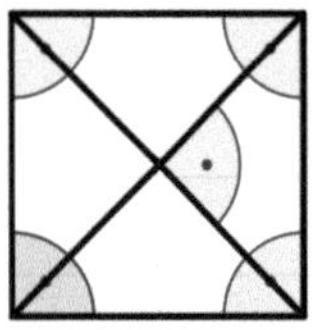	das Viereck	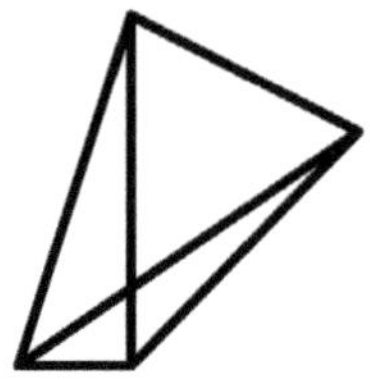
das Rechteck	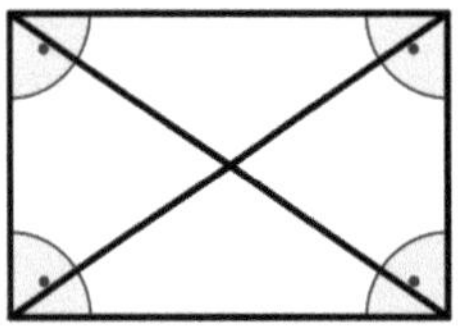	senkrecht, orthogonal	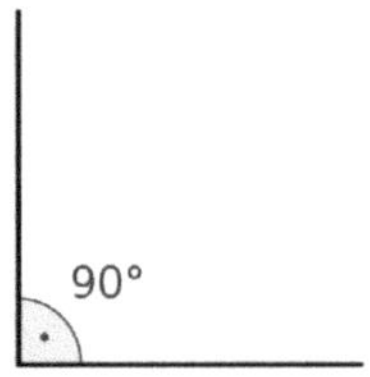
die Raute	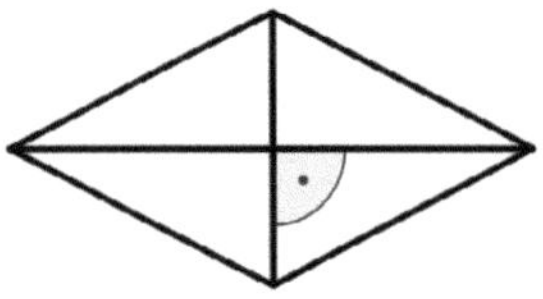	die Diagonalen	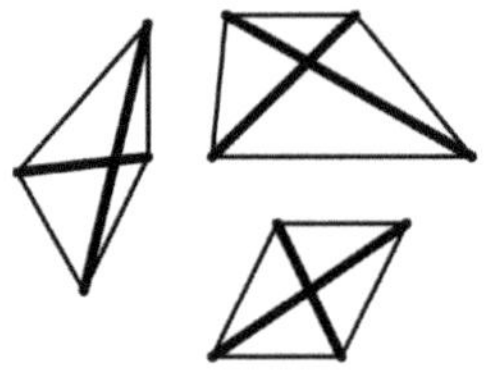
das Parallelogramm		einander gegenüber-liegende Seiten	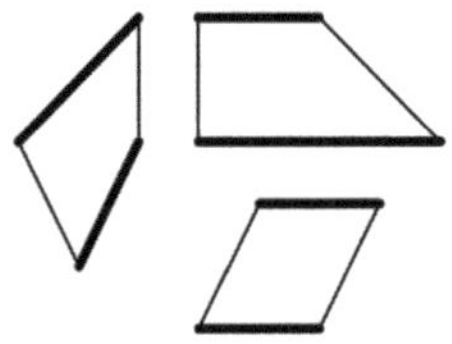
der symmetrische Drachen	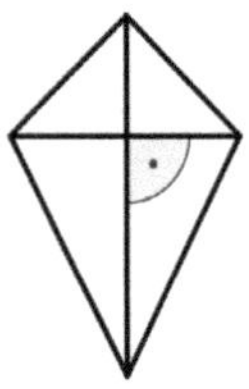	ein Paar paralleler Seiten	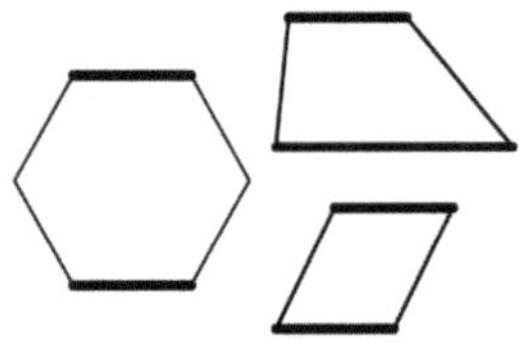
das symmetrische Trapez		benachbarte, aneinandergrenzende Seiten	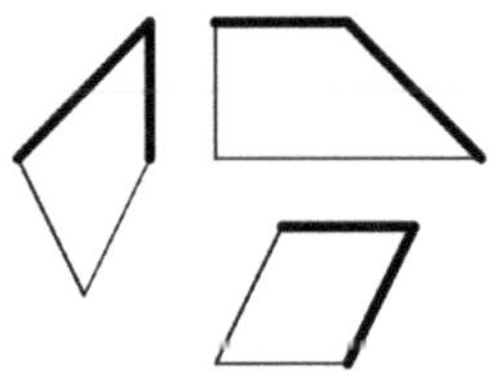
der Drachen		zwei Paar gleich lange Seiten	
das Trapez	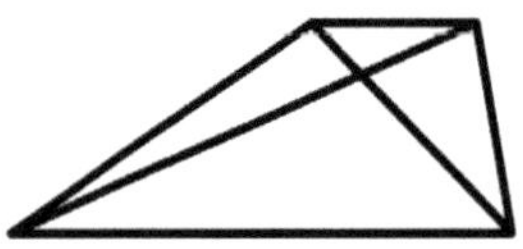	die Symmetrieachse	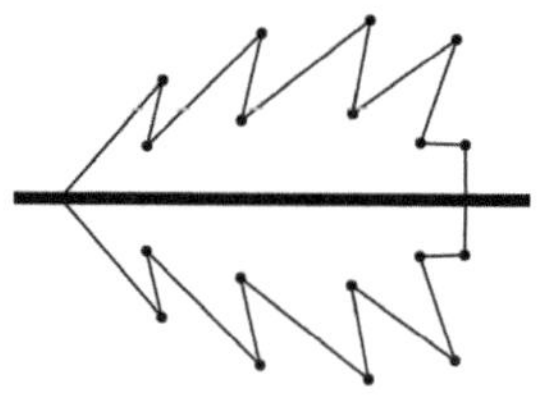

Praxishandbuch Sprachbildung Mathematik
Sprachsensibel unterrichten – Sprache fördern
ISBN 978-3-12-666851-4

Einen Steckbrief erstellen

Erstellt zu einer Gruppe besonderer Vierecke (also zu einem Rechteck oder einer Raute oder ...) einen Steckbrief.

a. **Zeichnet** drei Vierecke eurer Gruppe mit einem Geodreieck und Zirkel (falls nötig). Tragt die Diagonalen ein. Markiert die Symmetrieachsen, wenn es welche gibt.
b. Sammelt alle **Eigenschaften**, die Vierecke eurer Gruppe haben. Findet ihr vielleicht unten im Steckbrief des Quadrats Eigenschaften, die auch auf euer Viereck zutreffen?
c. Überlegt euch eine gute **Definition für Vierecke eurer Gruppe** und tragt sie ein. Denkt daran: Verwendet nur so viele Eigenschaften wie unbedingt nötig!

Steckbrief: Mein besonderes Viereck

Zeichnung:

Definition:

Eigenschaften:

Beispiel: Das Quadrat

Das Quadrat

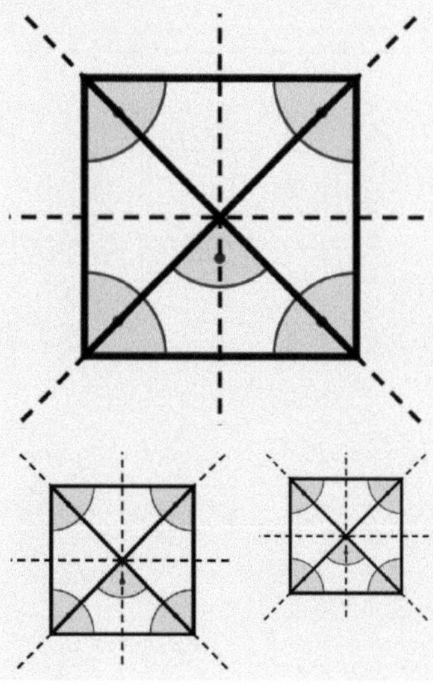

Definition: Ein Viereck, das vier gleich lange Seiten hat und einen rechten Winkel besitzt, heißt Quadrat.

Eigenschaften eines Quadrats:
- Es ist ein Viereck.
- Alle Seiten sind gleich lang.
- Gegenüberliegende Seiten sind parallel.
- Alle Winkel sind gleich groß.
- Benachbarte Seiten schließen einen Winkel von 90° ein.
- Die Diagonalen stehen senkrecht aufeinander.
- Die Diagonalen sind gleich lang.
- Die Diagonalen sind Symmetrieachsen.
- Es gibt vier Symmetrieachsen.
- Das Quadrat kann um 90° gedreht werden, ohne dass das Bild sich ändert.

Praxishandbuch Sprachbildung Mathematik
Sprachsensibel unterrichten – Sprache fördern
ISBN 978-3-12-666851-4

Eigenschaften von Vierecken

Fülle die Tabelle aus.

Mache ein X, wenn eine Gruppe von Vierecken die Eigenschaft besitzt und ein –, wenn die Gruppe die Eigenschaft nicht besitzt.
Wähle dafür immer eine Gruppe von Vierecken aus der ersten Spalte aus und prüfe für diese Gruppe von Vierecken alle Eigenschaften. Dann nimmst du die nächste Gruppe von Vierecken.

Achtung! Wenn es vier gleich lange Seiten gibt, dann gibt es auch ein Paar gleich langer Seiten. Du musst dann also beides ankreuzen.

Eigenschaft → Viereсksgruppe ↓	Alle Seiten sind gleich lang.	Gegenüberliegende Seiten sind gleich lang.	Es gibt ein Paar gleich langer Seiten.	Gegenüberliegende Seiten sind parallel.	Es gibt ein Paar paralleler Seiten.	Alle Winkel sind 90° groß.	Gegenüberliegende Winkel sind gleich groß.	Zwei Winkel sind gleich groß.	Es gibt vier Symmetrieachsen.	Es gibt zwei Symmetrieachsen.	Es gibt eine Symmetrieachse.	Die Diagonalen halbieren sich.	Die Diagonalen sind gleich lang.	Die Diagonalen stehen senkrecht aufeinander.
Quadrat														
Rechteck														
Trapez														
Symmetrisches Trapez														
Symmetrischer Drachen														
Drachen														
Parallelogramm														
Raute														

Praxishandbuch Sprachbildung Mathematik
Sprachsensibel unterrichten – Sprache fördern
ISBN 978-3-12-666851-4

Eigenschaften von Vierecken

1 Betrachte die Tabelle von KV 4a genau. Einige Aussagen hängen voneinander ab. Formuliere mindestens vier Wenn-dann-Aussagen.

Beispiel:
Wenn gegenüberliegende Seiten gleich lang sind, **dann** gibt es auch ein Paar gleich langer Seiten.
Wenn …

2 Einige Vierecke in der Tabelle von KV 4a haben sehr viele Kreuze, andere haben weniger Kreuze. Zum Beispiel hat das Quadrat auch überall ein Kreuz, wo das Rechteck ein Kreuz hat. Vergleiche die Vierecke und formuliere Aussagen dazu:

a. *

Jedes Quadrat **ist auch ein** Rechteck.
Aber: **Nicht jedes** Rechteck **ist ein** Quadrat, **denn** beim Rechteck müssen nicht alle Seiten gleich lang sein.

Formuliere mindestens vier solcher Aussagen. Verwende diese Satzmuster:
Jedes … ist auch ein … .
Aber: Nicht jedes … ist ein …, denn …

b. **

Fehlt dem Rechteck nur eine Eigenschaft, damit es ein Quadrat wird, dann sagen Mathematiker:

Ein Rechteck ist **genau dann** ein Quadrat, **wenn** alle Seiten des Rechtecks gleich lang sind.

Das bedeutet:
1) Ein Quadrat ist ein Rechteck.
2) Ein Rechteck mit vier gleich langen Seiten ist ein Quadrat.

Formuliere mindestens drei solcher **Genau-dann-wenn-Aussagen.**

3 Notiere die Namen aller Gruppen von Vierecken auf kleine Karten, jeweils einen Namen auf eine Karte. Nimm dir ein Blatt Papier und ordne darauf alle Viereck-Karten an. Nutze dazu die Tabelle von KV 4a und die Aussagen von Aufgabe 2. So gehst du vor:

Je mehr Eigenschaften ein Viereck hat, **desto weiter** schiebst du es auf dem Blatt **nach oben.**
Beispiel: Das Quadrat hat ein Kreuz mehr als das Rechteck, also ordnest du das Rechteck unter dem Quadrat an. Stelle diese Abhängigkeit durch einen Strich dar (mach einen Strich vom Quadrat zum Rechteck).
Wenn du alle Karten so angeordnet hast, klebst du sie fest.

Hinweis: Nicht alle Gruppen von besonderen Vierecken kannst du untereinander anordnen. Manche stehen auch **nebeneinander**, weil beiden gleich viele Eigenschaften fehlen, die die Gruppe über ihnen hat.

Praxishandbuch Sprachbildung Mathematik
Sprachsensibel unterrichten – Sprache fördern
ISBN 978-3-12-666851-4

Kopfaufgaben und Vorstellungsübung

Definitionen überprüfen
Gib an, ob die folgenden Definitionen korrekt und so kurz wie möglich sind.

a. Eine Definition einer Gruppe von besonderen Vierecken listet alle Eigenschaften auf, die jedes Viereck dieser Gruppe besitzt.
b. Ein Parallelogramm ist ein Viereck mit zwei Paar gleich langen Seiten. Die gegenüberliegenden Seiten sind parallel, gegenüberliegende Winkel sind gleich groß. Die Diagonalen halbieren sich gegenseitig.
c. Ein Quadrat ist ein Viereck mit vier Symmetrieachsen.
d. Ein Trapez ist ein Viereck mit einem Paar gegenüberliegender gleich langer Seiten.
e. Ein Parallelogramm ist ein Viereck mit zwei Paar gleich langen Seiten.

Lösungen: a. falsch, b. falsch, das ist keine Definition, sondern eine Auflistung von Eigenschaften, c. richtig, d. richtig, e. falsch, auch der symmetrische Drachen hat zwei Paar gleich langer Seiten

Beziehungen untereinander prüfen
Gib an, ob die folgenden Aussagen korrekt sind.

a. Jedes Quadrat ist auch eine Raute.
b. Jede Raute ist auch ein Parallelogramm.
c. Jedes Parallelogramm ist auch ein symmetrischer Drachen.
d. Jedes Rechteck ist auch ein Trapez.
e. Jedes Rechteck, das auch ein symmetrischer Drachen ist, ist eine Raute.

Lösungen: a. richtig, b. richtig, c. falsch, d. richtig, e. richtig

Vorstellungsübung
Schließe die Augen und stelle dir Folgendes vor:

Du hast zwei gleich lange Lineale. Beide Lineale haben Leuchtpunkte an ihren Enden. Du hast also insgesamt vier Leuchtpunkte.
Du sitzt am Tisch.
Nimm dir ein Lineal und lege es waagerecht auf den Tisch vor dich hin.
Nimm dir das zweite Lineal. Lege das zweite Lineal auch auf den Tisch parallel zum ersten Lineal direkt darüber.
Das Licht geht aus. Du siehst jetzt nur noch die vier Leuchtpunkte.
Verschiebe das zweite Lineal langsam parallel zum ersten nach oben. Verschiebe das zweite Lineal so lange, bis alle vier Leuchtpunkte gleich weit voneinander entfernt sind.
Schiebe das obere Lineal nun nach rechts. Schiebe so lange, bis du es um die Hälfte seiner Länge nach rechts verschoben hast.
Nun hältst du das Lineal am linken Leuchtpunkt des oberen Lineals fest, den rechten Leuchtpunkt bewegst du nach unten, bis der Leuchtpunkt in der Mitte zwischen den beiden Leuchtpunkten ist.

Was für Figuren hast du wahrgenommen?

Lösung: Rechteck, Quadrat, Parallelogramm, bei der Viertelkreisbewegung ein allgemeines Viereck, am Ende nur noch ein gleichschenkliges Dreieck mit einem Leuchtpunkt in der Mitte der Grundseite.

ISBN 978-3-12-666851-4

Tabu mit geometrischen Fachbegriffen

Das Quadrat das Rechteck gleich lang der rechte Winkel das Viereck	**Das Rechteck** das Quadrat gleich lang rechter Winkel das Viereck	**Die Raute** gleich lang gegenüberliegend das Viereck die Seite
Das Parallelogramm gleich lang gegenüberliegend parallel das Viereck	**Der symmetrische Drachen** aneinandergrenzend der Wind das Viereck die Schnur	**Das symmetrische Trapez** das Viereck der Spiegel/spiegeln parallel zwei
Das Viereck die Figur beliebig verbinden/ die Verbindung der Punkt	**Die Diagonale** verbinden gegenüberliegend der Winkel quer	**Die Symmetrieachse** der Spiegel/spiegeln klappen halbieren doppelt
Die Zeichnung die informative Figur genau Lineal/Geodreieck Zirkel	**Die Drehsymmetrie** der Zirkel der Kreis die Drehung der Winkel	**Das Geodreieck** zeichnen/die Zeichnung messen verbinden sauber
Die Strecke die Verbindung/verbinden der Punkt endlich die Gerade	**Der Zirkel** zeichnen der Kreis rund die Linie	**benachbart** die Seite der Winkel gegenüberliegend aneinandergrenzend
gegenüberliegend die Seite der Winkel aneinandergrenzend benachbart	**Das Paar** zwei gleich die Ehe zusammen	**Die Definition** die Eigenschaft beschreiben/die Beschreibung eindeutig genau
Der rechte Winkel orthogonal rechtwinklig 90° senkrecht	**Die Figur** zweidimensional das Objekt der Körper das Viereck	**Das Geobrett** das Gummiband die Figur verbinden der Nagel/die Schraube

ISBN 978-3-12-666851-4

UNTERRICHTSEINHEIT
Stochastik 9/10

Leitidee Daten und Zufall
Sprachlicher Fokus Modellieren von Zufallsexperimenten
Thema Kombinatorik

fachliche Lernziele
- Planen und Durchführen von Zufallsexperimenten
- Baumdiagramme erstellen
- Modellieren von Zufallsexperimenten

sprachliche Lernziele
- Beschreiben und Dokumentieren von Zufallsexperimenten
- Informationen aus Textaufgaben entnehmen
- Aussagen zur Wahrscheinlichkeit bewerten

Fachbegriffe und fachliche Redewendungen
- die Anzahl, das Ergebnis, das Ereignis
- die Strichliste, die relative Häufigkeit, die Wahrscheinlichkeit
- das Baumdiagramm, das Kreisdiagramm
- der faire Würfel, die Augenzahl, die Augensumme
- kleiner als, genau ein, mindestens ein
- mit und ohne Zurücklegen
- das Experiment, das Laplace-Experiment, der Ausgang eines Experiments
- schätzen, mit und ohne Reihenfolge
- vermuten, die Vermutung, eine Vermutung aufstellen
- vorhersagen, die Vorhersage, die Hypothese
- das Experiment, das Zufallsexperiment, das lange Experiment
- der Mittelwert
- simulieren, die Simulation

Die Unterrichtseinheit im Überblick
Wechselt man von anderen mathematischen Themengebieten zur Stochastik, so stellt man oft fest, dass andere SuS als sonst besonders gut zurechtkommen. Das liegt an den besonderen Anforderungen der Stochastik: Zum einen wird nicht so viel Mathematik vorausgesetzt, sodass häufig auch die SuS Erfolgserlebnisse haben, die sonst mit Schwierigkeiten in Mathematik kämpfen. Zum anderen ist die Stochastik oft verknüpft mit dem Modellieren und somit steht das Textverständnis in besonderem Maße im Vordergrund. Dies sollte bei der Planung der Einheit berücksichtigt werden.
Damit eine Diskussion über stochastische Experimente erfolgen kann, müssen zunächst die grundlegenden Begriffe geklärt werden. Auf der KV 1 sollen die SuS zwischen beschreibenden Texten und Definitionen unterscheiden und so in einige zentrale Fachbegriffe eingeführt werden. Daran schließt eine Diskussion über die Begriffe *relative Häufigkeit* und *Wahrscheinlichkeit* anhand eines Würfelbeispiels an (KV 2), die das schwache Gesetz der großen Zahl vorbereitet, das auf der folgenden KV mittels einer Simulation thematisiert wird. Mit dem Bild „Ziehen von Keksen aus einem Beutel" werden Baumdiagramme als neue informative Figuren erarbeitet. Dabei wird darauf verzichtet, allgemeine Formeln für die Fälle mit und ohne Zurücklegen sowie mit und ohne Reihenfolge zu entwickeln, sondern die SuS sollen im Einzelfall überlegen, wie man zu einer Lösung kommen kann. Dieser bewusste Verzicht auf eine Formalisierung fordert von den SuS noch stärker eine argumentative Auseinandersetzung mit den Kontexten. Die Kontexte sind so gewählt, dass die SuS zunächst alltagssprachlich argumentieren können, um die Sprachbarriere zu reduzieren.
Den Abschluss der Einheit bildet das Korrigieren unsinniger Sätze, eine binnendifferenzierte Möglichkeit über Sprache und Inhalte nachzudenken, sowie das Anfertigen einer Concept-Map, um die Inhalte der Einheit nachhaltig zu vernetzen.

1 Definitionen erkennen

Definitionen sind kurz und präzise, aber nicht unbedingt anschaulich.
Zu Beginn der Einheit soll an zweierlei angeknüpft werden: Zum einen an den Begriff der Definition, der den SuS aus anderen Fächern wie z. B. der Biologie oder aus der Einheit „Haus der Vierecke" bekannt sein sollte, zum anderen an die Vorerfahrungen aus dem Bereich der Stochastik. Auf KV 1 werden diese Dinge verknüpft: Es werden den SuS je zwei Texte zum fairen Würfel, zum Laplace-Experiment und zu Ereignissen angeboten. Ein Text knüpft an Beispiele an oder beinhaltet auch Folgerungen aus der Definition – beides sehr hilfreich, damit sich die SuS eine

Arbeitsblätter

KV-Nr.	Thema	Sozial-form	Methode	Intention
1	Definitionen erkennen		Unterstützung beim Lesen (→ S.22)	Begriffe der Stochastik definieren
2	Aussagen bewerten		Lernen durch Lehren (→ S.201)	Aussagen zur Wahrscheinlichkeit überprüfen
3	Arbeitsanweisungen umsetzen		Unterstützung beim Lesen (→ S.22)	Schwaches Gesetz der großen Zahl durch Simulation erschließen
4	Stundenprotokoll schreiben		Stundenprotokoll (→ S.178)	Ein Zufallsexperiment durchführen und beschreiben
5 a/b/c	Modelle sprachlich erfassen		Lernen am Beispiel (→ S.166), Lückentext (→ S.31)	Baumdiagramme einführen und beschreiben
6	Textaufgaben verstehen		Umgang mit Textaufgaben (→ S.23)	Aufgabenset zur Kombinatorik entschlüsseln
7	Unsinnige Sätze korrigieren		Unsinnige Sätze (→ S.209)	Fehler in Modellaussagen finden und berichtigen
8	Begriffe verknüpfen		Concept-Map (→ S.154)	Übersicht über ein Thema erstellen

Vorstellung zu den Begriffen aufbauen können. Der andere Text beinhaltet nur die Definition des Begriffs. Die Aufgabe der SuS ist es, die Definition jeweils zu erkennen.
Um diese Aufgabe bewältigen zu können, müssen die SuS die Texte genau lesen (→ Unterstützung beim Lesen, S.22). Die SuS werden dabei mehrfach unterstützt: Zu Beginn der KV wird erklärt, was eine Definition ist. Das Beispiel, das dazu gegeben ist, knüpft an die Einheit mit den Vierecken an, damit die SuS auf ihre Vorerfahrungen zum Begriff der Definition leichter zugreifen können. Außerdem wird in dem Beispiel auch erklärt, welche Textmerkmale darauf hindeuten können, dass keine Definition vorliegt. Die SuS werden aufgefordert, ihre Texte wie die Beispieltexte zu behandeln und gegebenenfalls ebenfalls die Textstellen zu markieren, an denen man erkennt, dass dieser Text keine Definition sein kann, bzw. fehlende Informationen zu benennen.

TIPP Thematisieren Sie, wie hilfreich die Beispiele und Folgerungen für das Verstehen sind. Würdigen Sie auch, wie klar die Mathematiker zwischen Definition, Beispiel und Satz (Folgerung) unterscheiden.

2 Aussagen zur Wahrscheinlichkeit

Argumentieren mit Alltagserfahrungen bereitet Fachbegriffe vor.

Bei dieser KV geht es darum, gemeinsam zu entscheiden, ob die vorgegebenen Aussagen richtig sind. Die Aussagen greifen dabei typische Fehlvorstellungen zur Stochastik auf, bieten aber durch den Kontext des Würfelns die Möglichkeit, an Alltagserfahrungen anzuknüpfen und mit Alltagssprache zu argumentieren. Dies kommt allen SuS entgegen, nicht nur den sprachlich schwachen. Die SuS können durch die Erklärungen, die unten auf der KV gegeben sind, Fachbegriffe verwenden. Gerade in der Stochastik können die SuS entdecken, wie ungenau die Alltagssprache häufig ist und wie vorteilhaft die eindeutigen Aussagen in der Mathematik sind.

TIPP Damit eine intensive Diskussion stattfindet, sollte die Lehrkraft darauf achten, dass die Gruppen sprachlich heterogen zusammengesetzt werden. Dann können die sprachlich starken SuS den schwächeren die Begriffe in eigenen Worten erklären. Die Gruppen sollten mindestens vier SuS beinhalten, das begünstigt eine Diskussion, denn die Wahrscheinlichkeit steigt, dass verschiedene Vorstellungen in einer Gruppe auftreten.

Vorausgesetzt wird dabei, dass die SuS bereits wissen, dass Wahrscheinlichkeiten immer in der Summe eins ergeben und zwischen Null und eins liegen (KV 1). Aber selbst wenn einige SuS das noch nicht verinnerlicht haben, kann dies mit Hilfe der Beispiele geklärt werden, ebenso können hier viele Fachbegriffe geklärt werden. Auf der KV sind die Ausgänge des Experiments als Zahlen in Anführungszeichen gesetzt, Zahlwerte sind ausgeschrieben. Das ermöglicht den SuS, die Ergebnisse schneller zu identifizieren.

3 Das schwache Gesetz der großen Zahl

Schritt für Schritt durch den Text.

Das schwache Gesetz der großen Zahl liefert einen guten Ausgangspunkt, um Simulationen am Computer zu motivieren. Anleitungen für den PC sind aus mehreren Gründen schwierig zu lesen: Jede Anweisung soll umgesetzt werden können, die Anweisungen enthalten viele Fachwörter und die Liste der Anweisungen ist oft lang, denn es sollen auch für die weniger versierten SuS ausreichende Informationen vorhanden sein.

Auf dieser zweiseitigen KV wird zunächst das Gesetz für die Mittelstufe formuliert, d.h. es wird auf den Begriff der stochastischen Konvergenz verzichtet. Ohne Beispiel ist dies aber nur schwer zu verstehen, somit dient diese beispielfreie Formulierung der Motivation für die Simulation.

In der Anleitung gibt es für jeden Schritt einen kurzen, fettgedruckten Hinweis, der erklärt, was nun passieren soll, dann folgt die Arbeitsanweisung. Da es beim Arbeiten mit dem Computer ungünstig ist, die Arbeitsphase häufiger zu kleinen Besprechungen zu unterbrechen (schließlich soll jeder in seinem Tempo arbeiten dürfen), sollten die SuS dazu aufgefordert werden, sich bei ihren Nachbarn Hilfe zu holen, wenn sie die Anweisung nicht verstehen.

Die SuS sollen ein Diagramm erstellen, in dem zu sehen ist, wie sich die relative Häufigkeit für das Auftreten einer „6" für viele Experimente (zumeist) einem Sechstel annähert. Dieses Diagramm sollen sie beschreiben. Sie erhalten dazu Hilfestellung.

Im Anschluss an das Bearbeiten der KV sollte wieder ein Unterrichtsgespräch erfolgen, in dem einige SuS ihre Beschreibungen vorlesen können.

Möglichkeiten zur Differenzierung

Die Lehrkraft kann im Vorfeld bei der Zusammensetzung der Paare darauf achten, dass sprachlich heterogene SuS zusammenkommen oder dass zumindest die sprachlich starken SuS gut verteilt sind, sodass sie jeweils ihr Umfeld mit Informationen versorgen können. Um die SuS bei solchen langen Arbeitsanweisungen zu unterstützen, können sie dazu aufgefordert werden, jede Arbeitsanweisung, die sie erledigt haben, abzuhaken. Diese Strategie lässt sich auch gut in Klassenarbeiten einsetzen: Wer die Übersicht wahrt, kann sich die Zeit besser einteilen.

TIPP Probieren Sie Anweisungen für den PC immer vorher selbst aus! Versetzen Sie sich in die Lage eines Schülers oder einer Schülerin, der nicht weiß, worum es geht.

4 Durchführung eines Zufallsexperiments

Eigene Spielregeln motivieren das Arbeiten mit den neuen Begriffen.

Spiele stehen bei den SuS meist hoch im Kurs, ein eigenes Spiel zu finden, motiviert die SuS noch zusätzlich. In der Regel möchten sie dann möglichst gewinnen und sind an einer Gewinnstrategie interessiert. Dies wird auf dieser KV genutzt: Die SuS sollen sich ein spielerisches Zufallsexperiment ausdenken, durchführen und in einem Stundenprotokoll dokumentieren. Die sprachlichen Herausforderungen bei dieser Aufgabenstellung liegen darin, dass die SuS die Beschreibung verstehen und sich an diese Beschreibung halten, ihr Vorgehen untereinander abstimmen und insbesondere alles aufschreiben müssen.

Für die Motivation ist es auch wichtig, dass die SuS selbst spielen. Dabei kann der Vergleich von Experiment und Theorie Abweichungen aufzeigen, die aber nicht gegen die Theorie sprechen müssen. Dieses Problem wird in Aufgabe 6 auf der KV aufgegriffen, sollte aber im Plenum gesichert werden.

Möglichkeiten zur Differenzierung

Als Hilfestellung kann den SuS die Checkliste zum Schreiben eines Stundenprotokolls an die Hand gegeben werden (→ Werkzeug Stundenprotokoll, S. 178). Sprachlich schwache SuS können sich auch sehr eng an das vorgegebene Beispiel auf KV 2 anlehnen (→ Werkzeug Lernen am Beispiel, S. 166).

5a, b und c Baumdiagramme

Beispiele bieten sprachliche Anker.

5a und 5b: Lückentexte mit Beispielaufgabe

Auf KV 5a wird anhand eines Beispiels, das die SuS sich gut vorstellen können, ein Baumdiagramm für ein zweistufiges Zufallsexperiment ohne Zurücklegen erstellt. Bei Zufallsexperimenten ohne Zurücklegen muss man auch im zweiten Schritt entscheiden, wie viele und welche Möglichkeiten es gibt; der Fall „mit Zurücklegen" ergibt sich als Spezialfall daraus.

Auf KV 5b wird neben das ausführliche (konkrete) auch das verkürzte (abstraktere, aber allgemeinere) Baumdiagramm gestellt und damit die Pfadregeln der Multiplikation erklärt. Hier kann die Lehrkraft darauf hinweisen, dass Wahrscheinlichkeiten als Brüche, als Dezimalzahlen und als Prozentangaben dargestellt werden können. Dabei kann das Umrechnen in einem neuen Kontext wiederholt werden – auch Kopfaufgaben (→ Werkzeug Kopfaufgaben, S. 199) sind dazu gut denkbar (z. B. „Gib die Wahrscheinlichkeit für das Auftreten einer geraden Zahl beim Würfeln als Bruch, als Prozentangabe und als Dezimalzahl an").

Um sicherzustellen, dass die SuS den erklärenden Text zu den Baumdiagrammen genau lesen und verstehen, wurden Lücken in den Text eingebaut. Mit den vorgegebenen Füllwörtern sollte es auch den sprachlich schwächeren SuS möglich sein, die Lücken auszufüllen (→ Lückentext, S. 31).

5c: Aufgaben zu Baumdiagrammen
Auf dem dazugehörigen Aufgabenblatt (KV 5c) werden die SuS aufgefordert, selbst Baumdiagramme zu vorgegebenen Situationen zu erstellen und diese zum Lösen von Aufgaben zu verwenden. Dabei werden für die Stochastik typische Formulierungen zunächst erklärt und die Textaufgaben somit vorentlastet.

Möglichkeiten zur Differenzierung

Bei den ersten beiden Aufgaben können die SuS entscheiden, ob sie das ausführliche oder das verkürzte Baumdiagramm aufzeichnen. Bei Aufgabe 3 benötigen sie allerdings das verkürzte Baumdiagramm. Man kann überlegen, ob nicht alle SuS diese Aufgabe bearbeiten müssen, wenn man im Folgenden die verkürzten Baumdiagramme nicht benötigt.

6 Aufgabenset zur Kombinatorik

Bekannte Kontexte in der Stochastik nutzen.

Die Aufgaben zur Kombinatorik auf KV 6 dienen zur Übung und Festigung stochastischer Inhalte. Sie können ohne Baumdiagramme bearbeitet werden, die SuS müssen sich nur überlegen, wie viele Möglichkeiten es jeweils gibt. Sprachlich sind die Aufgaben nicht so anspruchsvoll, nur zwei Begriffe werden mit Fußnoten erklärt. Je nach Lerngruppe kann es aber erforderlich sein, mehr Worte zu erklären, damit die Kontexte verstanden werden. Die SuS können mit diesem Aufgabenset auch wieder verstärkt den Umgang mit Textaufgaben trainieren (→ S. 23).
Bei Aufgabe 2a sollen die SuS zunächst selbst Wörter mit drei oder mehr Buchstaben finden, bevor sie für bestimmte Kombinationen Wahrscheinlichkeiten berechnen. Dies ist eine gute Gelegenheit, den allgemeinen Wortschatz zu trainieren und sich gegenseitig die Wörter zu erklären, die nicht alle kennen. Damit die SuS nicht bei diesem Aufgabenteil „steckenbleiben", gibt es für diesen Teil eine Zeitvorgabe.

TIPP Wenn die SuS Schwierigkeiten mit den Aufgaben haben, kann man sie auffordern, sich die beschriebene Situation bildlich darzustellen. Oft gelingt dann das Bearbeiten leichter.

7 Sätze korrigieren

Kreativ Fehler verbessern.

Auf dieser KV sollen die SuS Fehler in Aussagen zur Stochastik finden (→ Werkzeug Unsinnige Sätze, S. 209). Dabei sollten sie mit den benötigten Formulierungen und mit der Denkweise vertraut sein, sodass es günstig ist, diese Aufgabe erst zum Ende der Einheit bearbeiten zu lassen.
Dennoch sollte man auch hier überlegen, ob die Sätze zunächst gemeinsam gelesen werden, damit Fachbegriffe geklärt werden können. Beim Lesen werden einige SuS auch schon feststellen, an welcher Stelle ein Satzteil abgetrennt werden kann, um aus diesem Teil einen neuen, sinnvollen Satz zu erstellen.
Haben die SuS Schwierigkeiten zu erkennen, was ein sinnvoll zu entnehmender Satzteil ist, kann dies gemeinsam besprochen und auf dem Arbeitsblatt unterstrichen werden – oder die Lehrkraft bietet eine Hilfekarte an, bei der die einzelnen Satzteile markiert sind. Als weitere sprachliche Hilfen können die SuS ihr Glossar oder die Definitionen auf anderen Kopiervorlagen (z. B. KV 5a Baumdiagramme) verwenden.
Die korrigierten Sätze sollten unbedingt gewürdigt werden. Dies kann über eine Präsentation mit Dokumentenkamera, auf Folie oder an der Tafel erfolgen (an der Tafel ergibt sich allerdings die erhöhte Schwierigkeit, dass der Text erneut geschrieben werden muss). Dies kann sukzessive erfolgen, immer wenn ein Satz fertig ist.
Für die Reflexion sollte man sich Zeit nehmen, um neben den Inhalten auch an der Grammatik und an der Fachsprache Korrekturen vorzunehmen.

TIPP Um nicht zu viel Kritik an den Sätzen zu üben und nicht im Heft alles durchzustreichen, können die gemeinsam verbesserten Sätze an der Tafel erstellt werden.

Möglichkeiten zur Differenzierung

Die Aufgabenstellung wirkt binnendifferenzierend, da nicht alle Kombinationen gefunden werden müssen, außerdem können unterschiedlich viele Sätze korrigiert werden.

8 Concept-Map zur Stochastik

Fachbegriffe vernetzen.

Das Erstellen einer Concept-Map dient dem Reflektieren eines Themas: Welche Begriffe hängen zusammen? Was verknüpft die verschiedenen Begriffe miteinander? Im Gegensatz zur Mind-Map, die ein assoziatives Gedankennetzwerk darstellt, bei dem kein „richtig" oder „falsch" existiert, werden hier die Verknüpfungen explizit benannt und Zusammenhänge können korrekt oder falsch dargestellt werden.

Die auf KV 8 vorgegebenen Fachbegriffe müssen zunächst von den SuS reduziert werden. Auf der Kopiervorlage werden aber nicht nur die Fachbegriffe angeboten, sondern auch mögliche Verknüpfungen, denn diese sind für die SuS besonders schwierig zu finden. Außerdem ist es empfehlenswert, dass die SuS die Concept-Map in einer Gruppe anfertigen, damit die einzelnen Entscheidungen diskutiert und somit vertieft werden. Die Diskussion wird erleichtert, wenn die Begriffe auf kleine Kärtchen geschrieben werden: So kann die Lage der Karten verändert und die Verbindungen können zunächst pantomimisch gezeigt werden, bevor geeignete (fachsprachliche) Verbindungen gefunden werden.

Es wird davon ausgegangen, dass die SuS die Methode Concept-Map bereits kennen. Ist dies nicht der Fall, kann sie beispielsweise mit der Checkliste zur Concept-Map eingeführt werden (→ Werkzeug Concept-Map, S. 154).

Definitionen erkennen

Eine **mathematische Definition** legt einen Begriff eindeutig fest. Eine Definition enthält nur die Informationen, die unbedingt nötig sind, aber auch genügend Informationen, **damit man den Begriff nicht mit anderen Begriffen verwechseln kann**. Eine Definition ist eine Verabredung zwischen allen Menschen, was man unter einem Fachbegriff genau verstehen möchte.

Beispiel
Definition: Eine Raute ist ein Viereck mit vier gleich langen Seiten.
Unzureichende Beschreibung: Eine Raute ist eine Figur, bei der alle Seiten gleich lang sind.
→ Das ist keine Definition, da auch ein regelmäßiges Fünfeck diese Bedingung erfüllt.
Oder: Es gibt Salmiakbonbons, die die Form einer Raute haben.
→ Das ist keine Definition, da nicht klar wird, welche Eigenschaften eine Figur haben muss, um ein Viereck zu sein.
Auflistung der Eigenschaften: Eine Raute ist ein Viereck mit vier gleich langen Seiten. Gegenüberliegende Winkel sind gleich groß. Die Diagonalen stehen senkrecht aufeinander und halbieren sich gegenseitig.
→ Das ist keine Definition, weil nicht nur die definierenden Eigenschaften genannt werden, sondern auch Eigenschaften, die sich daraus ableiten lassen. Eine Definition ist immer so kurz wie möglich!

Auch die folgenden Texte sind inhaltlich richtig, aber nur jeweils ein Text genügt den Kriterien einer mathematischen Definition.

a. Lies die Texte genau.
b. Falls du der Meinung bist, dass ein Text keine Definition ist: Markiere die Informationen, die man nicht benötigt bzw. schreibe auf, welche Informationen für eine eindeutige Definition fehlen.
c. Besprich mit deinem Nachbarn: Welche Texte können Definitionen sein?
d. Wenn du die Definitionen gefunden hast, übertrage sie in dein Heft.

Fairer Würfel	
Bei einem fairen Würfel ist die „1" genauso wahrscheinlich wie die „2", die „3", die „4", die „5" und die „6". Es gibt auch faire Würfel, die nur vier Seiten haben, das sind Tetraederwürfel.	Ein Würfel ist fair, wenn alle Zahlen mit der gleichen Wahrscheinlichkeit gewürfelt werden.

Laplace-Experiment	
Bei einem Laplace-Experiment sind alle möglichen Ergebnisse gleich wahrscheinlich.	Das Würfeln mit einem fairen Würfel ist ein Laplace-Experiment.

Ereignis und Gegenereignis	
Das Ereignis „gerade Zahl" beim Würfeln bedeutet das Ergebnis „2", „4" oder „6". Das Gegenereignis von „gerade Zahl" ist „ungerade Zahl". Da Würfeln ein Laplace-Experiment ist, haben beide Ereignisse die Wahrscheinlichkeit 3/6 (Anzahl der günstigen Ergebnisse geteilt durch die Anzahl der möglichen Ergebnisse).	Bei einem Zufallsexperiment kann man beliebig viele mögliche Ergebnisse zu einem Ereignis zusammenfassen. Das kleinste mögliche Ereignis ist die leere Menge (kein mögliches Ergebnis, Wahrscheinlichkeit 0) und das größte mögliche Ereignis ist die gesamte Ergebnismenge (alle möglichen Ergebnisse, Wahrscheinlichkeit 1). Das Gegenereignis enthält alle Ergebnisse, die nicht zum Ereignis gehören.

Praxishandbuch Sprachbildung Mathematik
Sprachsensibel unterrichten – Sprache fördern
ISBN 978-3-12-666851-4

Aussagen zur Wahrscheinlichkeit

Überlegt euch gemeinsam, ob die folgenden Aussagen wahr sind.

Begründet eure Urteile schriftlich.

Für eure Begründungen könnt ihr die Fachbegriffe verwenden, die unten erklärt sind.

Geht im Folgenden davon aus, dass mit einem sechsseitigen fairen Würfel gewürfelt wird.

1. Eine „6" zu würfeln ist weniger wahrscheinlich als eine „2" zu würfeln, weil zwei kleiner als sechs ist.
2. Wenn man 20-mal keine „6" gewürfelt hat, ist die Wahrscheinlichkeit, dass beim nächsten Wurf eine „6" erscheint, größer als ein Sechstel.
3. Die Wahrscheinlichkeit für das Würfeln einer „3" ist ein Sechstel.
4. Wenn man 6000-mal würfelt, wird man vermutlich ungefähr 1000-mal eine „6" würfeln.
5. Die Wahrscheinlichkeit für das Würfeln einer geraden Zahl beträgt 50 %.
6. Die Wahrscheinlichkeit für das Würfeln einer „7" ist Null.
7. Wenn man mit zwei Würfeln würfelt, ist die Wahrscheinlichkeit für das Werfen eines Paschs[1] ein Sechstel.
8. Die Wahrscheinlichkeit für alle möglichen Ergebnisse zusammen liegt immer bei 1.
9. Wenn man 6-mal würfelt, beträgt die Wahrscheinlichkeit, dass man dabei mindestens eine „6" gewürfelt hat, genau 1.

Ein **Zufallsexperiment** ist ein Experiment, bei dem man das Ergebnis nicht vorhersagen[2] kann. Das Ergebnis hängt vom Zufall ab.

Ein **Ergebnis** ist ein Ausgang eines Zufallsexperiments. Beim Würfeln sind die Zahlen von „1" bis „6" die möglichen Ergebnisse.

Sind bei einem Zufallsexperiment alle Ergebnisse gleich wahrscheinlich, nennt man das Experiment ein **Laplace-Experiment**.

Die **relative Häufigkeit** für ein Ergebnis gibt an, wie oft das Ergebnis im Verhältnis zu allen Versuchen aufgetreten ist. Hat man zum Beispiel 10-mal gewürfelt und dabei dreimal die „5" gewürfelt, ist die relative Häufigkeit des Würfelns einer „5" $\frac{3}{10} = 0{,}3$

Ein **Ereignis** ist in der Mathematik eine Menge von Ergebnissen. Zum Beispiel ist das Würfeln einer geraden Zahl ein Ereignis, das die Ergebnisse „2", „4" und „6" beinhaltet.

Die **Wahrscheinlichkeit** ist ein theoretischer Wert. Bei Laplace-Experimenten kann man Wahrscheinlichkeiten von Ereignissen berechnen, indem man die Anzahl der günstigen Ergebnisse (also der Ergebnisse, die zu dem Ereignis gehören) durch die Anzahl aller möglichen Ergebnisse teilt. Die Wahrscheinlichkeit, eine „gerade Zahl" mit einem fairen Würfel zu würfeln, beträgt also 3/6.

1 Bei einem Pasch zeigen beide Würfel die gleiche Zahl.
2 Vorhersagen heißt, dass man sagt, wie etwas geschehen wird. Man sagt ein Ereignis also schon vorher, bevor es kommt.

Praxishandbuch Sprachbildung Mathematik
Sprachsensibel unterrichten – Sprache fördern
ISBN 978-3-12-666851-4

Das schwache Gesetz der großen Zahl

Du kennst den Begriff der relativen Häufigkeit aus dem Experiment und den Begriff der Wahrscheinlichkeit als theoretischen Begriff. Das schwache Gesetz der großen Zahl stellt die Verbindung von Theorie und Experiment her:
Stell dir ein **Experiment mit sehr, sehr vielen Wiederholungen** eines Zufallsexperiments vor. Nun stelle dir **sehr, sehr viele dieser sehr, sehr langen Experimente** vor.
Das **schwache Gesetz der großen Zahl** besagt, dass der **Mittelwert** dieser langen Experimente (also die relative Häufigkeit) die **Wahrscheinlichkeit** ergibt.

Das Gesetz sollst du durch ein Beispiel besser verstehen: Betrachte einen fairen Würfel. Die Wahrscheinlichkeit eine „6" zu würfeln liegt bei 1/6. Um zu prüfen, ob die relative Häufigkeit für sehr viele, lange Würfelexperimente auch bei 1/6 liegt, sollst du nicht würfeln, sondern ein Tabellenkalkulationsprogramm nutzen. Damit kannst du solche langen Experimente *simulieren* (also so tun, als ob du die Experimente durchführen würdest).

a. Öffne ein **Tabellenkalkulationsprogramm.**
b. **Einen Würfelwurf simulieren**: Trage in die erste Zelle[1] den Befehl **=Zufallsbereich (1;6)** ein. Dieser Befehl gibt, immer wenn du die Tasten **F9** (z. B. bei Excel) bzw. **Strg+Umschalt+F9** (z. B. bei Libre OfficeCalc) drückst, zufällig eine ganze Zahl zwischen 1 und 6 aus.

	A	B
1	= Zufallsbereich(1;6)	
2		

c. **Viele Würfe simulieren:** Du kopierst diesen Eintrag durch Ziehen an der unteren rechten Ecke bis zur Spalte J und dann ziehst du – wenn noch alle Zahlen markiert sind – nach unten, bis du die Zeilen von 1 bis 10 (oder noch mehr) ausgefüllt hast.

	A	B	C	D	E	F	G	H	I	J	K	L
1	1	2	6	4	5	6	5	6	2	2	0,3	= MITTELWERT(K$1:K1)
2	6	3	6	6	5	2	2	1	1	3	0,3	
3	1	2	6	4	6	1	6	3	4	3	0,3	
4	3	1	1	2	5	2	5	2	4	5	0	
5	1	5	1	3	5	4	1	3	6	6	= ZÄHLENWENN(**A5:J5**;6)/10	
6	2	4	1	6	5	5	2	4	4	6		
7	6	1	3	1	4	1	4	1	1	2		
8	4	1	4	2	4	4	1	5	6	6		
9	4	3	4	6	1	2	4	3	3	3		
10	3	1	6	5	2	4	4	2	4	6		

1 Jedes Kästchen in der Tabelle ist eine **Zelle**. Jede Zelle hat einen Namen, zum Beispiel ist in der Tabelle in die Zelle A1 etwas eingetragen. Der Buchstabe A gibt an, dass es die erste **Spalte** ist, die Zahl 1 gibt an, dass es die erste **Zeile** ist.

Praxishandbuch Sprachbildung Mathematik
Sprachsensibel unterrichten – Sprache fördern
ISBN 978-3-12-666851-4

d. **Sechsen zählen:** Du bestimmst die Anzahl an Würfen mit dem Ergebnis „6" in Zeile 1, indem du den Befehl **=ZÄHLENWENN(A1:J1;6)** in die Zelle in K1 einträgst.

e. Bestimmen der **relativen Häufigkeit**: Wenn du diese Anzahl durch 10 teilst, erhältst du die relative Häufigkeit für das Auftreten einer „6" in diesen 10 Würfen. Der ganze Befehl lautet dann **=ZÄHLENWENN(A1:A10;6)/10**. Nun ziehst du wieder an der unteren rechten Ecke der Zelle bis zur Zelle K10.

f. **Mittelwert der relativen Häufigkeiten**: Gib **=Mittelwert(K$1:K1)** in die Zelle L1 ein und ziehe wieder an der rechten Ecke nach unten. In der Zelle L1 steht nun der gleiche Wert wie in der Zelle K1, aber in Zelle L2 steht der Mittelwert von K1 und K2, ... in Zelle L10 dann der Mittelwert für die 10 Experimente.

Du kannst nun noch viel mehr Experimente durchführen. Dazu musst du nur die Zellen A10 bis L10 markieren und an der unteren rechten Ecke nach unten ziehen. Du kannst so sehr, sehr viele Experimente durchführen, jedes Experiment besteht aus 10 Würfen.

1 Fülle die Lücken aus.

TIPP: Du kannst oben nachgucken.

Das schwache Gesetz der .... Zahl besagt, dass bei sehr, sehr vielen sehr langen Experimenten die .... Häufigkeit für das Auftreten eines Ereignisses so groß wird wie seine Wahrscheinlichkeit.

Die Wahrscheinlichkeit für das Würfeln einer „6" beträgt ....

2 Stelle jetzt das Gesetz der großen Zahl dar.

a. Markiere die Spalte L.

b. Gehe auf Einfügen – Diagramm (z. B. bei Excel) oder Einfügen – Objekt – Diagramm (z. B. bei LibreOfficeCalc).

c. Wähle Liniendiagramm – Fertig stellen.

3 Beschreibe dein Diagramm.

Denke daran, **alle Punkte** zu benennen, auch wenn du dein Diagramm nicht vollständig beschriftet hast (Überschrift, Achsenbeschriftungen, Thema, Beschreibung der Kurve und zusammenfassende Aussage).

Folgende Formulierungen können dir helfen:

- In dem Diagramm ist ... dargestellt
- auf der x-Achse ist ..., auf der y-Achse ist ... aufgetragen
- Hier wurden ... Experimente zu je ... Würfen durchgeführt.
- Bei den ersten ... Experimenten schwankt die relative Häufigkeit zwischen ... und...
- Je mehr Experimente ..., desto ...
- Insgesamt sieht man, dass ...

ISBN 978-3-12-666851-4

Durchführung eines Zufallsexperiments

Heute sollst du mit einem Partner ein Zufallsexperiment durchführen. Schreibe danach ein Stundenprotokoll darüber. Du schreibst also auf, was du in der Stunde gemacht hast.

Aufgaben:

1. Geht zu zweit oder zu dritt zusammen.
2. Wählt euch ein Zufallsexperiment aus. Das Experiment sollte höchstens zwei Stufen enthalten (also höchstens zweimal würfeln oder Ähnliches). Entwickelt für dieses Experiment eine Gewinnregel.
3. Stellt eine Vermutung auf, wie wahrscheinlich ein Gewinn bei eurem Experiment ist. Begründet eure Vermutung.
4. Führt euer Experiment mehrfach durch. Sammelt die Ergebnisse erst in einer Strichliste. Übertragt die Ergebnisse dann in eine Tabelle oder fasst sie in einem Text zusammen.
5. Wertet euer Experiment aus. Vergleicht dazu die relative Häufigkeit[1] und die geschätzte Wahrscheinlichkeit[2] für einen Gewinn.
6. Überlegt euch, ob man mit eurem Experiment beweisen kann, dass eure geschätzte Wahrscheinlichkeit stimmt beziehungsweise nicht stimmt.

Schreibe nun ein Stundenprotokoll:

Beginne mit der **Überschrift** und dem **Datum**.
Anschließend schreibst du auf, welche **Aufgaben** gestellt wurden und **was du herausgefunden hast**.
Schreibe alles so auf, dass ein Klassenkamerad, der heute fehlt, nachlesen kann, **was du gelernt hast**.

Beispiel für den Beginn eines Stundenprotokolls:

Würfelexperiment

Namen: Rayhanne, Sarah 13.01.2015

Wir haben uns heute folgendes **Experiment** ausgesucht: Würfeln mit zwei fairen Würfeln.
Als **Gewinnregel** haben wir überlegt: Wenn man einen Pasch (zwei gleiche Augenzahlen) würfelt, gewinnt man.
Unsere **Vermutung** ist: Man gewinnt mit einer Wahrscheinlichkeit von ein Sechstel.
Um unsere Vermutung zu **überprüfen**, haben wir unser Experiment …-mal **durchgeführt**. Bei den … Würfen hatten wir …-mal einen Pasch. Die **relative Häufigkeit** für einen Pasch betrug daher …!
In unserem Experiment hatten wir (häufiger/seltener) einen Gewinn, **als wir vermutet** hatten. …

1 Die relative Häufigkeit ist das Verhältnis von Treffern zu durchgeführten Versuchen. Hat man 20-mal gewürfelt und dabei 3 Sechsen gewürfelt ist die relative Häufigkeit für eine Sechs $\frac{3}{20}$.

2 Die Wahrscheinlichkeit P für Laplace-Experimente (das sind Experimente, bei denen alle Ausgänge gleich wahrscheinlich sind) ist das Verhältnis von günstigen zu allen möglichen Ausgängen des Experiments.

Praxishandbuch Sprachbildung Mathematik
Sprachsensibel unterrichten – Sprache fördern
ISBN 978-3-12-666851-4

Baumdiagramme

1 Lies den Text. Fülle folgende Worte in die Lücken:

abzählen – dem – einen – günstige – Kekse – Pfade – vier – zwanzig

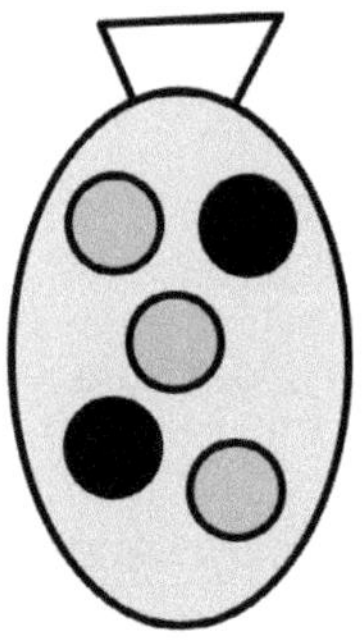

Ziehen von Keksen
In einem Beutel sind fünf Kekse, zwei davon mit Schokolade (S), die anderen ohne (O). Gizem darf zweimal in den Beutel greifen.
Diese Situation ist ein zweistufiges Zufallsexperiment. Du kannst sie in einem Baumdiagramm darstellen. **Ein Baumdiagram ist eine informative Figur.**

Bei einem Baumdiagramm beginnst du an dem Punkt, an .... die ersten Äste (Verbindungsstrecken) starten. Für jede Möglichkeit gibt es .... Ast.

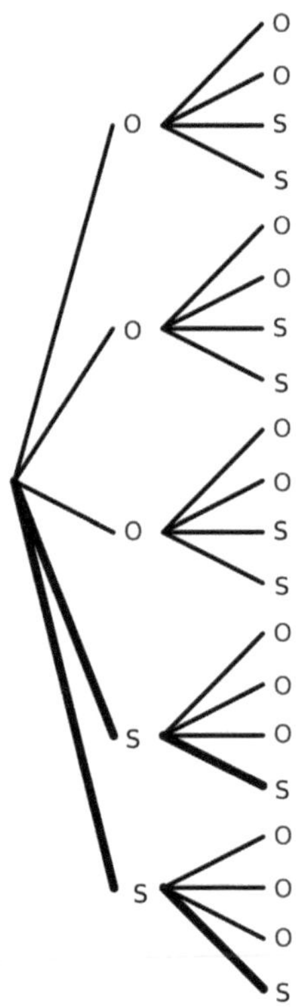

Das ausführliche Baumdiagramm (Abbildung rechts):
Ausführliche Baumdiagramme eignen sich für die Darstellung von Laplace-Experimenten.

Du ziehst zuerst einen der fünf .... Im Baumdiagramm zeichnest du daher fünf Äste.

Dann ziehst du einen der .... übrigen Kekse. Daher zeichnest du an jeden der fünf Äste vier neue Äste.

Insgesamt hast du dann fünfmal vier neue Äste, also zwanzig Äste.

Jeden Weg von ganz links nach ganz rechts bezeichnet man als Pfad. Hier gibt es 20 ....

Da es sich um ein Laplace-Experiment handelt, können wir die Wahrscheinlichkeit P berechnen: $P = \frac{\text{günstige Möglichkeiten}}{\text{alle Möglichkeiten}}$.

Die Wahrscheinlichkeit für das Ziehen von zwei Schokoladenkeksen kannst du also ....: Es gibt zwei Pfade, die nur Schokoladenkekse enthalten (S;S), also zwei .... Möglichkeiten, insgesamt gibt es .... Pfade, also zwanzig Möglichkeiten, zwei Kekse auszuwählen. Daher ist die Wahrscheinlichkeit $P(S;S) = \frac{2}{20} = \frac{1}{10}$

2 Bestimme mit Hilfe des Baumdiagramms die Wahrscheinlichkeit P für

a. zwei Kekse ohne Schokolade P(O;O),
b. zuerst einen Keks ohne und dann einen Keks mit Schokolade P(O;S),
c. einen Keks mit und einen ohne Schokolade[1] zu ziehen P(O und S).

1 Hier ist die Reihenfolge nicht angegeben. Daher musst du beide Fälle (erst mit oder erst ohne Schokolade) berücksichtigen.

Praxishandbuch Sprachbildung Mathematik
Sprachsensibel unterrichten – Sprache fördern
ISBN 978-3-12-666851-4

Baumdiagramme

1 Lies den Text. Fülle folgende Worte in die Lücken:

Ast – ein – drei – Wahrscheinlichkeit – Ziehen

Das verkürzte Baumdiagramm und die Pfadregeln
Stell dir vor, in dem Beutel wären nicht nur 5 sondern insgesamt 20 Kekse. Dann wäre ein ausführliches Baumdiagramm sehr mühsam und unübersichtlich zu zeichnen.

Besser ist es, wenn man **gleiche Pfade zusammenfasst.**
Betrachte hierfür wieder das Beispiel mit den fünf Keksen im Beutel. Du zeichnest jetzt nur für jede der verschiedenen Möglichkeiten einen ...., also einen für das Ziehen eines Schokoladenkekses und einen für das Ziehen eines Kekses ohne Schokolade.

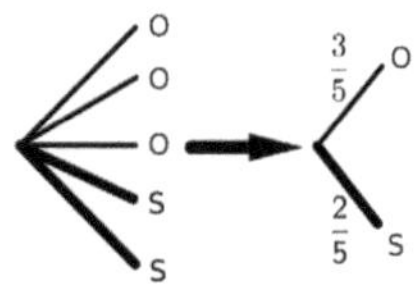

Nun sind die beiden Äste nicht gleich wahrscheinlich, denn es gibt mehr Kekse ohne Schokolade als mit Schokolade. Daher schreibst du an jeden Ast die ...., mit der dieser Ast gewählt wird. Da beim ersten .... drei von fünf Keksen ohne Schokolade sind, ist die Wahrscheinlichkeit für das Ziehen eines solchen Kekses 3/5.
Genau so gehst du auch beim zweiten Ziehen vor: Es sind nur noch vier Kekse im Beutel. Wenn schon ein Schokoladenkeks gezogen wurde, ist noch .... Schokoladenkeks im Beutel, ... von vier Keksen sind ohne Schokolade. Wurde allerdings zuerst ein Keks ohne Schokolade gezogen, beträgt die Wahrscheinlichkeit für einen Schokoladenkeks beim zweiten Ziehen 2/4 = 1/2, da von den vier übrig gebliebenen Keksen zwei mit Schokolade sind. Die Wahrscheinlichkeit für das Ziehen eines Kekses ohne Schokolade beträgt dann ebenfalls 1/2.

Die Wahrscheinlichkeit für **einen Pfad** kannst du nun nicht mehr abzählen, aber du kannst sie ausrechnen: **Multipliziere** die Wahrscheinlichkeiten, die an den Ästen stehen, miteinander.

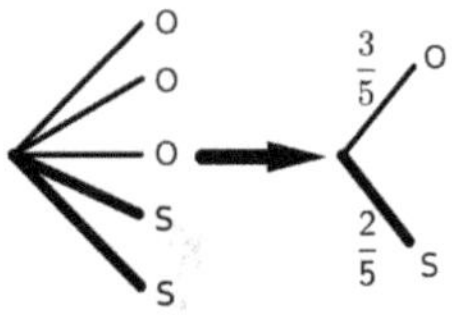

Möchte man die Wahrscheinlichkeit eines Ereignisses berechnen, das **mehrere Pfade** umfasst, **addiert** man die Wahrscheinlichkeiten der Pfade. Betrachtet man zum Beispiel das Ereignis „ein Keks mit und ein Keks ohne Schokolade", gehören dazu die Pfade (S;O) und (O;S).
P(S und O) = P(S;O) + P(O;S)

Verkürzte Baumdiagramme brauchst du auch, wenn du Experimente darstellen willst, die keine Laplace-Experimente sind (wie z. B. ein Glücksrad mit verschieden großen Feldern). Hier kannst du nicht abzählen, sondern musst die Wahrscheinlichkeiten berücksichtigen.

2 Begründe. Nutze dazu beide Baumdiagramme:

a. Die Wahrscheinlichkeit, zwei Kekse ohne Schokolade zu ziehen, beträgt $\frac{3}{10}$.

b. Die Wahrscheinlichkeit insgesamt[1] einen Schokoladenkeks und einen Keks ohne Schokolade zu ziehen, beträgt $\frac{12}{20} = \frac{3}{5}$.

3 Zeichne ein verkürztes Baumdiagramm für einen Beutel mit 20 Keksen, 12 ohne und 8 mit Schokolade.

Es sollen nacheinander zwei Kekse gezogen werden.
Bestimme die Wahrscheinlichkeit, dass nun zwei Schokoladenkekse gezogen werden.

1 Insgesamt bedeutet hier, dass die Reihenfolge egal ist, du kannst also erst den Schokoladenkeks oder erst den Keks ohne Schokolade ziehen, beim zweiten Ziehen musst du dann die andere Kekssorte ziehen.

Praxishandbuch Sprachbildung Mathematik
Sprachsensibel unterrichten – Sprache fördern
ISBN 978-3-12-666851-4

Baumdiagramme

Bei den folgenden Aufgaben ist es ganz wichtig, dass du die Formulierungen genau liest.

Genau zweimal treffen heißt, zweimal treffen, aber nicht häufiger.
Höchstens zweimal treffen heißt, keinmal, einmal oder zweimal treffen.
Mindestens zweimal treffen heißt, zweimal oder häufiger treffen.
Bei einem **Laplace-Experiment** sind alle Ergebnisse gleich wahrscheinlich.
Mit Zurücklegen bedeutet, dass beim zweiten Durchgang alles so ist, wie beim ersten. Beim Würfeln zum Beispiel hast du jedes Mal alle Zahlen zur Verfügung.
Ohne Zurücklegen bedeutet, dass das, was beim ersten Mal erschienen ist, nicht wieder dabei ist. Wenn man zum Beispiel einen Keks aus einer Dose zieht, legt man ihn nicht zurück; beim nächsten Ziehen ist dann ein Keks weniger in der Dose und die Wahrscheinlichkeiten ändern sich.

1 Maras Schwester Lili hat noch sechs Gummibärchen, zwei davon sind rot. Lili zieht zufällig zwei Gummibärchen aus der Tüte und gibt sie Mara.

a. Begründe: Dies ist ein Zufallsexperiment ohne Zurücklegen.
b. Zeichne das zugehörige Baumdiagramm.
c. Wie groß ist die Wahrscheinlichkeit, dass Mara
- kein rotes Gummibärchen bekommt?
- mindestens ein rotes Gummibärchen bekommt?

2 Ein Glücksrad ist in drei Felder unterteilt: 90° sind schwarz, 120° sind grau und der Rest ist weiß. Das Glücksrad wird zweimal gedreht.

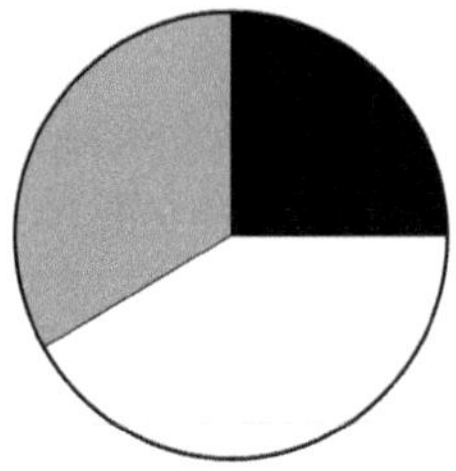

a. Erkläre: Es handelt sich bei dem Spiel nicht um ein Laplace-Experiment, aber es lassen sich trotzdem Wahrscheinlichkeiten für die Felder angeben.
b. Zeichne zu dem Spiel ein Baumdiagramm.
c. Bestimme die Wahrscheinlichkeit dafür,
- beim ersten Drehen Grau zu treffen,
- genau zweimal Grau zu treffen,
- mindestens einmal Schwarz zu treffen,
- höchstens einmal Weiß zu treffen.

3 Erin trifft beim Freiwurf (Wurf auf den Basketballkorb) mit einer Wahrscheinlichkeit von 65 % den Korb. In einem Spiel erhält Erin 3 Freiwürfe.

a. Zeichne das zugehörige Baumdiagramm.
b. Wie groß ist die Wahrscheinlichkeit, dass Erin
- beim zweiten Wurf trifft?[1]
- genau dreimal trifft?
- mindestens einmal trifft?

1 Bei dieser Fragestellung ist es egal, ob er beim ersten oder dritten Wurf auch trifft oder nicht.

Praxishandbuch Sprachbildung Mathematik
Sprachsensibel unterrichten – Sprache fördern
ISBN 978-3-12-666851-4

Aufgabenset zur Kombinatorik

1 Die letzte Klassenarbeit ist nicht so gut ausgefallen. Der Lehrer schreibt den Notenspiegel[1] an die Tafel:

Note	1	2	3	4	5	6
Anzahl	1	3	7	6	4	2

Der Lehrer zieht ein Heft zufällig aus dem Stapel.
Wie groß ist die Wahrscheinlichkeit, dass ...

a. die Note dieser Arbeit eine 6 ist?

b. die Note dieser Arbeit besser als 4 ist?
Erkläre jeweils deine Rechnung.

2 In einem Beutel sind die Buchstaben S, E, I, T, E und N. Es wird fünfmal nacheinander gezogen. Jedes Mal wird der Buchstabe hingelegt, sodass am Ende ein Wort aus fünf Buchstaben entsteht.

a. Finde mindestens fünf sinnvolle Wörter mit drei oder mehr Buchstaben[2], die dabei entstehen können. Nimm dir dafür vier Minuten Zeit.

b. Wie viele verschiedene Buchstabenkombinationen kannst du aus den fünf Buchstaben S, E, I, T und N bilden? Unterscheide dabei nicht, ob es die „Wörter" gibt oder nicht, jede mögliche Kombination aus fünf Buchstaben ist also ein „Wort".

c. Bestimme die Wahrscheinlichkeit dafür, dass bei dem oben beschriebenen Ziehen aus dem Beutel das Wort SEITE entsteht. Beachte, dass nun im Unterschied zu Teilaufgabe b) der Buchstabe E doppelt vorkommt.
Erkläre jeweils deine Rechnung!

3 In der Klasse 9c wurde eine Umfrage gemacht, welche Sportart den nächsten Schwerpunkt im Sportunterricht bilden soll. Sieben Schüler wollen Basketball spielen, acht Schüler sind für Volleyball, neun Schüler wollen Fußball spielen, sechs Schüler wollen tanzen.

a. Stelle die Daten in einem Kreisdiagramm dar.

b. Der Sportlehrer wählt einen Schüler aus der Klasse aus. Wie groß ist die Wahrscheinlichkeit, dass dieser Schüler am liebsten tanzen möchte?

c. Der Sportlehrer wählt einen zweiten Schüler aus.
Begründe: Die Wahrscheinlichkeit, dass dieser Schüler auch am liebsten tanzen möchte, ist nun anders. Die Wahrscheinlichkeit hängt davon ab, ob der erste Schüler am liebsten tanzt oder eine Ballsportart bevorzugt.
Bestimme die Wahrscheinlichkeiten für die beiden Fälle:
(1) Beide Schüler tanzen am liebsten.
(2) Der erste Schüler spielt lieber eine Ballsportart und der zweite tanzt am liebsten.

1 Bei einer Klassenarbeit spricht man von dem Notenspiegel, wenn man die Übersicht über die Noten meint. Der Notenspiegel gibt also an, wie viele Schüler welche Note haben.
2 Drei oder mehr Buchstaben bedeutet hier drei Buchstaben oder vier Buchstaben oder fünf Buchstaben. (Sechs Buchstaben geht nicht, da nur fünfmal gezogen wird).

Praxishandbuch Sprachbildung Mathematik
Sprachsensibel unterrichten – Sprache fördern
ISBN 978-3-12-666851-4

Sätze korrigieren

Arbina hat im Mathematikunterricht nicht gut zugehört. Sie hat immer wieder etwas aufgeschrieben, aber ihre Satzteile passen leider nicht zusammen.
Nimm dir jeweils einen Teil von einem Satz und formuliere einen korrekten neuen Satz daraus. Du hast immer verschiedene Möglichkeiten, den Satz zu korrigieren und zu ergänzen.

Beispiel
Satz: Wenn alle Seiten gleich lang sind, ist das Dreieck rechtwinklig.
Korrektur: In einem rechtwinkligen Dreieck stehen die beiden kürzeren Seiten senkrecht aufeinander.
Oder: Bei einer Raute sind alle Seiten gleich lang.

Arbinas Sätze:
Bei einem Würfel sind die möglichen Ergebnisse Kopf oder Zahl.

Man spricht von einem Zufallsexperiment, wenn alle Ergebnisse gleich wahrscheinlich sind.

Wenn ich einen Würfel 100-mal werfe, kann ich daraus die Wahrscheinlichkeit für das Werfen einer „6" bestimmen.

Bei einem Zufallsexperiment mit Zurücklegen ist die Wahrscheinlichkeit Null.

Wenn bei einem Zufallsexperiment die Reihenfolge berücksichtigt wird, werden alle Wahrscheinlichkeiten addiert.

In einem Baumdiagramm trägt man die Hypothese (Vermutung) ein.

Bei einem fairen Würfel hängt die Wahrscheinlichkeit von der Reihenfolge ab.

Die Augensumme beim zweimaligen Würfeln erhält man als Summe aller Seitenlängen.

Die Wahrscheinlichkeit, beim zweimaligen Werfen einer Münze mindestens einmal Zahl zu werfen, ist immer eins.

Wenn beim viermaligen Werfen einer Münze mehr als zweimal eine Zahl geworfen wird, ist das ein unmögliches Ereignis.

Praxishandbuch Sprachbildung Mathematik
Sprachsensibel unterrichten – Sprache fördern
ISBN 978-3-12-666851-4

Concept-Map zur Stochastik

Erstelle zum Thema Stochastik eine Concept-Map.

- Du kannst dazu Fachbegriffe, Verben und Symbole aus der Tabelle verwenden.
- Schreibe dir die wichtigsten Begriffe auf Karten. Zeichne dir auch Symbole zu den Begriffen, so kannst du dir Zusammenhänge später besser merken.
- Ordne die Karten dann so an, dass du die Verbindungen zwischen den Begriffen gut einzeichnen kannst.
- Klebe die Begriffe auf ein Plakat.
- Zeichne die Verbindungen ein.
- Schreibe an die Verbindungen, wie die Begriffe zusammenhängen.

Beispiel: der faire Würfel – ist ein Beispiel für – das Laplace-Experiment.

Fachbegriffe	Verben	Symbole
die Anzahl	schätzen	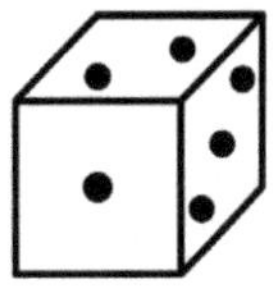
das Ergebnis	vermuten	
das Ereignis	testen	
die Strichliste	angeben	
die relative Häufigkeit	darstellen	
die Wahrscheinlichkeit	ablesen	
das Baumdiagramm	anzeigen	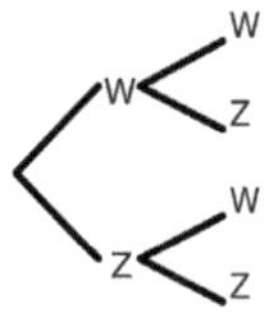
der faire Würfel	sich berechnen aus	
die Augenzahl	sich zusammensetzen aus	
die Augensumme	eintragen	
kleiner als	ist ein Beispiel für	
genau ein		
mindestens ein		
mit Reihenfolge		
ohne Reihenfolge		
mit Zurücklegen		
ohne Zurücklegen		
das Laplace-Experiment		
die Hypothese (Vermutung)		
das Zufallsexperiment		

Praxishandbuch Sprachbildung Mathematik
Sprachsensibel unterrichten – Sprache fördern
ISBN 978-3-12-666851-4

Motivierende Fortschritte: Ergebnisse aus der Unterrichtspraxis

Sprachsensibler Unterricht in der Praxis

Ziel des sprachsensiblen Unterrichts ist es, dass die SuS **Arbeitsaufträge bewältigen**. Dazu müssen sie …

- den **Mut** aufbringen, eine Aufgabe zu bearbeiten, obwohl sie einen sprachlichen Schwerpunkt hat,
- die Aufgabenstellung **verstehen**,
- die **Transformation** von Text in mathematische Sprache durchführen,
- die Aufgabe **fachlich bewältigen**,
- ihre Überlegungen **in schriftliche Form bringen**, wobei sie wieder eine Transformation vollbringen.

Ein weiteres Ziel ist es, dass die SuS Fachsprache verwenden, dies ist zunächst jedoch nachrangig. Die Aufgabenstellung ist für die SuS zumeist so anspruchsvoll, dass sie sich zunächst noch nicht fachsprachlich ausdrücken können. Sogar bei deutschmuttersprachlichen Kindern lässt sich folgendes Phänomen beobachten: Wenn Aufsätze im Deutschunterricht geschrieben werden, ist die Anzahl der Rechtschreibfehler signifikant größer, als wenn der gleiche Text als Diktat geschrieben wird. Dies deutet darauf hin, dass die Auswahl geeigneter Worte viele kognitive Ressourcen der SuS verbraucht.
In diesem Kapitel werden einige Schülerlösungen zu drei Aufgaben aus Klassenarbeiten vorgestellt. Die Texte wurden dabei so ausgewählt, dass sie möglichst verschiedene sprachliche Schwierigkeiten und Umgänge mit Sprache aufzeigen, sie sind dabei nicht repräsentativ.

Die ersten beiden Aufgaben sollen hauptsächlich zeigen, ob die SuS an der Sprache scheitern oder ob sie schon einen Weg gefunden haben, sich auszudrücken. Die dritte Aufgabe verfolgt ein weiteres Ziel: Was kann man – auch vom mathematisch-diagnostischen Standpunkt aus – aus einer Aufgabe herauslesen, die einen sprachlichen Schwerpunkt hat? Texte können Lösungsstrategien und vorhandene Fehlvorstellungen aufdecken und zeigen, wie das Fachwissen vernetzt wurde.

Die Weichen dafür, ob eine Aufgabe mehr liefert als ein „richtig" oder „falsch", werden durch die **Operatoren** gestellt, die in der Aufgabenstellung genannt werden. Während *Gib an …* nur ein Ergebnis einfordert, das auch geraten sein kann, fordert *berechne* bereits den Rechnungsweg mit ein. Dadurch können Fehler erkennbar sein, eine Unterscheidung zwischen Flüchtigkeits- und systematischem Fehler ist aber nicht möglich. Wird ein Text zur Lösung gefordert, so steigt für die SuS das sprachliche Anforderungsniveau. Dies wird auch in den Kompetenzen der Bildungsstandards deutlich: Lösungswege verständlich darzustellen gehört genauso zum Anforderungsbereich II wie das Übersetzen von symbolischer oder formaler Sprache in natürliche Sprache. Und auch der zweite Ansatzpunkt, der aufzeigt, wie tief das Verständnis der SuS von einem Sachverhalt ist, der Wechsel zwischen den Darstellungsformen, gehört zum Anforderungsbereich II.

Daher ist es wichtig, die SuS im Vorfeld im Mathematikunterricht an die Textproduktion heranzuführen, ihnen die Scheu zu nehmen, ihre Gedanken aufzuschreiben. Dazu gehört, bei den Operatoren zunächst einfache auszuwählen: Fordert man die SuS auf, ihren Lösungsweg zu beschreiben (rein deskriptiv), ist dies einfacher, als den Lösungsweg zu erklären (final), zu begründen (kausal) oder zu erläutern (beinhaltet erklären und begründen); kommentieren ist in diesem Sinne kein mathematischer Operator, er lässt das genaue Vorgehen offen. In der Tabelle rechts sind die vier Operatoren nebeneinandergestellt.

Die Situation in der Klasse

Die folgenden Arbeiten wurden in einer Klasse geschrieben, bei der etwa die Hälfte der SuS in Haushalten lebt, in denen Deutsch zu Hause nicht gesprochen wird. Von den deutsch-muttersprachigen Kindern haben fünf eine anerkannte Legasthenie. Die Texte wurden so ausgewählt, dass möglichst verschiedene Lösungsstrategien dargestellt werden können und insbesondere auch deutlich wird, wie SuS mit sprachlichen Schwierigkeiten diese Aufgaben bewältigen. Die vorgestellten Schülerlösungen stammen von verschiedenen SuS, um das Spektrum von Schülerlösungen zu zeigen. Nur von einem Schüler (Toni, Name geändert), wird zu jeder Fragestellung eine Lösung vorgestellt, um seinen individuellen Lernzuwachs zu verdeutlichen.

MATHEMATISCHE OPERATOREN

Aufgabe	Mögliche Lösung
Gizem mischt Apfelsaft mit Wasser im Verhältnis eins zu drei. Joris möchte wissen, wie hoch der Prozentanteil vom Apfelsaft ist.	$\frac{1}{1+3} = \frac{1}{4} = \frac{25}{100} = 25\%$ Der Anteil an Apfelsaft beträgt 25 %.
Beschreibe deinen Lösungsweg. (Umgangssprachliche Antwort möglich)	Ich **teile** eins durch die Summe von eins und drei und **erweitere** den Bruch dann mit 25.
Erkläre deinen Lösungsweg. (Abstraktere Ebene)	Ich **rechne** erst den **Anteil** an Apfelsaft aus und rechne die Angabe dann **in** eine **Prozentangabe um**.
Begründe deinen Lösungsweg. (Auch die Satzkonstruktionen werden komplexer)	Die Prozentangabe gibt an, wie viel Teile von Hundert Apfelsaft sind. **Um** das heraus**zu**finden, berechne ich zunächst den Anteil an Apfelsaft an der Apfelsaftschorle, das ist ein Viertel und erweitere dann mit 25 **um** Hundertstel **zu** erhalten.
Erläutere deinen Lösungsweg.	Als Erstes ermittle ich den **Anteil** an Apfelsaft an der Schorle, **indem ich** den einen Teil Apfelsaft durch die vier Teile, die sich aus der Summe von Wasser- und Apfelsaftteilen ergeben, dividiere. Diesen Quotienten erweitere ich mit 25, **um** eine Angabe in Hundertstel **zu** erhalten, aus der ich die Prozentangabe ablesen kann, **denn** Prozent sind eine Abkürzung für Hundertstel.

Beispiel 1: Diagramme beschreiben in Klasse 5

In diesem Beispiel geht es um das **Beschreiben** von Diagrammen (Klasse 5). Dies stellt eine Aufgabe mit geringem Anspruch dar, da Satzmuster und ein Schema zur Vorgehensweise aus dem Vorunterricht bekannt waren. Die Aufgabe ist dem Kompetenzbereich „Mathematisch kommunizieren" zuzuordnen, denn es sollen einfache mathematische Sachverhalte ausgedrückt und aus einer Abbildung Informationen entnommen werden (Anforderungsbereich I bis II).

Ausgangslage

Diagrammbeschreibungen wurden mit Hilfe des Schemas (→ UE 3 KV 5, S. 76) geübt.

Leistungsüberprüfung

- Beherrschen die SuS das Schema?
- Können sie einen strukturierten Text schreiben?
- Verwenden sie Fachsprache und fachsprachliche Redewendungen (*x-Achse, y-Achse, wird dargestellt, wärmer/kälter als*)?

Aufgabenstellung

Beschreibe das Diagramm. Erwähne bei den besonderen Werten
- den wärmsten Monat,
- den kältesten Monat,
- die größten Unterschiede, die zwei Monatsmittelwerte haben,
- und den größten Temperaturabfall von einem zum nächsten Monat.

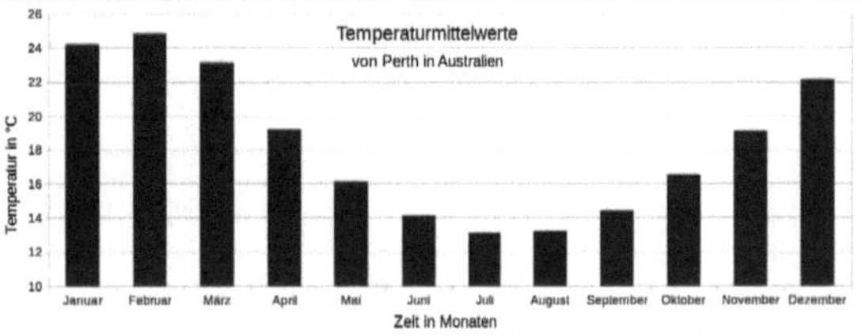

Ergebnisse

1. Alle Sus haben die Aufgabe bearbeitet.
2. Die meisten SuS haben zumindest zwei der vorgegebenen Kriterien benannt (wärmster/kältester Monat).
3. Alle SuS haben vollständige Sätze geschrieben.
4. Einige SuS haben zwar die Aufgabenstellung gelesen und die Satzbausteine verwendet, aber sie haben sich nicht an das Schema gehalten, das sonst im Unterricht verwendet wurde.
5. Vielen SuS fiel es schwer, zu einem Punkt der Anleitung mehrere Aussagen zu formulieren.

SCHÜLERTEXTE BEISPIEL 1

Schülertexte	Kommentar
Im Februar ist es am wärmsten und am Juli ist es am kältesten. Die größten Unterschiede sind im Februar und im Juli.	Schüler „Toni" hat nur **sehr wenig Text** produziert. Er hat sich dabei nur an der Aufgabenstellung orientiert, nicht an dem Schema, das geübt wurde. Die Formulierung *Unterschiede zwischen* scheint nicht vertraut, inhaltlich aber wurde die Formulierung der Aufgabe verstanden.
Das Diagramm zeigt, welcher Monat am Wärmsten ist. Am wärmsten ist der Januar. - Das Diagramm zeigt auch, welcher Monat am kältesten war. Hier waren es der Juli und der August. - Das Diagramm zeigt einen Monatsmittelwert (zb) 15°° und 5°° dan ist der Mittelwert 10°. Das diagramm zeigt einen Temperaturabfall, in diesem Diagram ist es vom April zum Mai am größten.	Auch diese Schülerin **orientiert sich nur an der Aufgabenstellung**, nicht am Schema. Allerdings berücksichtigt sie alle Anregungen. Temperaturangaben werden zum Teil mit zwei Gradzeichen versehen (wie bei Uhrzeiten). Die Schülerin erklärt das Prinzip der Mittelwertbildung an einem Beispiel von zwei Zahlen, ohne dabei auf die Werte der Abbildung einzugehen. Der größte Temperaturabfall wurde vermutlich inhaltlich verstanden, liegt knapp daneben (richtig wäre zwischen März und April).
1. Das Thema des Diagramms lautet Temperaturmittelwerte (von Perth in Australien). 2. Auf der x-Achse ist Zeit in Monaten dargestellt. 3. Auf der y-Achse ist Temperatur in °C dargestellt. 4. Im Diagramm ist die Temperatur in Australien dargestellt. 5. Am kältesten ist der Juli. 6. Am wärmsten ist der Februar.	Diese Schülerin **nutzt das Schema zur Diagrammbeschreibung**. Sie lässt Artikel mitunter weg, was auf ihren Migrationshintergrund zurückzuführen ist. Eine allgemeingültige Aussage fehlt, dafür werden die zwei Aussagen zu den „besonderen Werten" des Diagramms in zwei Punkten aufgeführt – so sind es 6 Punkte, wie in der Beschreibung üblich. Die Schülerin versucht, zwischen Thema und Beispiel zu unterscheiden, führt aber das Beispiel in Klammern schon beim Thema auf.
Das Thema des Diagramms heißt Temperaturmittelwerte von Perth in Australien. Es zeigt die Temperaturen in jedem Monat von Perth. Man kann auf der x-Achse die Zeit in Monaten erkennen und auf der y-Achse die Temperatur in °C. Der wärmste Monat im Diagramm ist der Februar und der kälteste ist der Juli.	Auch diese Schülerin orientiert sich am Schema, aber sie **findet eigene Formulierungen**. Obwohl die Schülerin ebenfalls einen Migrationshintergrund hat, ist der Text frei von Grammatik- und Rechtschreibfehlern. Offensichtlich hat sie sehr genau mit dem Schema gearbeitet, aber sie hat nicht alle Fragen aus der Aufgabenstellung beantwortet.

6. Es fiel den SuS schwer, zwischen Thema und Beispiel zu trennen.
7. Allgemeingültige Aussagen wie z.B. *„Da Perth auf der Südhalbkugel liegt, ist in Perth der Winter im Juli."* oder (Zitat einer Schülerin:) *„Jetzt weiß ich, wann ich am besten nach Perth reise"* wurden nur selten getroffen.

Schlussfolgerungen

Zu 4): In der Aufgabenstellung könnte man explizit das Schema einfordern:

„Beschreibe das Diagramm unten. Du kannst das Schema verwenden, das wir geübt haben, damit du keinen Punkt vergisst.
Erwähne bei …"

Diese Formulierung impliziert, dass die SuS sich nicht strikt an das Schema halten müssen, und es auch nicht mehr Punkte gibt, wenn sie die Reihenfolge einhalten. Somit können leistungsstarke SuS frei formulieren, leistungsschwächere das Schema abarbeiten. Als Binnendifferenzierung könnte man das Schema als Hilfe zulassen, die Lehrkraft notiert sich, wer das Schema zur Verfügung hatte, und kann dann entsprechend beurteilen.

Zu 5): Man könnte als Vorübung Aussagen vorgeben, die den einzelnen Punkten zugeordnet werden müssen (ähnlich wie beim Lebendigen Diagramm, → Werkzeug S. 200), nur dass die Aussagen nicht dem Diagramm, sondern den einzelnen Punkten der Anleitung zugeordnet werden müssen. So erkennen die SuS, zu welchen Punkten der Liste mehrere Sätze geschrieben werden müssen und welche Punkte zusammengefasst werden können.

Zu 6): Auch hier helfen Beispiele der Lehrkraft, die nur den zwei Punkten (Thema und Beispiel) zugeordnet werden müssen. Anschließend können sich die SuS in einer Reflexion Notizen machen, wie sie zukünftig vorgehen wollen, um beide Punkte zu berücksichtigen.

Zu 7): Dies ist zweifelsohne der anspruchsvollste Teil der Besprechung und es ist nicht von allen SuS der 5. Klasse zu erwarten, dass es gelingt, eine allgemeine Aussage zum Diagramm zu finden. Man sollte langfristig immer wieder Diagramme besprechen und in der Reflexion auf diesen Punkt kommen.

Beispiel 2: Einen Mathebrief schreiben in Klasse 5

Im zweiten Beispiel sollte in einer Arbeit ein **Mathebrief** verfasst werden (Klasse 5). Der Mathebrief hat einen Aufforderungscharakter, sorgt durch die direkte Ansprache für eine hohe Motivation. Die SuS müssen frei formulieren. Der Anspruch wird durch die Aufforderung zusätzlich gesteigert, Fachsprache zu nutzen. Damit liegt die Aufgabe im Anforderungsbereich II der Kompetenz „Mathematisch argumentieren": Eine überschaubare, mehrschrittige Argumentation soll erläutert und Lösungswege sollen beschrieben werden. Dazu kommt, dass es inhaltlich um eine Fehlerkorrektur geht, auch dies ist für SuS schwieriger, als eine Aufgabe selbst zu lösen.

Ausgangslage
Das Verfahren der schriftlichen Division ist aus der Grundschule bekannt und wurde im Unterricht wiederholt.

Leistungsüberprüfung
- Beantworten die SuS den Brief?
- Können sie die Fehler beschreiben?
- Finden die SuS die Fehler in den Rechnungen? Gelingt ihnen eine korrekte Rechnung?
- Halten sie sich an die Form (Anrede, Absätze, Unterschrift) und an die Rechtschreibung?
- Verwenden sie fachsprachliche Redewendungen? Sind diese korrekt?

Aufgabenstellung
Bei der Klassenarbeit gab es die Aufgabentypen A und B. Die beiden unterschieden sich in den Zahlbeispielen, die Fehlertypen waren gleich. Aufgeführt ist hier nur Aufgabenstellung A.

Beantworte den Brief. Vergiss nicht, eine Anrede zu schreiben und den Brief zu unterschreiben.
Verwende mindestens zwei der folgenden Fachwörter: *dividieren, subtrahieren, multiplizieren, addieren, Summe, Produkt, Quotient, Divisor, Faktor, Dividend, Subtrahend, Summand, Differenz*

Liebe 5b,
nachdem ich nun das schriftliche Subtrahieren von euch gelernt habe, dachte ich, dass ich das schriftliche Dividieren allein hinbekomme, aber leider klappt das noch nicht so ganz. Ich schicke euch wieder meine Rechnungen und die Ergebnisse von meinem Mathematiklehrer. Also:

a) 342 : 6 = 74	b) 5871 : 19 = 39
42	57
30	171
30	171
0	0

Ergebnisse meines Mathematiklehrers:
a) 57, b) 309

Danke für eure Hilfe,
Eure Tomke

Ergebnisse
1. Alle SuS haben die Aufgabe bearbeitet.
2. Die meisten SuS haben den Fehler in der ersten Aufgabe gefunden und beschrieben.
3. Einige Schüler haben gerechnet, viele haben die Rechnungen ausgelassen.
4. Die Form lässt oft zu wünschen übrig. Insbesondere gliedern die SuS nur selten mit Absätzen ihren Text, auch Satzzeichen fehlen häufig.
5. Fachsprache wird nur wenig verwendet, aber fast jeder Text enthält Fachbegriffe. Nicht alle Fachbegriffe werden korrekt verwendet.

Schlussfolgerungen
Zu 1): Das Aufgabenformat hatte ausreichend Aufforderungscharakter, sodass alle SuS mit der Aufgabenbearbeitung begonnen haben, auch wenn sie sie inhaltlich nicht komplett bewältigen konnten.

Zu 3): In der Aufgabenstellung wird eine korrigierte Rechnung nicht explizit eingefordert: Tomke schildert ihr Problem und zeigt fehlerhafte Rechnungen, bittet um Hilfe. Diese Hilfe haben offensichtlich einige SuS so verstanden, dass sie Tomke grundsätzlich erklären sollen, wie man schriftlich dividiert. Daher gehen viele

SCHÜLERTEXTE BEISPIEL 2

Schülertexte	Kommentar
(Antwort auf B) Liebe Tomke ich find es gut das du es brobiert hast ich zeige dir wie das geht. Du guckst ob die sechs einmal in die sechshundert reingeht. Und sie geht hundert mal rein also schreibst du die eine hundert unter der sechs und schreibst eine hundert neben das Gleichheitszeichen. Dann Subtrahierst die Sechshundert und rechnest achtzehn mit rein und das sind 3 und schreibst hundert mit 3 das sind 103. Ich hoff ich konnte dir helfen. Liebe gruße xxx	Der Schüler „Toni" schreibt auf, **wie er im Kopf rechnet**: 618 : 6 = (600 + 18) : 6 = 100 + 3 = 103 Er notiert die Rechnung nicht als Term, wahrscheinlich fällt ihm diese Transformation schwer. Er geht auf die zweite Aufgabe nicht ein, das könnte darauf zurückzuführen sein, dass sich diese nicht so einfach im Kopf lösen lässt. Der Umfang seines Textes ist deutlich größer als bei der Diagrammbeschreibung. Er verwendet aber noch wenig Fachworte.
(Antwort auf B) Liebe Tomke, ich habe dein Brief bekommen, hier sind mal deine Aufgaben. a) 618 : 6 = 310 18 60 60 0 b) 7638 : 19 = 49 und die Ergebnisse deines Lehrer's a) 103 b) 402 Hier sind mal die richtigen glaube ich. a) 618 : 6 = 30 18 0 0 b) 7638 : 19 = 4100 04 23 19 16 0 08 0 0	Dieser Schüler zeigt nur sehr schwache Leistungen in Mathematik und beherrscht das schriftliche Dividieren nicht. Bemerkenswert ist, dass er sich aber **bemüht**, den Brief zu beantworten, obwohl seine Unsicherheit mitschwingt („*glaube ich*"). Deutlich wird die Unsicherheit des Schülers auch dadurch, dass er bei dem falsch vorgegebenen Beispiel den Fehler auch in seiner Rechnung nachvollzieht. In seiner Rechnung gerät er mit Quotient und Produkt durcheinander, verfolgt kein Vorgehen konsequent.
(Antwort auf A) Liebe Tomke wir haben dir doch sehr viele Schriftliche Aufgaben geholfen und guck dir die Aufgabe immer genau an ok. Also wir rechnen von links nach rechts wir fangen mit die Zahl die wir teilen müssen an also das ist die 6 diviedire 6 mit 3 geht nicht also nimmst du dir die Zahl welche fragst du dich wohl also wenn man eine Zahl nicht teilen kann, musst du dir die daneben ist Ausleihen und die Zahl mit die du teilen musst also 6 rechnest zum beispiel 34 und 34 geteilt durch 6 ist der Quotienten von 5 aber du darfst nie die kleine 1 vergessen sonst ist die Aufgabe komplett falsch. Aber du hast ja noch das Rest von der 34 also musst du deine Zahl nochmal angucken und die ist 30 also Rest 4 und die 4 musst du drunter schreiben und ich gebe dir ein Tipp du musst bei jeder 2 Aufgaben Linen machen und auch Linien runter ziehen weil du dir von der Zahl die vorne steht runter ziehen musst du und mit den dividenten rechnen also er ist 6. Liebe Grüße dein xxx. Viel Glück.	Auch bei diesem Schüler wird das Bemühen um eine Antwort sehr deutlich. Er verwendet **Alltagssprache**, schreibt, wie er spricht, Satzzeichen und Absätze fehlen, die Rechtschreibung und Grammatik sind fehlerhaft, was auf seinen Migrationshintergrund zurückzuführen ist. Der Schüler betont in seinem Brief, was er als Fehlerquelle bei sich ausgemacht hat und wie er damit umgehen kann (Linien ziehen, Übertrag berücksichtigen). Er bemüht sich, fachsprachliche Redewendungen zu verwenden, aber es gelingt ihm noch nicht vollständig, so passen beispielsweise die Präpositionen nicht (teilen mit statt durch, ist der Quotienten von 5 statt ergibt als Quotienten 5). Inhaltlich geht er auf die eigentliche Aufgabenstellung nur unvollständig ein, scheint selbst die Übersicht zu verlieren.

(Antwort auf A) Liebe Tomke Tomke du hast die Zahlen nicht richtig untereinander geschrieben. dein beispiel a) ist falsch weil du 42 durch 6 ge-rechnet hast, das ist falsch du musst erst mal kugen ob 3:6 geht nein geht nicht also 34 : 6 = 5 dann musst du 2:6 rechnen dann hast du dass ergebniss das beispiel 342 : 6 = 57 30 42 42 0 So geht es Tomke und bei aufgabe b) das ist das gleiche wie im beispiel bei aufgabe a) So geht das schriftliche dividieren Liebe Grüße xxx	Diese Schülerin hat den **Fehler erkannt**, aber Schwierigkeiten, ihn zu beschreiben („*ist falsch*"). Beim Aufgabenteil b) ist unklar, ob die Schülerin die Aussage „*das ist das gleiche*" auf das Vorgehen beim Dividieren bezieht oder den Fehler nicht erkannt hat oder keine Zeit mehr hatte, sich mit der Aufgabe zu beschäftigen. Was die Form angeht, berücksichtigt die Schülerin eine Gliederung, aber das Beenden eines Satzes fällt ihr schwer. Dies könnte auch auf den Migrationshintergrund zurückzuführen sein, in ihrer Muttersprache gibt es keine Nebensätze.
Liebe Tomke, das schriftliche Dividieren ist eigentlich ganz einfach: du musst dir die erste Ziffer des Divisors angucken dann überlegst du ob der Divisor durch den Dividenten divied werden kann. Wenn ja dann musst du den Quotienten hinter gleichzeichen schreiben. Wenn es noch nicht funktionirt dann musst du die 2. Ziffer des Divisors dazu nehmen und wieder durch den Dividenten dividieren. Wenn es funktioniert musst du den Quotienten wieder hinters gleichzeichen schreiben. Und genau so geht es auch mit größeren Dividenten.	Dieser Schüler erklärt das **Grundprinzip des Dividierens**, verwechselt dabei die Begriffe Divisor und Dividend. Er geht nicht explizit auf die Aufgabe ein, betont aber bei seinem Lösungsweg den Schritt, bei dem ein Fehler gemacht wurde („*die erste Ziffer angucken …*"). Der Hinweis „*so geht es auch mit größeren Dividenten*" lässt vermuten, dass der Fehler in der zweiten Aufgabe nicht erkannt wurde. Die Unterschrift fehlt, ebenso Absätze.

SuS nicht auf die Beispiele ein. Die Aufgabenstellung kann nur als vollständig bearbeitet angesehen werden, wenn die allgemeine Beschreibung das Vermeiden beider Fehler beinhaltet.

Zu 4): Häufig lässt die Form zu wünschen übrig, wenn die SuS vollständig mit dem Inhalt beschäftigt sind. Hier muss man als Lehrkraft Schwerpunkte setzen. Für den Unterricht bedeutet es aber auch: Den SuS sollte vermittelt werden, dass Gedanken IMMER durch Satzzeichen voneinander zu trennen sind und möglichst mit jedem neuen Gedanken auch ein neuer Satz begonnen wird. Der Anspruch, Doppelungen zu vermeiden und mit Synonymen zu arbeiten, ist in der Schulmathematik nicht so stark gefordert wie im Deutschunterricht. Eine korrekte Rechtschreibung im Blick zu behalten, bleibt aber die Aufgabe aller Fächer!

Zu 5): Auch die Verwendung der Fachsprache stellt für die SuS eine zusätzliche Herausforderung dar. Die Aufgabenstellung ermöglicht aber auch eine Bearbeitung in Alltagssprache.

Nur durch das stete Einfordern der Fachsprache im Unterrichtsgespräch und in den Übungsaufträgen sind langfristig Fortschritte zu erwarten.

Beispiel 3: Verknüpfung verschiedener Darstellungsformen in Klasse 6

In der **Problemaufgabe** (Klasse 6) des dritten Beispiels geht es um die Verknüpfung der verschiedenen Darstellungsformen von Anteilen (informative Figur, Term, Text). Die SuS haben verschiedene Möglichkeiten, das mathematische Problem zu lösen. Sie müssen daher eine geeignete Lösungsstrategie auswählen, dazu mehrere bekannte Verfahren kombinieren, aber auch mit symbolischen, formalen und technischen Elementen der Mathematik umgehen, indem sie symbolische und formale Sprache in natürliche

Sprache übersetzen. Beides liegt im Anforderungsbereich II, daher ist die Aufgabe für die SuS sehr anspruchsvoll.

Ausgangslage

Die SuS haben die Bruchrechnung behandelt (addieren, subtrahieren, dividieren und multiplizieren von Brüchen), aber die Dezimalzahlen wurden noch nicht eingeführt. Die Prozentrechnung wurde ebenfalls nicht behandelt, Prozente wurden nur als abkürzende Schreibweise für Hundertstel eingeführt.

Leistungsüberprüfung

- Verstehen die SuS die Arbeitsanweisungen? Befolgen sie diese vollständig?
- Welche Darstellungswechsel vollziehen die SuS: vom Winkel (grafisch) in Anteile (Term) oder vom Text in Anteile?
- Gelingt es, die Rechnung aufzuschreiben?
- Beschreiben die SuS ihr Vorgehen korrekt?

Aufgabenstellung

Zeichne einen Kreis mit einem Radius von 4 cm. Markiere ein Viertel des Kreises in Gelb und zwei Fünftel in Rot.
Welcher Anteil des Kreises wird nicht gefärbt? Wie viel Prozent der Kreisfläche sind nicht gefärbt? Kommentiere deinen Lösungsweg.

Ergebnisse

1. Die Aufgabenstellung wird von den SuS zeichnerisch und rechnerisch bearbeitet und auch kommentiert.
2. Nicht allen SuS gelingt eine korrekte Zeichnung. Auch das Umrechnen vom Winkel in eine Prozentangabe gelingt nicht allen.
3. Die meisten SuS wechseln von der grafischen Darstellung in den Anteil und argumentieren auch mit dem abgemessenen (ungenauen) Restwinkel der Grafik. Wenige Schüler (abgebildet hier nur die Lösung von Schüler „Toni") argumentieren zwar mit der Grafik, aber vollziehen die Addition auf der abstrakteren Ebene der Anteile rechnerisch.

SCHÜLERTEXTE BEISPIEL 3

Schülertexte	Kommentar
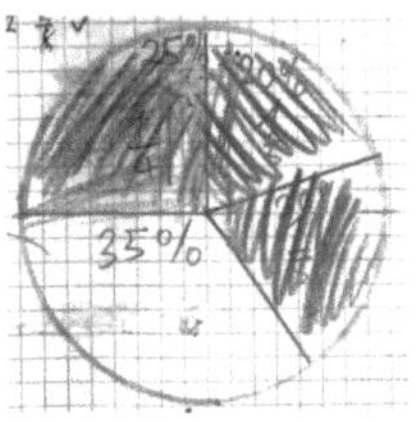 Lösung: 35%. Wir wissen ein Kreis hat 100%. Ich gucke, wie viel ist ein Viertel von 100%. Dann gucke ich Wie viel zwei fünftel von Hundert sind. Ein Viertel gleich 25% und zwei fünftel 40% also addiere ich die 25% mit der 40% das sind 65%. Dann gucken wir wie viel 65%–100%. Das sind 35% also wissen wir 35% sind übrig. Rechnung: 25% + 40% = 65% 65%–100% = 35%	Schüler „Toni" beschreibt eine **korrekte Lösung** (formale Fehler ausgenommen). Interessant ist die Formulierung *Ich gucke …* und nicht *ich berechne*. Es gelingt dem Schüler aber nun, seine Gedanken nicht nur sprachlich auszudrücken, sondern sie sogar in einen Term umzuwandeln. Obwohl dies in der Aufgabenstellung nicht explizit gefordert wurde und der Schüler sprachlich eher schwach ist (mit Migrationshintergrund), bemüht er sich um Fachsprache. Seine Verbesserung gegenüber seinen anfänglichen Versuchen, sich auszudrücken, ist deutlich zu erkennen.
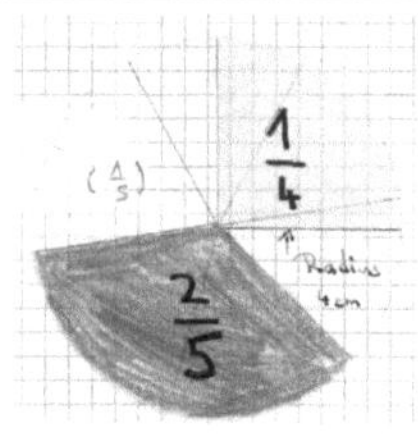 Es bleiben ungefähr 2/5 übrig, weil noch 1 ganzer ist also noch 1/5 und ungefähr zwei halbe fünftel. Meine Zeichnung ist etwas schräg geworden. $\frac{2}{5} = \frac{20}{100} = 20\%$ es bleibt 20% also 20% des Kreises ist nicht gefärbt.	Die Schülerin hat die Aufgabenstellung zwar bearbeitet, aber da sie die beiden Winkel nicht aneinandergrenzend eingetragen hat, ist der restliche Winkel schlecht abzulesen. Sie hat alle Winkel **geschätzt** (beim Zeichnen und beim Ablesen). Dies wird in ihrem Text angedeutet (*ungefähr* und *Meine Zeichnung ist etwas schräg geworden*). In ihrem Text wird auch deutlich, dass sie den Darstellungswechsel von geschätztem Winkel zu Anteil (mit Rechenfehler) vollzieht, letzteren wandelt sie dann korrekt in eine Prozentangabe um.

<table>
<tr>
<td>
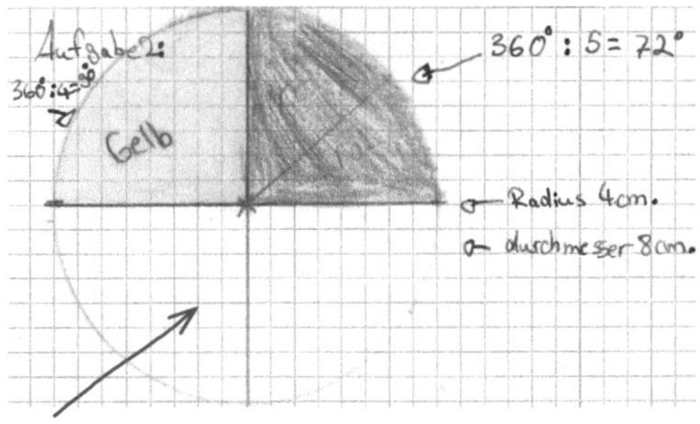

mir bleiben 1/2
dieser anteil $\frac{2}{4}$ • wird nicht gefärbt oder, dass sind auch $\frac{1}{2}$.
$\frac{1}{2} = \frac{100}{200} = 50\%$ 50% wird nicht gefärbt.
dass sind 50 % weil 100 : 2 = 50 = 50 %. $\frac{2}{4}$ sind auch $\frac{1}{2}$ weil ich dass kürzen kann $\frac{2}{4} = \frac{1}{2}$
Die Hälfte von einem viertel ist $\frac{1}{5}$
</td>
<td>Hier wurden die Winkel zwar korrekt ausgerechnet, aber 72° wurden als 45° eingezeichnet. Im Folgenden wird mit der Grafik argumentiert und folgerichtig geschlossen, dass der nicht gefärbte Rest 50 % der Fläche ausmacht. Daraus wird gefolgert, dass die Hälfte von einem Viertel ein Fünftel ergibt.
Es war das Bedürfnis vorhanden, ½ als 50 % zu erklären, jedoch ohne die % zu erwähnen:
„100 : 2 = 50 = 50 %".</td>
</tr>
<tr>
<td>
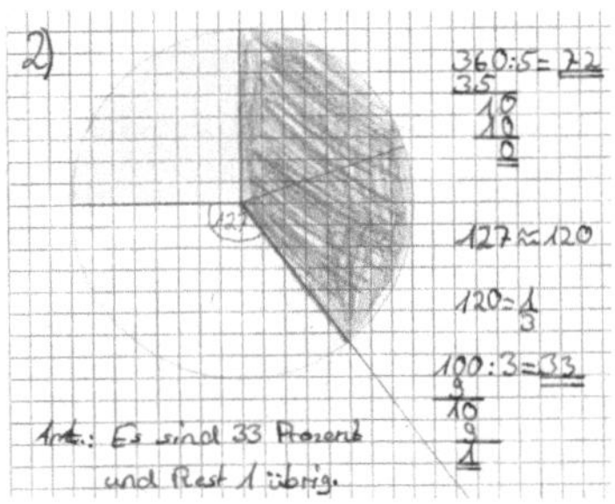

Als erstes habe ich den Winkel gemessen da kam 127° Grad raus. Danach habe ich ihn gerundet und kam auf 120° also ein drittel. Als letztes habe ich 100 geteilt durch drei gerechnet und ich war Fertig.
</td>
<td>Dieser Schülerin gelingt es gut, ihren Rechenweg zu dokumentieren: Sie hat die Winkel genau ausgerechnet, dann den verbleibenden Winkel ausgemessen (Messfehler: 126°), um dann einen Darstellungswechsel vom Graphen zum Anteil zu vollziehen. Den Winkel hat sie gerundet (sie umgeht damit die Schwierigkeit 127/360 in Hundertstel umzuwandeln, was sie zu dem Zeitpunkt auch noch nicht gelernt hat). Als Ergebnis erhält sie folgerichtig 33 % Rest 1, da Dezimalzahlen noch unbekannt sind.</td>
</tr>
<tr>
<td>
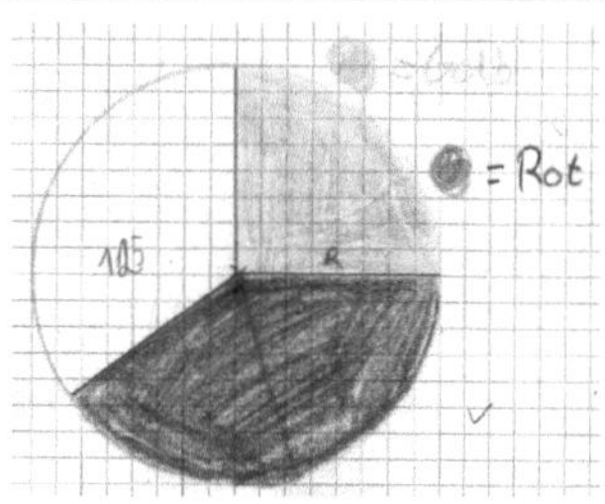

125° wird nicht gefärbt und dividiert durch 10 ist es 12,5%. Deshalb denke ich das dass Ergebnis 12,5% ist.
</td>
<td>Passend gemacht: Der Schülerin gelingt der Darstellungswechsel vom Winkel zum Anteil nicht, aber sie versucht, einen Anteil in % als Ergebnis zu erhalten, der unter eins liegt. Nur durch ihren Text wird dieses Defizit und ihr kreativer Umgang damit deutlich.</td>
</tr>
</table>

4. Die SuS dokumentieren eine Vielzahl von Lösungsstrategien, unter anderem Schätzen, Runden, Umrechnen von Winkel in Anteil und von Anteil in Prozentangabe.
5. Die SuS verwenden zunehmend Fachsprache, auch wenn sie nicht explizit dazu aufgefordert werden.
6. Die Struktur hat sich gegenüber der 5. Klasse verbessert: Satzzeichen werden verwendet, um neue Gedanken zu beginnen. Die Beschreibungen sind nachvollziehbar.

Schlussfolgerungen

Zu 1) Die SuS sind mit dem Schreiben von Texten vertraut, sie trauen sich solche Aufgaben zu.

Zu 2) Hier muss fachlich nachgebessert werden.

Zu 3) Die SuS bevorzugen weniger abstrakte Darstellungsformen. Diese ermöglichen es ihnen, ihren Rechenweg auch zu kommentieren.

Zu 4) Es hat sich offensichtlich bewährt, Strategien immer wieder zu thematisieren.

Zu 5 und 6) Wir scheinen auf dem richtigen Weg zu sein, aber wir haben noch viel vor uns.

Drei Beispiele: Fortschritte, die motivieren

Durch den sprachsensiblen Unterricht haben sich die SuS an das **Kommunizieren und Argumentieren im Mathematikunterricht** gewöhnt. Sie verwenden zunehmend Fachbegriffe und fachsprachliche Redewendungen, um Sachverhalte darzustellen, und es gelingt ihnen immer besser, ihre Gedanken auch in Worte zu fassen. Es ist selbstverständlicher geworden, dass man in Mathematik auch **Fachbegriffe lernen** muss, und viele SuS entwickeln Ehrgeiz darin, sich möglichst gut auszudrücken.

Die Verbesserung der Kommunikationsfähigkeit erleichtert es auch, dass die SuS sich im Unterricht **Dinge gegenseitig erklären** und konstruktiv mit ihrem Partner oder ihrer Gruppe zusammenarbeiten.
Aufgabenstellungen werden zunehmend gründlich gelesen und Fragen nach unbekannten Wörtern gestellt. Die Texte der SuS sind strukturierter geworden, aber bei der Rechtschreibung und der Zeichensetzung gibt es bei den meisten SuS noch viel zu verbessern.
Die SuS können mit verschiedenen mathematischen Darstellungen arbeiten und sie nutzen verschiedene Strategien, um Probleme zu lösen.

Diese drei Beispiele zeigen, dass die SuS deutliche Fortschritte gemacht haben und fachlichen und sprachlichen Anforderungen zunehmend besser genügen können. Diese Erfolge sind dem Konzept des sprachsensiblen Unterrichtens zu verdanken, das neben der fachlichen auch die sprachliche Entwicklung der einzelnen SuS in den Blick nimmt und systematisch weiterentwickelt. So werden **Lernerfolge ermöglicht**, die nicht nur für die SuS motivierend sind, sondern auch für die Lehrkräfte, die an diesen Fortschritten entsprechenden Anteil haben.

Werkzeuge

WERKZEUG
Aufgabenvariation

Hintergrund

Bei der Aufgabenvariation entwickeln die SuS neue Aufgaben, indem sie eine gegebene Aufgabe variieren. Diese Aufgaben können einen neuen Kontext beinhalten, aber auch mathematisch von der Ausrichtung oder dem Anspruch verändert werden.
Zunächst wird das Verfahren an einer Beispielaufgabe erklärt. Das Beispiel sollte aus einem vertrauten Kontext gewählt werden, aber möglichst nicht das aktuelle Verfahren, sondern ein anderes bekanntes beinhalten, damit die Beispielaufgabe nicht einengt.
In der nächsten Phase werden in Partner- oder Gruppenarbeit neue Aufgaben zu einer Einstiegsaufgabe entwickelt. Dabei müssen zunächst keine Lösungen mitgeliefert werden.
Die Lehrkraft wählt exemplarische Aufgaben aus, die im Plenum besprochen werden. Aspekte sind dabei:

- Ist die Aufgabe verständlich formuliert?
- Passt sie zu dem neuen mathematischen Verfahren, das wir erlernt haben?
- Sind alle Informationen vorhanden, die wir brauchen? Ist die Aufgabe lösbar?

Anschließend werden ausgewählte Aufgaben bearbeitet.

Bedeutung der Sprache

Bei der Entwicklung von Aufgaben müssen die SuS in besonderem Maße **genau formulieren**, daher bietet sich diese Methode im Allgemeinen erst ab Klassenstufe 7 oder 8 an. Bei den Formulierungen können sich die SuS sprachlich sowohl an der Einstiegsaufgabe orientieren als auch an anderen Aufgaben, die bereits behandelt wurden. Es empfiehlt sich, ein Beispiel im Vorfeld gemeinsam zu erarbeiten.

Durch das Formulieren eigener Aufgaben machen sich die SuS bewusst, welche Informationen auf welche Art und Weise ausgedrückt und somit im Text „versteckt" werden. Das ist sehr hilfreich, wenn sie später Textaufgaben bearbeiten und daher genau diese Informationen wiederfinden sollen.

Idee des Werkzeugs

Die Methode ist geeignet, um sich intensiv mit einem Verfahren auseinanderzusetzen, weil bei der Erstellung der Aufgaben rückwärts (von der Lösung her) gedacht werden muss.
Bei der Aufgabenvariation kommt es zu einer **Binnendifferenzierung auf sprachlichem und auf mathematischem Niveau**. Insbesondere SuS, die sonst im Unterricht unterfordert sind, profitieren sehr von dieser offenen Aufgabenstellung, da sie ihrer Kreativität freien Lauf lassen können. Leistungsschwache SuS können sich mit dieser Methode weiterentwickeln, weil sie die einzelnen Aufgabenelemente erfassen und bewusst einsetzen.
Die Diskussion der erstellten Aufgaben im Plenum hilft durch das Vergleichen mit anderen Aufgaben beim Wissensaufbau: Es wird geprüft, ob die Aufgabe zum neuen Prototypen passt oder nicht und woran man dies erkennt.

Lineare Funktionen 9

Klasse 7/8
S. 113

Aufgabenvariation

Bei der Aufgabenvariation veränderst du eine Ausgangsaufgabe mehrfach, sodass neue Aufgaben entstehen.

Ausgangsaufgabe: Der Durchmesser eines Baumes nimmt durchschnittlich um 8 mm/Jahr zu. Welchen Durchmesser hat der Baum

a) nach 5 Jahren
b) nach 10 Jahren?

So kannst du die Aufgabe verändern:

c) nach **15** Jahren	**Fortsetzen (Iterieren):** Du ergänzt eine Teilaufgabe. Du behältst die Fragestellung bei.
Wie alt ist ein Baum, der einen **Durchmesser** von 3 m hat?	**Umkehren (Denkrichtung wechseln):** Du gibst vor, was vorher gefragt war (Durchmesser) und fragst nach dem, was gegeben war (Alter).
Ein Luftballon nimmt durchschnittlich um 1 cm/s im Durchmesser zu. Welchen Durchmesser hat der Luftballon nach einer halben Minute?	**Analogisieren (ein ähnliches Problem beschreiben):** Du suchst etwas, das ähnlich ist (Luftballon). Du kannst dann auch Teile der Frage übernehmen.
Ein Baum wächst im Schnitt **um x mm/Jahr.** Welchen Umfang hat der Baum nach 5 Jahren?	**Verallgemeinern:** Du fragst so, dass man einen Term aufstellen muss. Meist fragst du nach einer Variablen (hier: x).
Im Alter von 5 Jahren hat Eike einen Baum gepflanzt, der durchschnittlich um 8 mm/Jahr wächst. **Wie alt ist Eike**, wenn der Baum einen Durchmesser von 30 cm hat?	**Kombinieren:** Du nimmst noch ein weiteres Problem dazu. Meist wird das Problem dadurch schwieriger.
Ein Baum hatte nach 5 Jahren einen Durchmesser von 4,5 cm und nach 20 Jahren einen Durchmesser von 15 cm. **Vergleiche** mit dem durchschnittlichen Wachstum von 8 mm/Jahr.	**Präzisieren (genauer werden):** Meist machst du mehr Angaben. Du kannst aber auch danach fragen, wie genau die Rechnung zum Beispiel passt.
Der Durchmesser eines Baumes nimmt durchschnittlich um 8 mm/Jahr zu. Welchen **Flächeninhalt** hat eine Baumscheibe nach 5 Jahren?	**Frage verbessern:** Du fragst nach einem anderen Begriff, der sich aus der Größe errechnen lässt.
Trage in ein **Koordinatensystem** ein, wie der Durchmesser des Baumes sich mit der Zeit ändert.	**Darstellung wechseln:** Du kannst nach einer Darstellung im Koordinatensystem fragen oder nach einer Tabelle. Du kannst auch nach anderen informativen Figuren fragen.

ISBN 978-3-12-666851-4

WERKZEUG

Concept-Map

Hintergrund

In einer Concept-Map visualisiert man das Konzept, das man zu einem Thema hat. Dazu werden Fachbegriffe gesammelt, angeordnet und mit kommentierten Pfeilen verbunden.
Während eine Mind-Map eher spontan entsteht und sich um ein zentrales Wort herum aufbaut, geht es bei Concept-Maps darum, eine Übersicht durch Anordnung und Verbindungen darzustellen.

Bedeutung der Sprache

Durch das Anfertigen einer Concept-Map werden die **Fachbegriffe zu einem Thema** von den SuS (samt der Inhalte) **vernetzt**. Dabei bietet es sich an, in Gruppen zu arbeiten, da dann eine Diskussion der Fachbegriffe und deren Verknüpfungen erfolgen kann.
Zunächst sollten die SuS die entsprechenden Fachbegriffe und auch die fachsprachlichen Redewendungen sammeln, um verknüpfende Verben zu finden. Alternativ kann die Lehrkraft die Fachbegriffe vorgeben und die Gruppen zum Auswählen der Begriffe auffordern.
Wie bei Mind-Maps lassen sich an dieser Stelle auch die Beziehungen zu alltagssprachlichen Begriffen darstellen. Diese bewusste Auseinandersetzung begünstigt das korrekte Verwenden der Fachbegriffe und eine Festigung des (Fach-)Wortschatzes insgesamt. Die SuS erkennen Wörter als Fachwörter und können durch die Abgrenzung die Erklärung besser speichern.

Auch die Anordnung der Begriffe sollte in der Gruppe diskutiert werden, denn diese entscheidet mit darüber, wie die Begriffe untereinander verknüpft werden können. Damit sich alle SuS aktiv an dieser Diskussion beteiligen, kann jeder SuS bestimmte Begriffe zugeordnet bekommen, für deren Anordnung und Verknüpfung er in besonderem Maße verantwortlich ist (beispielsweise muss er die Position endgültig festlegen und diesen Begriff aufschreiben oder aufkleben).
Die fertigen Concept-Maps sollten vorgestellt werden, entweder zentral vor der ganzen Klasse oder in einem Rundgang (Gruppenpuzzle), sodass jeder einmal sein Plakat präsentieren muss. Die Präsentation der Concept-Maps ist sprachlich weniger anspruchsvoll, da nicht nur die Fachbegriffe, sondern auch die Verknüpfungen vorgelesen werden können.

Idee des Werkzeugs

Wenn die SuS eine Concept-Map anfertigen, kann man daran gut erkennen, wie tief ihr Verständnis zu einem Thema ist: Welche Begriffe sehen die SuS als zentral an? Welche Verknüpfungen werden erkannt? Wie werden die Begriffe miteinander verknüpft? Wichtig ist, dass die SuS ausreichende und passende sprachliche Unterstützung bekommen, damit nicht die sprachlichen, sondern die inhaltlichen Wissenslücken erkennbar werden.
Ein weiterer Aspekt der Concept-Map ist, dass sich die SuS die **Inhalte besser merken können**. Das wird auch durch Symbole erreicht, die zu den Begriffen gezeichnet werden können. Durch das bewusste Sortieren und Verknüpfen bei der Concept-Map erfolgt eine umfassende Reflexion der Unterrichtseinheit, Gemeinsamkeiten werden betont und Unterschiede sichtbar gemacht, es entsteht ein Wissensnetz zu diesem Thema.

Stochastik 8

Klasse 9/10
S. 141

Checkliste Concept-Map

CONCEPT-MAP

In einer Concept-Map werden die wichtigsten Verbindungen bei einem Thema dargestellt.
Beispiel Thema Schule:

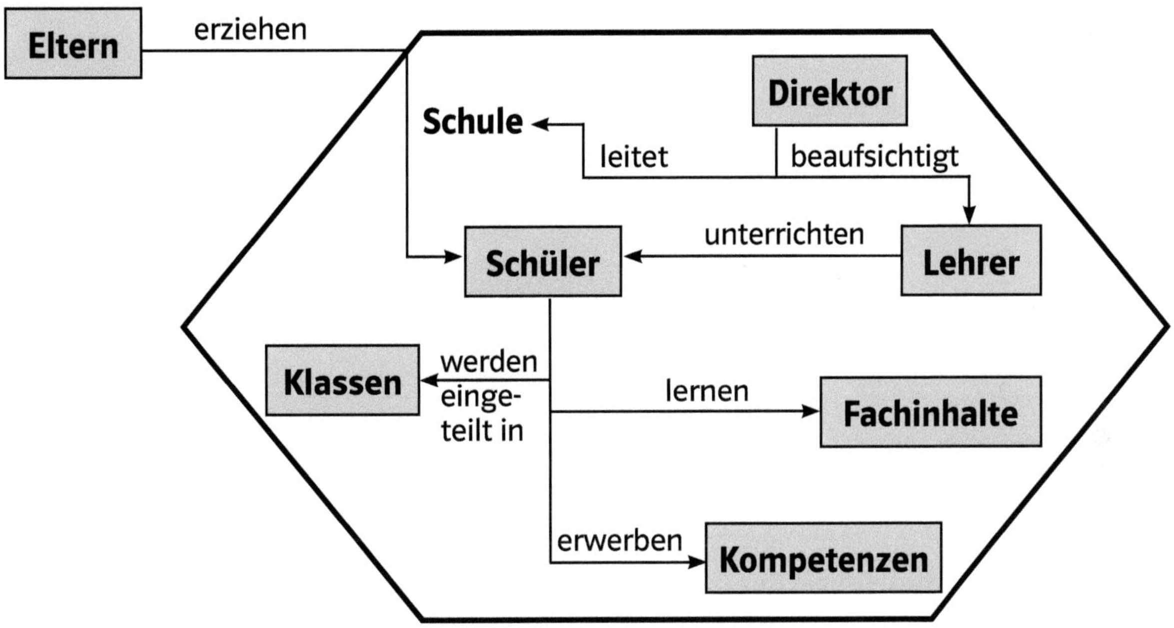

Grundregeln

1. Überlege dir zunächst, um welche Begriffe es bei einem Thema geht. Mache dir eine Liste mit den wichtigsten Begriffen.
2. Wenn du die Begriffe auf kleine Karten schreibst, kannst du sie leichter hin und her schieben und neu ordnen.
3. Ordne die Begriffe an. Du kannst sie von oben nach unten anordnen oder von der Mitte nach außen. Begriffe, die eng zusammenhängen, sollen auch nah beieinander stehen.
4. Mache um jeden Begriff einen Rahmen.
5. Verbinde zusammenhängende Begriffe mit Pfeilen.
6. Notiere auf die Pfeile, wie die Begriffe zusammenhängen. Oft kennst du Redewendungen (zum Beispiel: Geraden – schneiden sich im – Schnittpunkt).
   Manchmal kannst du auch folgende Verknüpfungen verwenden:
   besteht aus, zum Beispiel, entspricht, ist, ähnelt, ist ein Teil von, führt zu, durch, verändert, bewirkt, dient, wirkt als, beeinflusst, benötigt, erhöht, verringert.

ISBN 978-3-12-666851-4

WERKZEUG

Feedback

Hintergrund

SuS sollen Schülerpräsentationen, sei es in mündlicher oder schriftlicher Form, adäquat kommentieren können. Dafür müssen sie im Feedbackgeben geübt sein, denn sonst wird das Feedback leicht destruktiv statt konstruktiv. Feedback kann bei allen Produkten eingefordert werden, die im Mathematikunterricht erstellt werden, und kann sich auch auf rein mündliche Äußerungen beziehen.

Bedeutung der Sprache

Feedback sprachlich korrekt zu geben ist schwierig, es beinhaltet sowohl Sprachverständnis als auch sprachlich anspruchsvolle Äußerungen, vor allem da häufig der Konjunktiv benötigt wird. Besonders Kinder, denen beides schwerfällt, brauchen hier viel Unterstützung. Daher sollten sprachliche Hilfen zur Verfügung stehen. Die Checkliste stellt neben den Feedback-Regeln auch Satzmuster zur Verfügung, an denen grammatische Strukturen deutlich zu Tage treten.
Auch „Trockenübungen" (→ UE 3 KV 6 Feedback üben, S.77) sind hilfreich, um die Feedback-Kompetenz zu festigen. Schriftliche Feedbacks können eingesammelt werden und es können individuelle Rückmeldungen erfolgen, an welchen Formulierungen noch gearbeitet werden muss.
Die Regeln des Feedbacks bieten aber auch gerade für sprachlich schwache SuS eine Chance: Zunächst werden sie von ihren Mitschülern gelobt! Auch die Lehrkraft sollte sich am Feedback beteiligen und kann mit Äußerungen zu persönlichen Fortschritten dazu beitragen, dass sich SuS **zunehmend Äußerungen zutrauen und sich am Unterrichtsgespräch beteiligen**.

Koordinatensystem 6

Klasse 5/6
S.77

Idee des Werkzeugs

Feedback geben hat mehrere Effekte:

- Jemand erhält Feedback und kann sich damit persönlich weiterentwickeln.
- Die Aufmerksamkeit der Klasse wird erhöht, wenn sie (bereits im Vorfeld) aufgefordert wird, im Anschluss an die Präsentation Feedback zu geben. Das beinhaltet auch das Trainieren des genauen Zuhörens.
- Die Präsentation wird genauer betrachtet. Es geht nun nicht mehr nur darum, ob man versteht, worum es geht, sondern ob es gut dargestellt ist. Da die Darstellung vorbereitet wird, liegt hier eine weitere Chance für die SuS, die sich bei Vorträgen schwertun.
- Fehler zu finden ist eine Aufgabenstellung in einem höheren Anforderungsbereich, aber da inhaltliche Fehler nur einen Aspekt darstellen, ist für jeden etwas dabei (sprachliche und inhaltliche Binnendifferenzierung).
- Die SuS nehmen sich als kompetente Beurteiler wahr.
- Konstruktive Kritik kann das Klassenklima verbessern und so dafür sorgen, dass sich alle SuS angstfrei mündlich äußern.

Gerade der letzte Punkt wird aber nur erreicht, wenn die LuL konsequent darauf achten, dass die Regeln des Feedbackgebens eingehalten werden. Es kann auch thematisiert werden, dass die Regeln des Feedbacks für den Alltag nützlich sind: Wenn wir uns über jemanden ärgern, erreichen wir zumeist bei unserem Gegenüber mehr, wenn wir uns an die Feedback-Regeln halten.
Soll zu einer Gruppenarbeit oder einer Projektarbeit Feedback gegeben werden, kann es sinnvoll sein, vorab gemeinsam zu überlegen, was zu einer gelungenen Präsentation dazugehört. Die SuS können eine Liste erstellen und diese dann direkt im Anschluss an die Präsentation durchgehen, bevor sie das Feedback geben. Das Feedback kann schriftlich erfolgen und in einer Beurteilung mittels Note münden. So erreicht man, dass nicht nur Einzelne am Feedback beteiligt sind, sondern alle. Erfahrungsgemäß decken sich die Mittelwerte der Schülernoten erstaunlich gut mit den Noten, die die LuL vergeben würden

Checkliste

Wenn jemand etwas präsentiert, ist es wichtig, demjenigen mitzuteilen, wie gut die Präsentation gelungen ist. Gutes Feedback (also eine gute Rückmeldung) hilft, besser zu werden – vorausgesetzt, es wird angenommen (also nachvollzogen, akzeptiert und beim nächsten Mal berücksichtigt).

TIPPS FÜR EIN GUTES FEEDBACK

Wenn du Feedback gibst, dann ...

1. ... formuliere deine Beurteilung persönlich, so wie du es wahrgenommen hast.
   „Ich finde, dass du das gut beschrieben hast." oder **„Mir schien, dass ...",**
   „Es fiel mir schwer nachzuvollziehen, wie man die Division ausführt."

   Aber nicht: „Man konnte nicht verstehen ..."; „Du hast nicht erklärt, ..."

2. ... beginne immer mit einem positiven Kommentar. Erst dann kann Kritik folgen. Und nicht in umgekehrter Reihenfolge.

   „Mir hat gut gefallen, dass du das Problem anschaulich dargestellt hast."

3. ... gib Informationen und mache Vorschläge statt Vorwürfe und Anweisungen.
   „Ich glaube, es wäre deutlicher geworden, wenn du mehrere Farben verwendet hättest."

   Aber nicht: „Man konnte die Unterschiede nicht sehen, weil du alles in Schwarz geschrieben hast. Du musst mehr Farbe verwenden."

4. ... keine Verallgemeinerungen, sondern Kritik zu einer konkreten Situation.
   „An der Stelle hätte ich es besser gefunden, wenn du den Bezug zum Bild herstellst."

   Aber nicht: „Du machst immer ..."

5. ... möglichst so, dass du das Feedback annehmen würdest, wenn du die andere Person wärst. Also keine verletzenden Bemerkungen! Es soll die Präsentation besprochen werden und nicht der Mensch allgemein.
   „Bei deinem Vortrag fand ich nicht so gut, dass du alles abgelesen hast." oder **„Ich fand es schwierig, alles zu verstehen, weil** du zur Tafel gesprochen hast."

   Aber nicht: „Du kannst dich nicht verständlich ausdrücken."

6. ... stelle abschließend Fragen, um die Sicht deines Gegenübers zu erkennen.
   „Wie siehst du das?" oder **„Hast du das auch so empfunden?"**

Und: Am besten gibst du dein Feedback unmittelbar nach der Präsentation, der Handlung etc., dann erinnerst du dich noch gut daran. Formuliere auch möglichst nicht zu viel Kritik auf einmal. Beschränke dich auf ein oder zwei für dich wesentliche Punkte. Dann kann dein Gegenüber die Vorschläge leichter umsetzen.

Praxishandbuch Sprachbildung Mathematik
Sprachsensibel unterrichten – Sprache fördern
ISBN 978-3-12-666851-4

WERKZEUG

Geobrett

Hintergrund

Auf ein Brett sind äquidistant Halterungen (zumeist Nägel oder Schrauben, 5 Reihen mit je 5 Stück) angebracht, sodass man mit Hilfe von Gummibändern verschiedene geometrische Figuren sehr schnell herstellen, verändern und zerlegen kann. Ideen lassen sich so zügig darstellen, sodass man sich leichter darüber austauschen kann.

Bedeutung der Sprache

Das Geobrett unterstützt das Sprechen, weil **das Beschreibbare fassbar wird**. Es ist möglich, die Lösung eines Problems darzustellen, auch wenn die SuS dies zunächst nicht in Worte fassen können.
Ziel sollte es sein, die Lösung aufzuschreiben. Die Lehrkraft kann im Unterricht sehen, wer das Problem mit Hilfe des Geobretts erfasst hat, sich aber mit dem Formulieren schwertut. Hier kann sie individuell sprachliche Unterstützung anbieten. Das kann mit Hilfe einer Wortliste, eines Lernplakats oder eines Glossars erfolgen. Auch Satzmuster bieten sich an, um schwierige Redewendungen (z. B. *gegenüberliegende Seiten sind gleich lang*) zu vermitteln.
Während bei der Problembearbeitung zwischen den SuS Alltagssprache üblich und erlaubt ist, sollte im Unterrichtsgespräch bei der Besprechung auf die Verwendung der Fachsprache geachtet werden.

Idee des Werkzeugs

Das Geobrett liefert einen **handlungsorientierten Ansatz**, um sich mit Problemen auseinanderzusetzen. Gegenüber dem Anfertigen von Zeichnungen hat es den Vorteil, dass es wesentlich schneller geht und Gummibänder als Hilfslinien flexibel hinzugefügt und entfernt werden können. Das motiviert SuS, Ideen auszuprobieren.
Das Gittermuster wirkt dabei als Reduktion: Nur bestimmte Punkte stehen als Eckpunkte für Figuren zur Verfügung. Dadurch unterscheiden die SuS zumeist bewusster zwischen den Spezialfällen als bei ihren Zeichnungen im Heft.
Das Hintergrundmuster bewirkt zudem, dass die Flächenzerlegung sehr klar zu Tage tritt: Verläuft ein Gummiband diagonal durch ein Kästchen, sodass zwei rechtwinklige Dreiecke entstehen, wird klar, dass hierbei der Flächeninhalt halbiert wird. Die Übertragung auf allgemeine rechtwinklige Dreiecke fällt nach dieser Beobachtung wesentlich leichter.
Nutzt man das Geobrett als Koordinatensystem, in dem zum Beispiel eine Gerade dargestellt wird, zeigt sich auch hier der greifbare Zugang: Das Erfassen der Steigung ist durch Abzählen möglich und das Berechnen des y-Achsenabschnitts wird bereitwilliger überprüft als bei einer vorgegebenen Zeichnung.

Mit Größen umgehen 4b
Klasse 5/6
S. 61

Arbeiten mit dem Geobrett

Beispiel für eine Aufgabenstellung	Darstellung	Redemittel
Stelle eine Gerade im Koordinatensystem dar. Bestimme die Steigung und den y-Achsenabschnitt der Geraden.	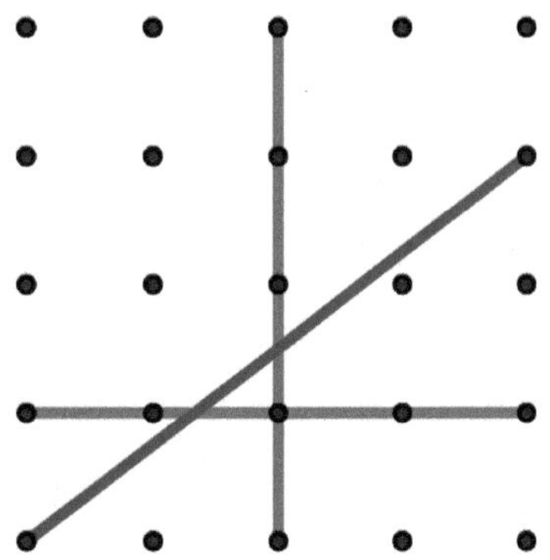	▪ die x-Achse, die y-Achse ▪ die Einheit ▪ der Schnittpunkt, schneiden bei ▪ steigen um … Einheiten ▪ nach oben, nach unten, nach rechts, nach links
Bestimme den Flächeninhalt eines rechtwinkligen Dreiecks mit den Seitenlängen 1 und 2.	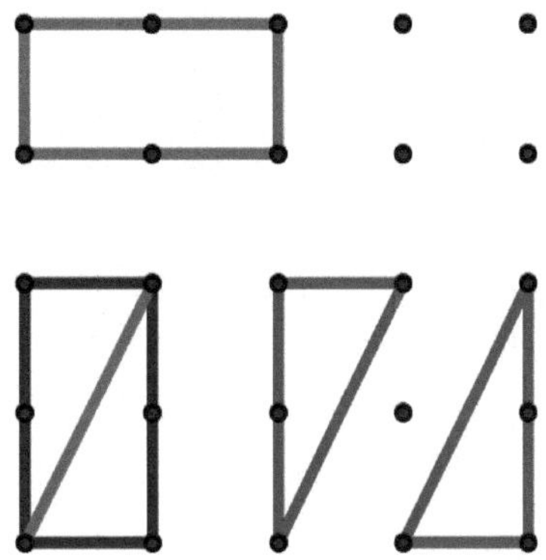	▪ das Rechteck, die Ecke, ▪ das Dreieck, eine Figur legen ▪ teilen, in etwas zerlegen ▪ auseinander – zusammen
Betrachte die beiden Dreiecke. Wie viel größer ist die *rechte Seite des großen Dreiecks* als die *rechte Seite des kleinen Dreiecks*?	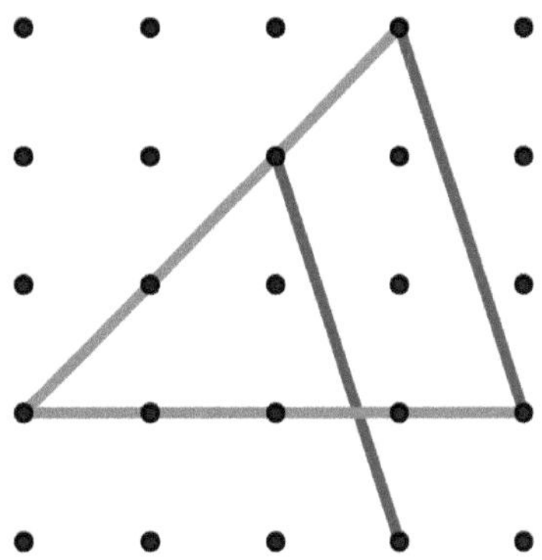	▪ die Seite, die Strecke ▪ länger als, genauso lang wie, gleich, kürzer als ▪ parallel – senkrecht ▪ das Verhältnis von … zu …

Praxishandbuch Sprachbildung Mathematik
Sprachsensibel unterrichten – Sprache fördern
ISBN 978-3-12-666851-4

WERKZEUG

Gruppenpuzzle

Hintergrund

Beim Gruppenpuzzle erarbeiten sich SuS in sogenannten Expertengruppen verschiedene Themen und vermitteln sich diese anschließend gegenseitig in sogenannten Stammgruppen. Gemeinsam wird am Ende eine übergeordnete Aufgabe bearbeitet, bei der das Expertenwissen einfließt.
Ein Gruppenpuzzle eignet sich besonders, wenn verschiedene gleichwertige Themen intensiv bearbeitet werden sollen. Durch die zweite Phase wird sichergestellt, dass **jeder etwas zu dem Thema sprachlich präsentiert**. Ein Gruppenpuzzle eignet sich auch zur Wiederholung und Vertiefung.

Bedeutung der Sprache

Da beim Gruppenpuzzle jeder zum Experten wird, muss jeder in der Lage sein, sein Expertenwissen vorzutragen. Je nach Lerngruppe sollte im Arbeitsauftrag auf sprachliche Hilfen hingewiesen werden, zum Beispiel auf das verbindliche gemeinsame Anfertigen von Stichworten und einem Lernplakat, die dann beide in den Stammgruppen beim Vorstellen genutzt werden können.
Die Lehrkraft kann auch für das Erarbeiten geeignete Redemittel zur Verfügung stellen (Beispieltexte, Glossar, Satzmuster, ...).
Zurückhaltende SuS, die sich als Experten erleben, können dadurch ermuntert werden, sich auch sonst im Unterrichtsgespräch vermehrt einzubringen.

Idee des Werkzeugs

Die Methode Gruppenpuzzle beinhaltet selbstständiges Lernen und Lernen durch Lehren. Sie funktioniert nur, wenn in den Expertengruppen kooperativ zusammengearbeitet wird, es ist daher eine Methode, für die die SuS schon einige Voraussetzungen benötigen (z. B. eigenständiges Arbeiten, → Erstellen eines Arbeitsblattes, S. 193, → eines Lernplakats, S. 168, von Stichwortzetteln, Halten eines freien Vortrags und → Feedback geben, S. 156). Die Aufgaben der Experten können gleich schwierig sein und es können leistungsheterogene Gruppen gebildet werden oder sie können verschiedene Schwierigkeitsgrade haben und in leistungshomogenen Expertengruppen bearbeitet werden. In jedem Fall sollte die Lehrkraft ihre Klasse bereits so gut kennen, dass sie Stärken und Schwächen einschätzen kann.

Bruchrechnung 8
Klasse 5/6
S. 96

Haus der Vierecke 3
Klasse 7/8
S. 121

Gruppenpuzzle

CHECKLISTE

Bei einem Gruppenpuzzle erarbeitest du dir ein Thema in einer Expertengruppe. Es gibt mehrere Expertengruppen mit unterschiedlichen Themen. Anschließend unterrichtet ihr euch in euren Stammgruppen gegenseitig. Die Stammgruppen bestehen dabei aus mindestens je einem Experten aus den verschiedenen Expertengruppen.
Am Ende bearbeitet ihr eine Aufgabe in eurer Stammgruppe.

Beispiel für die Zusammensetzung der Gruppen:

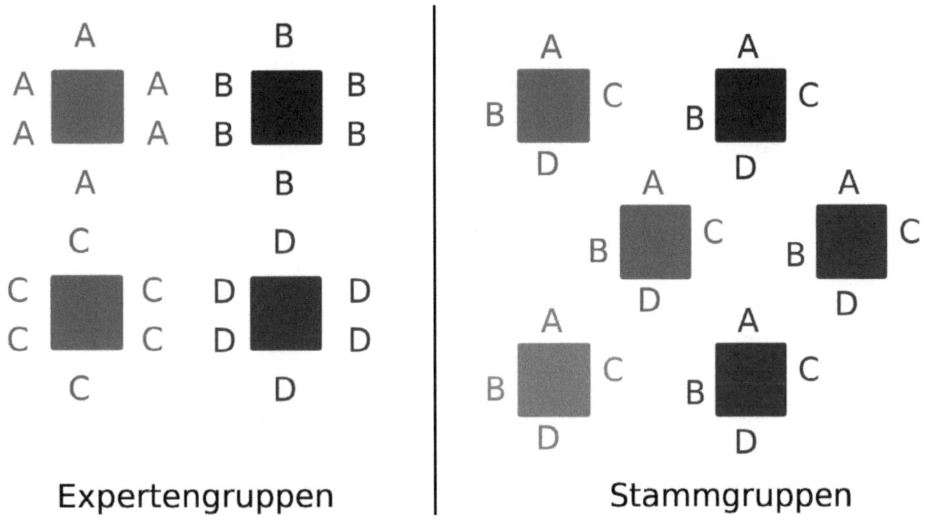

Grundregeln

- Du gehst in deine Expertengruppe. Du bearbeitest das Material, das du bekommen hast, in Einzelarbeit.
- Ihr sammelt in eurer Gruppe eure Ergebnisse und Informationen. Löst die Aufgaben, die ihr allein nicht lösen konntet, mit der Gruppe. Jedes Gruppenmitglied sollte alle Informationen haben und erklären können.
- Formuliert Fragen, die ihr gemeinsam nicht lösen könnt, schriftlich. Die Fragen gebt ihr dann der Lehrkraft.
- Plant, wie ihr euer neues Wissen vermitteln wollt. Erstellt ein Plakat und macht euch Notizen, was ihr zum Plakat sagen wollt. Jeder von euch braucht die Notizen, da jeder später das Plakat seiner Stammgruppe erklärt.
- Du gehst in deine Stammgruppe. In der Stammgruppe unterrichtet ihr euch gegenseitig. Du notierst die Informationen, die du von den anderen Experten bekommst, in dein Heft.
- Wenn ihr euch gegenseitig alles erklärt habt, erstellt ihr eine Übersicht zum gesamten Inhalt. Ihr könnt zum Beispiel ein Plakat machen, eine Mind-Map gestalten oder einen Text schreiben.
- Am Ende löst ihr in eurer Stammgruppe eine gemeinsame Aufgabe. Dabei werdet ihr das neue Wissen benötigen.

Praxishandbuch Sprachbildung Mathematik
Sprachsensibel unterrichten – Sprache fördern
ISBN 978-3-12-666851-4

WERKZEUG
Informative Figuren

Hintergrund
Skizzen oder informative Figuren dienen der Darstellung von mathematischen Sachverhalten. Sie können beispielsweise eine Rechnung veranschaulichen oder die Informationen aus einer Textaufgabe zusammenfassen und damit bei der Problemlösung helfen.
Im Gegensatz zu einer Zeichnung müssen informative Figuren nicht unbedingt maßstabsgetreu mit Zirkel und Lineal gezeichnet werden. Erforderlich ist das genaue Zeichnen aber beispielsweise bei informativen Figuren zur Bruchrechnung: Werden diese Figuren frei Hand gezeichnet, gehen Informationen verloren, beispielsweise, ob Anteile gleich groß sind.

Bedeutung der Sprache
Informative Figuren helfen bei der **Entnahme von Informationen** aus dem Text: Man kann mit dem anfangen, was man verstanden hat, und ergänzt zunehmend die Informationen, die man im Text entdeckt. Dabei muss nicht chronologisch vorgegangen werden, es muss zunächst lediglich die Struktur (Zahlenstrahl, Figur, Diagramm, ...) ausgewählt werden, in die dann die Informationen eingetragen werden.
Informative Figuren **unterstützen umgekehrt das Versprachlichen**: Man kann in einer Skizze darstellen, wie man zu einer Lösung kommt oder was man noch herausfinden muss.
Zu jeder informativen Figur kann Wortschatz angegeben werden, der Details der Figur in Sprache übersetzt. So ist beispielsweise eine Bewegung nach rechts auf dem Zahlenstrahl eine Addition, das feinere Einteilen einer Darstellung eines Bruchs entspricht dem Erweitern usw. Dies sollte mit den SuS geübt werden, damit Texte leichter in informative Figuren übersetzt werden können.

Idee des Werkzeugs
Informative Figuren stellen eine **Lösungsstrategie** dar. SuS sollten daher mit verschiedenen informativen Figuren vertraut sein. Häufig ist es auch hilfreich, Bilder zu einem Text zu malen und diese als informative Figuren anzusehen, denn mit Hilfe der Bilder gelingt es den SuS leichter, sich vorzustellen, was in der Aufgabe gefordert ist.

TIPP Wichtig ist für die SuS, dass die Lehrkraft unterscheidet zwischen informativen Figuren und Zeichnungen. Letztere müssen exakt, also beispielsweise maßstabsgetreu sein. Dennoch empfiehlt es sich, auch bei Brüchen von informativen Figuren zu sprechen, obwohl diese winkelgetreu gezeichnet werden sollten, damit die gleichen Anteile auch als solche zu erkennen sind; insofern enthalten nur winkelgetreue (bzw. maßstabsgetreue) Figuren die Informationen, die man benötigt.

Bruchrechnung
3
Klasse 5/6
S. 90

Bruchrechnung
5
Klasse 5/6
S. 92

Bruchrechnung
6
Klasse 5/6
S. 93

Checkliste Informative Figuren

Eine informative Figur (auch Skizze genannt) ist eine bildliche Darstellung von Informationen.

TIPPS ZUM ERSTELLEN INFORMATIVER FIGUREN

- Lies den Text oder die Aufgabe genau (bzw. höre genau zu).
- Überlege, wie man das Problem darstellen könnte.
- Trage die Informationen in die Figur ein, z. B. in ein Diagramm. Bei langen Texten kann es helfen, farbig zu markieren, welche Textstellen du schon in der Figur berücksichtigt hast.
- Manchmal kann es bei der Lösung helfen, zusätzlich eine geometrische Zeichnung anzufertigen. Eine geometrische Zeichnung wird mit Lineal und Zirkel ganz genau gezeichnet (zum Beispiel 1 m im Text als 1 cm in der Zeichnung, also im Maßstab 1:100).

Zu den informativen Figuren gehören zum Beispiel:

der Zahlenstrahl

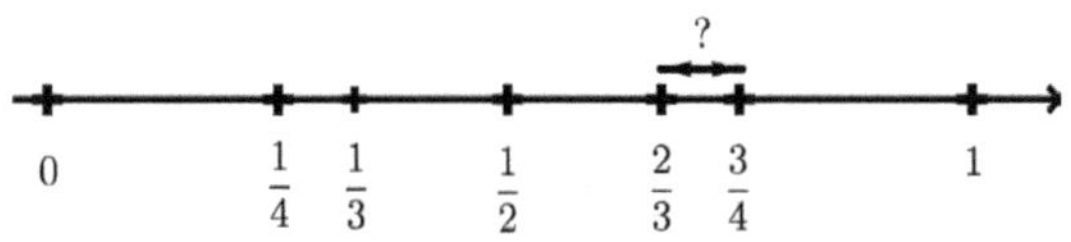

das Koordinatensystem oder das Diagramm

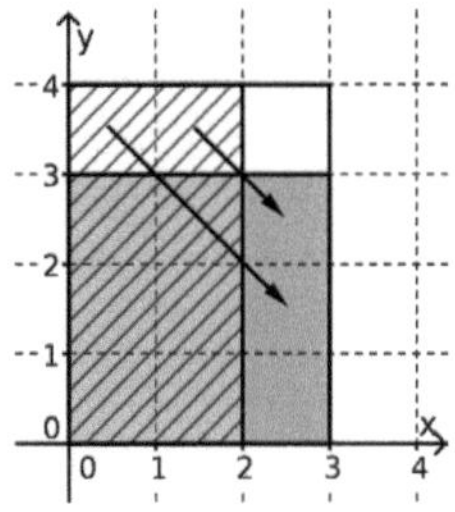

die ungefähre Zeichnung (Skizze)

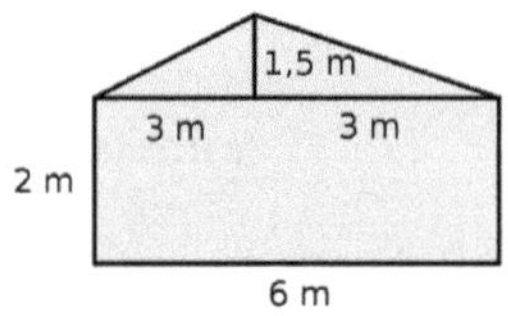

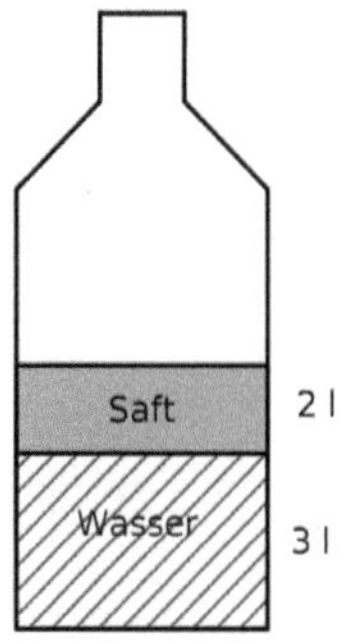

die Hundertertafel

1	2	3	4	5	6	7	8	9	10
11	12	13	14	15	16	17	18	19	20
21	22	23	24	25	26	27	28	29	30
31	32	33	34	35	36	37	38	39	40
41	42	43	44	45	46	47	48	19	50
51	52	53	54	55	56	57	58	59	60
61	62	63	64	65	66	67	68	69	70
71	72	73	74	75	76	77	78	79	80
81	82	83	84	85	86	87	88	89	90
91	92	93	94	95	96	97	98	99	100

die Bruchdarstellung;
Achtung! Hier musst du genau zeichnen, damit man die Anteile gut erkennt!

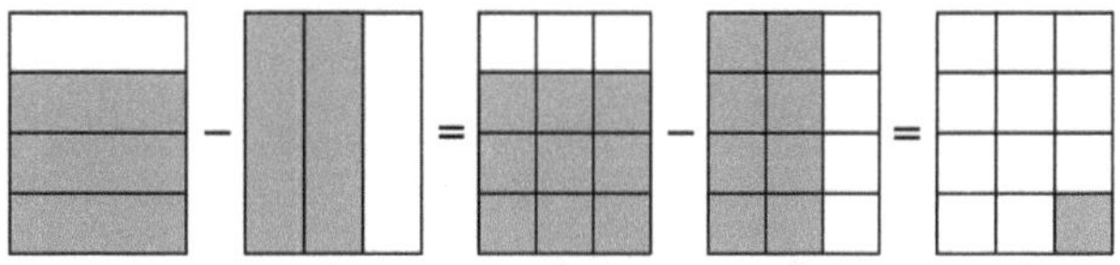

$$\frac{3}{4} - \frac{2}{3} = \frac{9}{12} - \frac{8}{12} = \frac{1}{12}$$

Praxishandbuch Sprachbildung Mathematik
Sprachsensibel unterrichten – Sprache fördern
ISBN 978-3-12-666851-4

WERKZEUG
Lehrfilm drehen

Hintergrund
In einer Gruppe planen und erstellen SuS einen Lehrfilm, in dem sie beispielsweise eine Rechenart oder eine Methode erklären. Die Erstellung eines Films bietet die Möglichkeit, **ein Thema über andere Lernkanäle zu beleuchten** und sich kreativ mit Mathematik auseinanderzusetzen. Der Film kann anschließend von der ganzen Klasse gewürdigt werden.

Bedeutung der Sprache
Etwas gut zu erklären, möglichst fehlerfrei und in Fachsprache, ist sehr anspruchsvoll. Daher wird zunächst in Gruppenarbeit ein Skript für den geplanten Lehrfilm erstellt, das den zu sprechenden Text enthält. Das Skript kann von der Lehrkraft kontrolliert werden, diese kann auch Hinweise zur Verbesserung geben. Es ist günstig, die Gruppen sprachlich heterogen zusammenzusetzen, damit sich die SuS **gegenseitig unterstützen** können, um gemeinsam ein gutes Skript zu schreiben und so auch die sprachlich schwächeren SuS im Film in einer Rolle einen korrekten Text vortragen. Die sprachlichen Redewendungen, die sie so für den Film lernen, helfen ihnen anschließend auch im Mathematikunterricht.
Damit die SuS sich ganz auf die Sprache konzentrieren können, kann die Lösung der Aufgabe vorab besprochen werden (oder eine ausführliche Hilfe zur Verfügung gestellt werden). Ferner sollte den SuS ein Glossar, Regelheft oder Buch zur Verfügung stehen, in dem sie die Fachwörter und fachsprachliche Redewendungen nachschlagen können.
Wenn der Film mit der Klasse angesehen wird, sollte die Klasse zum Feedback (→ Werkzeug Feedback, S. 156) aufgefordert werden.

Idee des Werkzeugs
Die Erstellung eines Films braucht etwas Zeit, es handelt sich um eine Form der Projektarbeit. In der ersten Phase werden Themen vergeben, wobei es auch möglich ist, mehrere Gruppen zum selben Thema arbeiten zu lassen. Da die SuS sehr selbstständig und eigenverantwortlich arbeiten, ist es an dieser Stelle besonders wichtig, **dass der Arbeitsauftrag klar ist**. Vorab sollte möglichst geklärt werden, welche Ansprüche an die Videos gestellt werden und wie die Bewertungskriterien (Inhalt, Sprache und Fachsprache, Kreativität, Mühe, …) aussehen.
Die Gruppen sollten möglichst sprachlich heterogen zusammengesetzt werden. Was die mathematischen Kompetenzen anbelangt, können die Gruppen homogen zusammengesetzt werden, wenn unterschiedlich schwierige Aufgaben zu bewältigen sind, oder heterogen, wenn die Aufgaben etwa gleich schwierig sind.

Die Beurteilung eines Films sollte möglichst gemeinsam mit der ganzen Klasse mit Hilfe eines Beobachtungsbogens und anschließendem Feedback erfolgen.
Es empfiehlt sich, die Eltern über ein Filmprojekt zu informieren und eine Einverständniserklärung einzuholen.

TIPP Lassen Sie den Film in einem Stück drehen. Dies ist zwar anspruchsvoller, vermeidet aber eine langwierige Auseinandersetzung mit Schneideprogrammen.

Bruchrechnung
6
Klasse 5/6
S. 93

Checkliste

EINEN LEHRFILM DREHEN

Verteilt zu Beginn die Gruppenrollen: Wer sorgt dafür, dass alle beteiligt sind (Moderator)? Wer achtet auf den Zeitplan (Zeitwächter)? Wer organisiert das Material, das ihr braucht (Organisator)? Wer schreibt das Skript (Schreiber)? Wer soll den Text sprechen (Sprecher)? Wer bedient die Kamera (Kameramann oder Kamerafrau)? Es können im Film auch mehrere sprechen und ihr könnt euch auch beim Drehen abwechseln.

Macht euch einen Zeitplan. Ihr solltet folgende Phasen berücksichtigen:

1. Informationen zum Thema sammeln
2. Ablauf des Films planen (Szene für Szene)
3. Skript anfertigen
4. Film drehen

Zu 1) Überlegt euch gute Beispiele. Fertigt zu den Beispielen informative Figuren an.

- Sammelt die Fachwörter, die zu eurem Thema gehören. Notiert zu jedem Fachwort die Bedeutung (ihr könnt eure Aufzeichnungen nutzen). Überlegt euch, welche Fachwörter ihr im Film genauer erklären wollt.
- Ihr könnt euer Mathebuch nutzen, im Internet suchen und mit euren Heften arbeiten.

Zu 2) Überlegt euch eine Geschichte zu eurem Thema.
Überlegt euch zum Beispiel, wem ihr etwas erklären wollt (vielleicht soll ein Kind eine Klassenarbeit schreiben und kann etwas noch nicht, vielleicht möchte eine Mutter wissen, wie etwas geht, vielleicht hat der große Bruder vergessen, wie etwas gerechnet wird, ...).

Zu 3) Verfasst ein Skript (einen genauen Ablaufplan, in dem auch die Texte aufgeschrieben sind). Notiert genau:

- Was wollt ihr filmen?
- Was wollt ihr jeweils sagen? Was wollt ihr dabei tun?

Achtet darauf, Fachwörter zu verwenden und zu erklären!
Zeigt das fertige Skript eurer Lehrkraft.

Beispiel für eine kurze Filmszene
Die Kamera zeigt auf die informativen Figuren. *Sara erklärt: „Hier ist eine Hälfte dargestellt. Wenn man die Einteilung kleiner macht, sieht man ..."* – Zeyneb zeichnet eine feinere Einteilung – *„... dass eine Hälfte genauso viel ist wie zwei Viertel."* ...

Zu 4) Probt den Ablauf. Lasst euch, wenn nötig, die Kamera erklären.

- Nehmt dann den Film auf.

ISBN 978-3-12-666851-4

WERKZEUG
Lernen am Beispiel

Hintergrund

Ziel des Werkzeugs Lernen am Beispiel ist es, die SuS anzuleiten, wie man Beispielaufgaben und dazugehörige Erklärungen nutzen kann. Dazu wird zunächst ein kommentiertes Beispiel betrachtet und im Anschluss daran bearbeiten die SuS dem Beispiel ähnliche Aufgaben.

Bedeutung der Sprache

Nicht alle erklärenden Texte in Büchern sind so verfasst, dass SuS sie leicht verstehen können. Daher ist es nur verständlich, dass diese über viele Texte hinweglesen. Erklärungen, die neben Beispielen stehen, werden häufig gar nicht beachtet, dabei enthalten gerade sie oft wesentliche Informationen: Worauf ist genau zu achten? Wann ist das Beispiel hilfreich?
Eine Voraussetzung zum Textverständnis ist das **Beherrschen der fachlichen Redewendungen**. Wird kontinuierlich mit einem Buch gearbeitet, sollte man kontrollieren, dass die SuS die fachlichen Redewendungen beherrschen, die sie für die Beispiele aus dem Buch brauchen.
Die SuS werden aber bei mathematischen Beispielen nicht mit dem Text alleingelassen: Zumeist gibt es entweder Terme, informative Figuren, Tabellen oder Graphen, die in symbolischer Schreibweise die Inhalte zusätzlich vermitteln. Die SuS sollen bei dieser Methode die Verbindungen zwischen den Darstellungen gezielt herausarbeiten, um ein Beispiel vollständig zu verstehen.

Idee des Werkzeugs

Um nach einem Beispiel zu arbeiten, muss **der Text sehr genau gelesen** und das Beispiel sehr genau betrachtet werden. Vorgegangen wird daher wie beim Didaktisieren von Texten: Text und Beispiel sollen mehrfach betrachtet werden und nach Möglichkeit Zusammenhänge dadurch betont werden, dass in gleicher Farbe markiert wird. Durch diese Querverbindungen kann es gelingen, das Beispiel auch zu verstehen, wenn nicht alle Informationen im Text oder alle Informationen im Beispiel verstanden werden. Eine Checkliste für SuS kann das Arbeiten mit dem Beispiel unterstützen.
Stehen die Beispiele im Buch, kann nicht farbig markiert werden. Dann kann alternativ Zusammengehörendes herausgeschrieben werden.
Wichtig ist, direkt im Anschluss an das Beispiel Aufgaben bearbeiten zu lassen, die genau zu dem betrachteten Beispiel passen. So können Lehrkraft und SuS überprüfen, ob sie das Beispiel verstanden haben.
Je nach Erfahrung kann sich die **Methode zur Wiederholung oder auch zum Erlernen** eignen. Wenn man das Beispiel zur Wiederholung nutzt, kann man diese Methode auch kombinieren mit einem Lückentext, sodass Rechnung oder Text ergänzt werden müssen.
Damit die SuS auch selbstständig lernen können, bietet es sich an, dies in Einzelarbeit zu trainieren. Beim Erlernen der Methode kann es aber günstig sein, sie mit Ich – Du – Wir (→ Werkzeug Sozialform Ich – Du – Wir, S. 206) zu kombinieren.

Termbeschreibungen 5
Klasse 5/6
S. 49

Koordinatensystem 4
Klasse 5/6
S. 73

Haus der Vierecke 3 und 4
Klasse 7/8
S. 121
S. 122/123

Lernen am Beispiel

Definition: Du betrachtest das Beispiel ganz genau und liest den Text dazu durch. Du stellst die Verbindungen zwischen Text und Beispiel her.

Anschließend arbeitest du genau so eine andere Aufgabe durch.

Grundregeln

- Betrachte das Beispiel.
- Lies den Text durch. Unterstreiche, was du verstehst.
- Suche nach den Verbindungen:
  - Welche Textstelle passt zu welchem Term oder welcher Veränderung am Term?
  - TIPP: Markiere jeweils in einer Farbe, was zusammengehört.
  - Gibt es noch Textstellen, die du nicht einordnen kannst?
  - Falls dir Worte fehlen, kannst du dein Glossar nutzen oder Erklärungen im Buch suchen (entweder mit dem
  - Inhaltsverzeichnis oder du blätterst im Kapitel etwas nach vorne).
- Betrachte die Aufgaben, die du rechnen sollst:
  - Was ist genauso wie im Beispiel?
  - Was ist hier anders?
  - Du kannst auch hier wieder farbig markieren. Am besten verwendest du dieselben Farben wie im Beispiel.
- Lies noch einmal den Text: Gibt dir der Text Hinweise, worauf du achten sollst?
- Bearbeite die Aufgaben.

Beispiel
Rechnen mit dem Assoziativgesetz für die Addition:

$(18 + 23) + 7 = 18 + (23 + 7) = 18 + 30 = 48$

Bei der Addition darf ich die Reihenfolge der Summanden vertauschen.

Ich sortiere die Summanden so, dass mir das Rechnen leichter fällt.

Wende das Assoziativgesetz an und rechne wie im Beispiel:

a. $(36 + 17) + 13$
b. $128 + (12 + 29)$

Praxishandbuch Sprachbildung Mathematik
Sprachsensibel unterrichten – Sprache fördern
ISBN 978-3-12-666851-4

WERKZEUG
Lernplakat

Hintergrund

Lerninhalte werden auf einem großen Blatt Papier visualisiert und im Klassenraum aufgehängt, sodass sie für die gesamte Lerngruppe sichtbar sind. Dann können diese Inhalte im Unterrichtsgespräch, aber auch bei der Bearbeitung von Arbeitsaufträgen genutzt werden.

Bedeutung der Sprache

Lernplakate dienen nicht nur der **Unterstützung von fachlichen Inhalten**, sondern auch **von sprachlichen Äußerungen**. Daher ist es wichtig, dass neben einzelnen Begriffen auch ganze Sätze auf dem Lernplakat stehen. Diese können dann als Beispielsätze dienen, an denen sich die SuS orientieren, um ähnliche Sätze, Satzstrukturen und fachliche Wendungen grammatikalisch korrekt bilden zu können. Je nach Klasse ergeben sich unterschiedliche Prioritäten für die Gestaltung dieses Plakats. Fällt es den SuS beispielsweise schwer, ähnliche Sätze zu bilden, kann man mehrere Beispielsätze anbieten. Ist der Inhalt für die SuS schwierig, kann es sich anbieten, auch verschiedene informative Figuren abzubilden, die durch Beschreibungen unterstützt werden.

In jedem Fall sollte häufig auf das Plakat verwiesen werden, wenn Arbeitsaufträge gestellt werden. Hat sich die Methode etabliert, werden die SuS selbstständig das Plakat als Hilfestellung nutzen.

Auch das Gestalten der Lernplakate kann durch die SuS selbst erfolgen, indem zum Beispiel verschiedene Themen an Schülergruppen verteilt werden. Dabei sollten die SuS zunächst einen Entwurf erarbeiten, der dann von der Lehrkraft überprüft wird, damit sich später keine Fehler einschleifen.

Idee des Werkzeugs

Auf einem großen Plakat werden Fachwörter und Lerninhalte übersichtlich aufgeschrieben. Je nach Lerngruppe kann es sinnvoll sein, Farben einzusetzen, um beispielsweise das Genus oder zusammenhängende Inhalte kenntlich zu machen. Die Schriftgröße sollte so gewählt sein, dass die SuS von ihrem Platz aus die Texte auf dem Plakat gut lesen können.

Lernplakate können von der Lehrkraft vorbereitet werden, gemeinsam mit der Klasse entwickelt oder von einer Gruppe von SuS erstellt werden. Sollen die SuS Plakate erstellen, empfiehlt es sich, ihnen eine Anleitung beispielsweise in Form einer Checkliste zu geben.

Eine Flipchart kann genutzt werden, um aktuelle Wortlisten als Lernplakate zu verwenden. So müssen die Fachwörter bzw. Redewendungen nicht immer wieder neu an die Tafel geschrieben werden. Lernplakate wirken auch differenzierend: Jeder S nutzt sie so lange, wie er sie braucht.

Günstig ist es, wenn das Plakat einen bestimmten Platz im Klassenraum erhält und dort eine Weile hängen bleibt. Dadurch werden Ort und Inhalt verknüpft (→ Werkzeug Loci-Methode, S. 203) und der Hinweis auf den Ort („erinnert euch, das Lernplakat dazu hing hier") genügt häufig, um die Inhalte abzurufen, auch wenn das Plakat schon abgenommen wurde.

Termbeschreibungen 2
Klasse 5/6
S. 45

Koordinatensystem 5
Klasse 5/6
S. 76

Lineare Funktionen 2a
Klasse 7/8
S. 104

Ein Lernplakat erstellen

Definition: Auf einem großen Blatt Papier werden die wichtigsten Informationen zu einem Thema gesammelt und dargestellt.

Grundregeln

Ihr stellt das Wichtigste zum Thema dar mit Hilfe von
- Bildern, Zeichnungen, Tabellen, informativen Figuren, Diagrammen
- kurzen Informationstexten
- Begriffen und Fachwörtern, die ihr erklärt (durch einen Text oder eine Figur)

Ihr erstellt einen Entwurf, bevor ihr das Plakat gestaltet. Berücksichtigt dabei Folgendes:
- eine gute Einteilung
- eine ansprechende Gestaltung mit Hilfe von Farben
- eine saubere, deutliche Schrift, die auch von Weitem gut lesbar ist
- eine korrekte Rechtschreibung

Beispiel

subtrahieren – die Subtraktion

8 – 3 = 5
Minuend – Subtrahend = die Differenz

Die **Differenz von** 8 **und** 3 beträgt 5.
Subtrahiert man 3 **von** 8, erhält man 5.
Subtrahierst du **von** 8 die 3, ergibt sich 5.
Der **Minuend** ist 8 und der **Subtrahend** ist 3.

ISBN 978-3-12-666851-4

WERKZEUG
Mathebrief

Hintergrund

Bei einem Mathebrief geht es darum, ein Problem in Briefform zu bearbeiten. Es ist sowohl möglich, ein eigenes **Problem zu schildern,** als auch auf einen Brief zu antworten, in dem ein Problem geschildert wurde. Es kann auch darum gehen, ein Verfahren zu erklären, oder Fehler in einer Aufgabe zu finden und diese zu beschreiben und zu verbessern.

Bedeutung der Sprache

Mathematisch zu argumentieren fällt vielen SuS schwer, gerade schwächere Schüler lassen solche Aufgaben häufig ganz aus. Dies ist darauf zurückzuführen, dass zum einen das **Argumentieren** zu den anspruchsvollen sprachlichen Äußerungen gehört, gleichzeitig wird auch mathematisch eine höhere Anforderung damit verbunden. Verpackt man eine Argumentationsaufgabe in einen Brief von einem Altersgenossen an die Klasse, überwinden erfahrungsgemäß viele SuS ihre Hemmungen und versuchen, das Problem zu bearbeiten.

Je nach Problem und Sprachstand der SuS können sprachliche Hilfsmittel an die Hand gegeben werden, um den Brief zu verfassen. Die SuS können mit einem Glossar oder einem Lernplakat arbeiten, ein Buch zu Hilfe nehmen, Arbeitsblätter bzw. ihr Heft, in dem ähnliche Aufgaben bereits gelöst wurden. Über zusätzliche Hilfen wie zum Beispiel Wortlisten oder Wortgeländer kann eine sprachliche Differenzierung erfolgen. Die Aufforderung zur Verwendung von Fachwörtern stellt dabei eine zusätzliche Schwierigkeit dar.

Auch wenn im Deutschunterricht bereits das Schreiben von Briefen thematisiert wurde, lohnt es sich, dies auch im Mathematikunterricht anzusprechen, weil die Erkenntnisse im Deutschunterricht in der Mathematik für viele SuS nicht zwingend ihre Gültigkeit haben.

Eingegangen werden sollte insbesondere auf die Interpunktion. Da es beispielsweise im Türkischen keine Nebensätze gibt, entstehen von einigen DaZ-SuS gerne Bandwurmsätze ohne Interpunktion. Die Checkliste Mathebrief fasst die wesentlichen Punkte für die SuS zusammen. Sie kann ausgegeben und besprochen werden, bevor das erste Mal ein Mathebrief verfasst werden soll.

Idee des Werkzeugs

Briefe eignen sich gut zum Üben und Wiederholen. Durch **Fehlersuche und Fehlerbeschreibung** können **Verfahren gefestigt werden.**

Die Methode ist auch gut in Klassenarbeiten einsetzbar. Verknüpft man die Aufgabe mit einer Rechnung, kann man entdecken, wie weit die Lernenden in der Lage sind, ihre mathematischen Fähigkeiten zu verbalisieren.

Wird der Mathebrief zum ersten Mal eingesetzt oder ist er für die SuS anspruchsvoll, ist ein Überarbeiten eines Briefes in einer Schreibkonferenz (→ Werkzeug Schreibkonferenz, S. 176) hilfreich.

Diese Methode bereitet auch Lernen durch Lehren (→ Werkzeug Lernen durch Lehren, S. 201) vor: Die altersgemäße Ansprache wird geübt, auch die Fehlersuche, aber es muss – anders als beim Lernen durch Lehren – noch nicht sofort und flexibel reagiert werden.

Termbeschreibungen 6
Klasse 5/6
S. 50

Bruchrechnung 5
Klasse 5/6
S. 92

Checkliste Mathebrief

Definition: In einem Mathebrief bearbeitest du ein Problem.

Du kannst jemandem helfen, ein Problem zu lösen oder ein eigenes Problem darstellen.

EINEN MATHEBRIEF SCHREIBEN

- Schreibe leserlich!
- Halte dich an die **Briefform**: Im Briefkopf steht das Datum. Du beginnst mit einer Begrüßung: „Liebe …," oder „Lieber …," und führst in der nächsten Zeile den Satz fort. Du schreibst ganze Sätze. Am Ende unterschreibst du den Brief. Achte auf deine Rechtschreibung!
- **Gliedere deinen Brief!** Bei Erklärungen ist es gut, wenn du jeden neuen Gedanken mit einem neuen Satz beginnst. Auch solltest du einen Absatz machen, wenn du ein neues Problem erklärst.
- Du verwendest **Fachwörter**; wenn die Fachwörter noch recht neu sind, ist es gut, sie im Brief zu erklären. Du kannst ein Glossar, dein Buch oder Lernplakate zu Hilfe nehmen, um dich an die Fachwörter zu erinnern. Du kannst auch bei den Beispielen unten gucken.
- Manchmal ist es gut, eine **informative Figur oder eine Tabelle** zu zeichnen, um gut erklären zu können.
- Du kannst auch deinen Text mit jemandem tauschen. Oft findet man dann besser, an welchen Stellen noch mehr Erklärungen nötig sind.

Beispiel

Liebe 5b, *10.02.2015*

wir haben gerade das schriftliche Multiplizieren wiederholt. Eigentlich sollte ich es schon können. Es klappt aber leider noch nicht immer, obwohl ich die Zahlen untereinander geschrieben und ziffernweise addiert habe. Könnt ihr mir helfen? Ich schicke euch mal meine Rechnung und das Ergebnis, das unsere Lehrerin uns gegeben hat.

2 5 3 · 2 1
5 0 6
2 5 3
7 5 9

Richtiges Ergebnis: 5313

Liebe Grüße, Eure Saya

Liebe Saya, *12.02.2015*

gerne helfe ich dir bei deinem Problem.
Wenn du zwei Zahlen multiplizieren willst, musst du die zweite Zahl um eine Stelle nach rechts versetzt aufschreiben. Das kommt daher, dass die erste Stelle um den Faktor 10 größer ist als die zweite. Du multiplizierst also erst mit 20 und dann mit 1. Anschließend addierst du die Ergebnisse. Das kannst du auch so (mit Nullen) aufschreiben.

2 5 3 · 2 1
5 0 6
* 2$_1$5 3*
5 3 1 3

oder mit den Nullen aufgeschrieben:

denn 253 · 20 = 5060
253 · 1 = 253

2 5 3 · 2 1
5 0 6 0
+ 2 5 3
5 3 1 3

Ich hoffe, ich konnte dir helfen.
Liebe Grüße, Dein Dominik

Praxishandbuch Sprachbildung Mathematik
Sprachsensibel unterrichten – Sprache fördern
ISBN 978-3-12-666851-4

WERKZEUG
Paare finden

Hintergrund

SuS sind zumeist leicht durch Spiele zu motivieren. Das Spiel „Paare finden" ist ein bekanntes Zuordnungsspiel, bei dem jeweils Paare zueinander passender Karten gefunden werden müssen. Üblicherweise werden zunächst alle Karten verdeckt hingelegt und nur zwei Karten von dem Spieler aufgedeckt, der an der Reihe ist. Passen diese zusammen, darf er diese Karten behalten und erneut zwei Karten aufdecken. Die anderen Spieler sehen zu und versuchen, sich die Plätze der Karten zu merken. Wer am Ende die meisten Paare gefunden hat, gewinnt.

Definiert man aber zueinander gehörende Karten als Paar (z. B. *Begriff* und *Definition*), kann dieses Spiel zum **Lernen von Fachwörtern** oder von verschiedenen Darstellungen eines mathematischen Sachverhalts genutzt werden.

Bei der Spielvariante mit Klatschen wird das Finden der Paare dadurch erleichtert, dass jedes Mal zwei Karten aufgedeckt, aber, wenn diese nicht passen, nur eine wieder umgedreht wird. Es liegen also meist mehrere Karten offen auf. So wird die Aufmerksamkeit stärker darauf gelenkt, ob die Karten passen, und weniger, ob man sich gemerkt hat, wo die Karten liegen.

Bedeutung der Sprache

Wenn die Zuordnung der Karten für die SuS eine angemessene Aufgabe darstellt, werden sie beim Spielen diskutieren, ob jemand zwei Karten als Paar nehmen darf oder nicht. Die Motivation für diese Diskussion ergibt sich aus der Spielsituation und wird – gerade von jüngeren SuS – nicht so sehr als mathematische Aufgabenstellung gesehen. Somit lernen die SuS nicht nur die Fachbegriffe oder Redewendungen, die auf den Karten stehen, sondern sie **reflektieren auch die Bedeutung der Fachbegriffe**. Das fördert in besonderem Maße freies Sprechen und das Behalten der Fachbegriffe. Sprachschwächere Schüler können entweder einfachere Karten erhalten oder aber sie können zunächst alle Karten offen vor sich hinlegen und die Zuordnungen einmal gemeinsam finden und besprechen, bevor sie spielen.

Idee des Werkzeugs

Beim gemeinsamen Spiel sind alle Spieler dauerhaft gefragt. Bei der Spielvariante mit Klatschen erhält derjenige Spieler das Kartenpaar, der als Erster auf den Tisch klatscht, wenn ein Kartenpaar zusammenpasst. Daher müssen alle Spieler durchgehend genau hinsehen. Gespielt werden kann zu zweit, aber auch gut in Gruppen, da die Beteiligung jedes Einzelnen durch diese Art des Spiels nicht kleiner wird.

Es ist auch möglich, die Karten für das Spiel von der Lerngruppe selbst herstellen zu lassen, allerdings sollten diese dann von der Lehrkraft überprüft werden. Dies gelingt am schnellsten, wenn die Karten noch auf einem DIN-A4-Bogen ausgefüllt werden, sodass die beabsichtigte Zuordnung leicht überprüft werden kann.

Um die Regeln zu klären, kann man die nachfolgende Checkliste verwenden oder die Regeln einmal an die Tafel oder auf Folie schreiben. Es bietet sich auch an, das Spiel einmal gemeinsam anzuspielen, damit alle Fragen geklärt werden können.

Mit Größen umgehen 2
Klasse 5/6
S. 58

Haus der Vierecke 2
Klasse 7/8
S. 120

Beispiele für Paare finden

Kategorien	Beispiel	
Bild – Bild		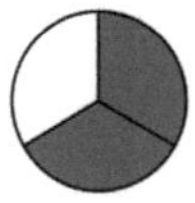
Bild – Begriff		Das Quadrat
Bild – Beschreibung (oder Definition)		Ein Viereck mit vier gleich langen Seiten und vier rechten Winkeln
Begriff – Beschreibung	Das Quadrat	Ein Viereck mit vier gleich langen Seiten und vier rechten Winkeln
Verschiedene symbolische Darstellungen	$\frac{3}{4}$	75 %
Verschiedene Beschreibungen	Eine Figur mit vier Ecken, die gleich lange Seiten hat. Die Seiten stehen orthogonal zueinander.	Eine Figur mit einem Innenwinkel von 360 Grad, bei der benachbarte Seiten gleich lang und gegenüberliegende Winkel gleich groß sind

CHECKLISTE PAARE FINDEN

Beispiel

Definition: Ziel des Spiels ist es, möglichst viele zusammen passende Paare zu finden.

Quadrat	Ein Viereck mit vier gleich langen Seiten und vier rechten Winkeln

Grundregeln

- Alle Karten werden mit der Vorderseite nach unten auf den Tisch gelegt.
- Der erste Spieler deckt zwei Karten auf.
- Passen sie zusammen, darf der Spieler sie behalten.
- Passen sie nicht zusammen, dreht der erste Spieler eine Karte wieder um, die andere bleibt offen liegen.
- Der zweite Spieler deckt wieder zwei Karten auf.
- Alle Spieler prüfen, ob nun ein Paar aufgedeckt ist. Entdeckt ein Spieler ein Paar, darf er auf den Tisch klatschen und sich das Paar nehmen. Ist kein Paar dabei, wird wieder eine Karte umgedreht.
- Es geht immer so weiter: Zwei Karten werden aufgedeckt, eine wieder umgedreht und alle suchen gleichzeitig nach Paaren.
- Am Ende gewinnt der Spieler mit den meisten Paaren.

Praxishandbuch Sprachbildung Mathematik
Sprachsensibel unterrichten – Sprache fördern
ISBN 978-3-12-666851-4

WERKZEUG

Puzzle

Hintergrund

Bei einem Puzzle geht es darum, ungeordnete, aber vollständige Informationen sinnvoll anzuordnen. Dadurch setzt man sich bei einem Mathematik-Puzzle intensiv mit einem Sachverhalt auseinander.
Für Puzzles eignen sich Darstellungen, die folgerichtig aufeinander aufbauen. Es können beispielsweise Texte, Konstruktionen oder Terme, die zu einem Beweis führen, verwendet werden.

Bedeutung der Sprache

Erklärungen, die sonst von den SuS gerne überflogen werden, können bei einem Puzzle **in kürzere Abschnitte zerlegt** werden. Dadurch lesen die SuS die einzelnen Textpassagen intensiver. Auch wenn nicht jeder Schüler so den gesamten Text versteht, kann es gelingen, den Text in die richtige Reihenfolge zu bringen. Schlüsselwörter suggerieren dabei eine bestimmte Reihenfolge oder es werden Begriffe eingeführt, auf die später im Text zurückgegriffen wird. Diese strategischen Überlegungen können mit den SuS beispielsweise mit Hilfe einer Checkliste im Vorfeld besprochen werden.
Günstig ist es, die SuS in Gruppen puzzlen zu lassen, damit sie sich gegenseitig beim Verstehen des Textes unterstützen können. Die Gruppe bietet Gelegenheit zu argumentieren, warum eine Karte an einen bestimmten Platz gehört; Letzteres stellt die intensive sprachliche Auseinandersetzung mit dem Puzzlethema sicher.
Man kann auch einen Text und eine Grafik oder einen Term auf jedem Puzzleteil koppeln, sodass die SuS zwei Darstellungen des gleichen Sachverhalts nebeneinander zur Verfügung haben. Häufig gelingt es dann, an einer Stelle den Text zusammenzusetzen und an anderer Stelle die andere Darstellungsform, sodass gleichzeitig der **Darstellungswechsel trainiert** wird.

Idee des Werkzeugs

Häufig ist es gut, schon einige Erfahrungen mit einem Thema gesammelt zu haben, bevor man ein Puzzle zusammensetzt, damit das Textverständnis und Argumentieren leichter fällt.
Lässt man in einer Gruppe puzzlen, die mehr als drei Mitglieder hat, kann es passieren, dass sich einzelne SuS eher zurückziehen. Dem kann man vorbeugen, indem jedes Gruppenmitglied bestimmte Puzzleteile erhält, für die es verantwortlich ist.
Puzzles lassen sich auch binnendifferenzierend aufteilen, so könnte sich eine Gruppe mit Termdarstellungen beschäftigen und eine andere mit einem Text zum selben Sachverhalt. Die Gruppen können sich ihre Ergebnisse anschließend gegenseitig präsentieren. Oder man wählt Texte mit unterschiedlichem Abstraktionsgrad.

Lineare Funktionen 7
Klasse 7/8
S. 111

Ein Informationspuzzle zusammensetzen

❶ Was ist ein Puzzle?

Ein Puzzle ist eine Sammlung von ungeordneten Informationen. Du musst die Teile richtig sortieren, damit sie einen Sinn ergeben.

❷ Grundregeln für das Lösen eines Puzzles

- Verschaffe dir zunächst einen Überblick:
  → Wie viele Teile gibt es?
  → Gibt es vielleicht zwei oder mehr Sorten von Teilen? Zum Beispiel kann es Zeichnungen, Erklärungen, Rechnungen oder Tabellen geben.
- Betrachte die Teile nun sorgfältig.
  → Lies dir die Texte genau durch. Du kannst Fachwörter unterstreichen.
  → Betrachte die Bilder sorgfältig: Worin unterscheiden sie sich?
  → Gibt es Teile, die nacheinander folgen müssen? Zum Beispiel könnte etwas erst erklärt und dann angewendet werden.
  → Markiere Signalwörter wie *zuerst, dann, anschließend, zum Schluss.*
- Sortiere die Teile, bei denen du dir sicher bist, in der richtigen Reihenfolge.
  → Gibt es Teile, zwischen denen etwas fehlt?
  → Gibt es vielleicht Halbsätze, die von der Grammatik her nur zu bestimmten anderen Halbsätzen passen? Zum Beispiel könnte ein Teil mit *Wenn* beginnen und eines mit *dann.*
  → Überlege dir, nach welchen Kriterien (Schlüsselwörtern, Bildern, Grammatik, …) du die Reihenfolge bestimmt hast. Helfen sie dir auch bei den anderen Teilen?
- Betrachte abwechselnd die unsortierten und die sortierten Teile sehr sorgfältig. Gehe noch einmal alle Kriterien durch.

❸ Bringe die Sätze und Abbildungen in die richtige Reihenfolge. Beim Beispiel sind die Textstellen fett markiert, die dir beim Sortieren helfen.

Nun zeichnest du an beiden Enden **orthogonal (senkrecht) zur Strecke** eine Gerade ein.	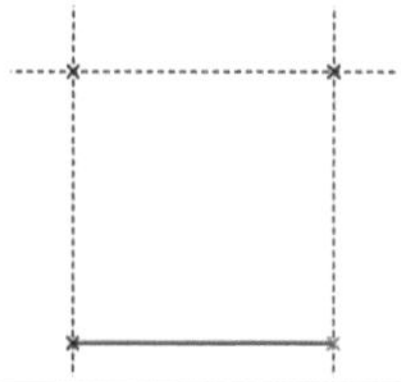
Zum Schluss verbindest du die vier Schnittpunkte der Geraden zu einem Quadrat.	
Zuerst zeichnest du eine Strecke mit einer Länge von 5 cm.	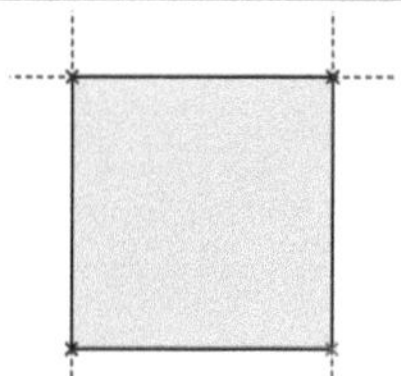
Zeichne eine Gerade, die **orthogonal zu den anderen Geraden** ist und einen Abstand von 5 cm zur Grundseite hat.	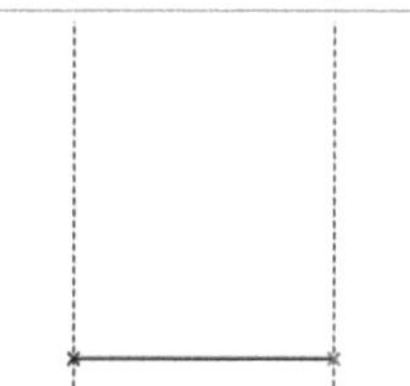

Praxishandbuch Sprachbildung Mathematik
Sprachsensibel unterrichten – Sprache fördern
ISBN 978-3-12-666851-4

WERKZEUG
Schreibkonferenz

Hintergrund

Bei einer Schreibkonferenz wird ein Text eines Schülers oder einer Schülerin in Gruppenarbeit verbessert. Der Text wird dabei zunächst vorgelesen, die Gruppenmitglieder machen sich Stichworte, um Feedback zu geben. Wie ein konstruktives Feedback gelingt, sollte vorher gemeinsam besprochen werden, denn es erfordert unter Umständen viel Mut, seinen Text vorlesen und anschließend verbessern zu lassen, insbesondere, da der Text sowohl die **mathematischen als auch die sprachlichen Fähigkeiten zeigt** (→ Werkzeug Feedback, S. 156). Im nächsten Schritt werden die Notizen vorgetragen und der Verfasser macht sich in seinem Text Markierungen, an welchen Stellen etwas verbessert werden sollte. Gemeinsam suchen die SuS anschließend Formulierungen, um die Verbesserungen aufzunehmen. Der verbesserte Text wird möglichst abgeschrieben und dann der Klasse vorgestellt.

Bedeutung der Sprache

Das Verfassen mathematischer Texte ist oft anspruchsvoll; gerade für jüngere, ungeübtere SuS stellt dies eine enorme Herausforderung dar.
Die SuS können als Hilfsmittel ein Glossar, Lernplakate, informative Figuren, ihre Aufzeichnungen, ihr Buch oder auch das Internet nutzen, sowohl um das Problem inhaltlich zu durchdringen als auch um die geeigneten Fachwörter zu finden und zu verwenden.
Haben die SuS größere Schwierigkeiten im Schreiben von Texten, so kann auch ein Mustertext hilfreich sein. Alternativ können gemeinsam Stichworte gesammelt werden, bevor der Text geschrieben wird, der dann in der Schreibkonferenz verbessert wird.
Die Schreibkonferenz eignet sich auch, stärkere SuS als Unterstützer für schwächere SuS einzusetzen und so Texte vorzubereiten, die dann von den schwächeren präsentiert werden.

Idee des Werkzeugs

Diese Methode eignet sich für alle längeren Texte wie zum Beispiel Mathebriefe (→ Werkzeug Mathebrief, S. 170) oder für Texte, die anschließend präsentiert werden sollen. Die SuS verbessern sich gegenseitig und **schulen so das genaue Zuhören und Lesen mathematischer Texte**: Sind wirklich alle Informationen im Text enthalten, die man braucht, um das Problem zu verstehen bzw. zu lösen? Wurden die Fachwörter korrekt verwendet?
Da die Methode komplex ist – und nicht allen SuS aus dem Deutschunterricht vertraut – kann es hilfreich sein, eine Checkliste für die SuS zu verteilen.

Termbeschreibungen 6

Klasse 5/6
S. 50

Checkliste Schreibkonferenz

Definition: Bei einer Schreibkonferenz helfen ein oder zwei Schülerinnen oder Schüler einem anderen, einen Text zu verbessern.

CHECKLISTE SCHREIBKONFERENZ

Grundregeln

1. Der Verfasser liest seinen Text vor.
2. Ihr macht euch Stichworte mit Hilfe der Checkliste (unten). Oft ist es sinnvoll, dass der Text ein zweites Mal vorgelesen wird, bevor ihr über ihn sprecht.
3. Denkt daran: Sagt zuerst immer etwas Positives. Wenn ihr Kritik übt, formuliert sie immer persönlich („**ich finde**, …" und nicht „das ist …").
4. Stellt Fragen zu Einzelheiten, die euch unklar sind. Der Verfasser macht sich dabei Zeichen im Text, wo noch etwas verändert werden muss.
5. Geht gemeinsam den Text durch und besprecht sprachliche und inhaltliche Aspekte. Der Verfasser markiert Stellen, die er möglicherweise ändern will, und notiert Vorschläge.
6. Verbessert den Text gemeinsam.
7. Lest den gesamten Text noch einmal vor. Geht dabei die Checkliste noch einmal durch. Muss noch etwas verbessert werden?
8. Schreibt den Text am Ende sauber ab.
9. Präsentiert den Text, wie in der Aufgabenstellung vorgegeben.

Unterstützung einer Schreibkonferenz

- [ ] Was hat dir im Text alles gut gefallen?
- [ ] Hast du verstanden, worum es geht?
- [ ] Was müsste genauer dargestellt werden? Einzelheiten sind wichtig!
- [ ] Wurden Fachwörter verwendet? Wurden sie richtig eingesetzt?
- [ ] Lassen sich Sachen genauer mit Hilfe von Fachwörtern ausdrücken?
- [ ] Wurde ein Beispiel verwendet? Ist es hilfreich? Wurde es gut ausgewählt und gut erklärt?
- [ ] Wurde eine informative Figur, z. B. eine Skizze oder ein Diagramm, abgebildet? Wurde sie erklärt? Ist sie hilfreich?

ISBN 978-3-12-666851-4

WERKZEUG
Stundenprotokoll

Hintergrund

Immer wieder fehlen SuS im Unterricht. Mit Hilfe eines Stundenprotokolls können diese später nachvollziehen, was im Unterricht passiert ist. Das Anfertigen eines solchen Protokolls ist sehr anspruchsvoll und bedarf einer sprachlichen und inhaltlichen Unterstützung durch die Lehrkraft.

Bedeutung der Sprache

Ein Protokoll zu schreiben wird in den Naturwissenschaften geübt. Es bietet sich daher an, an diese Erfahrungen anzuknüpfen. Haben die SuS Erfahrungen mit dem Schreiben eines Lerntagebuchs (→ Werkzeug Lerntagebuch, S. 202), so ist dies auch sehr hilfreich, denn dann haben sie geübt, ihren **Lernzuwachs und ihre offenen Fragen zu dokumentieren**.

Stundenprotokolle sollten immer wieder gemeinsam besprochen werden. Dazu ist es erforderlich, dass alle SuS das Protokoll mitlesen können (z. B. über eine Dokumentenkamera oder eine Kopie auf Overheadfolie). Es kann dann geprüft werden, ob die wesentlichen Aspekte benannt wurden, ob Rechtschreibung und Grammatik stimmen, ob fachsprachlich formuliert und ob zu viel oder zu wenig aufgeschrieben wurde (oft werden von den SuS z. B. Begrüßungen oder Ähnliches mit aufgeschrieben).

Sprachliche Hilfestellung, wie rechts aufgelistet, sollte besonders den sprachlich schwächeren SuS angeboten werden.

Idee des Werkzeugs

Wichtiges von Unwichtigem zu unterscheiden ist insbesondere dann schwierig, wenn man dabei ist, etwas zu lernen. Daher sollte die Lehrkraft den SuS **ein Gerüst geben**, mit dessen Hilfe diese in die Lage versetzt werden, ein Protokoll anzufertigen. Dieses Gerüst sollte eine inhaltliche Stütze bieten, aber auch eine sprachliche, zum Beispiel durch folgende Maßnahmen:

- Zu Beginn der Stunde nennt die Lehrkraft das Lernziel und hält dies an der Tafel fest.
- Die Arbeitsaufträge liegen allen SuS schriftlich vor (und können so zu Hause in das Protokoll integriert werden).
- Die Ergebnisse der Arbeitsphasen trägt jeder SuS in sein Heft ein, auch wenn in Gruppen gearbeitet wird.
- Ergebnisse werden grundsätzlich – zumindest in Stichworten – an der Tafel festgehalten.
- Die SuS erhalten ausreichend Zeit, die Stichworte von der Tafel in ihr Heft zu übernehmen.
- Zum Ende der Stunde wird reflektiert: Inwieweit wurde das Lernziel erreicht? Was genau nehmen die SuS aus der Stunde mit? Welche Fragen sind noch offen?
- Auch dies wird stichwortartig an der Tafel festgehalten.

Stochastik 4

Klasse 9/10
S. 135

Checkliste Stundenprotokoll

Definition: Ein Stundenprotokoll beinhaltet alle wesentlichen Informationen, die in einer Unterrichtsstunde zur Sprache kamen.

CHECKLISTE STUNDENPROTOKOLL

Grundregeln

Mache während der Stunde Stichpunkte. Formuliere sie zu Hause aus. Schreibe alles so auf, dass es **für die Schülerinnen und Schüler verständlich ist, die nicht am Unterricht teilgenommen haben.**

Zu einem Stundenprotokoll gehört:

- eine Kopfleiste (eine Zeile ganz oben auf der Seite) mit Name, Fach und Datum
- eine Struktur, das heißt Überschriften und Absätze
- alle Übungsaufgaben mit den Lösungen
- alle informativen Figuren mit Erklärungen
- alle durchgeführten Rechnungen und Gleichungen mit Erklärungen (Woher kommen die Gleichungen? Wie kommt man auf ein Ergebnis? ...); oft stehen Rechnungen, die du brauchst, als Beispiel an der Tafel
- alle Variablen, mit denen gearbeitet wird, und ihre Erklärungen (zum Beispiel: x gibt die Zeit in Stunden an, y die Höhe in Metern)
- bei Diskussionen eine Zusammenfassung aller Argumente, dabei werden vollständige Sätze geschrieben
- gestellte Hausaufgaben
- Informationen über anstehende Prüfungen, mitzubringendes Material, Hinweise zur Leistungsbewertung, ...

Zu einem Stundenprotokoll gehört NICHT:

- wie sich Lehrkraft und Schülerinnen und Schüler begrüßt haben, in welcher Form Hausaufgaben überprüft wurden, ...

! Ein Stundenprotokoll kann benotet werden.

ISBN 978-3-12-666851-4

WERKZEUG
Tabu-Wörter

Hintergrund

Das Spiel mit Tabu-Wörtern wird in zwei Gruppen gespielt. Dazu gibt es einen Kartenstapel, wobei sich auf jeder Karte ein (Fach-)Wort und dazu vier erklärende Begriffe befinden, die nicht verwendet werden dürfen, um das Wort zu beschreiben. Abwechselnd werden nun möglichst viele Begriffe in einer vorgegebenen Zeit von einem SoS erklärt, die von der Gruppe erraten werden sollen. Ein SoS der anderen Gruppe kontrolliert währenddessen, dass dieser Schüler oder diese Schülerin keines der verbotenen Worte verwendet. Pantomime und Zeichnungen sind nicht erlaubt. Die Karten können entweder vorgegeben sein oder zuvor von den SuS selbst erstellt werden.

Bedeutung der Sprache

Tabu-Wörter dienen in spielerischer Weise dazu, den Wortschatz zu festigen. Da die SuS entweder selbst erklären sollen oder raten, ist die **Schülerbeteiligung sehr hoch**.

TIPP Für sprachschwache Lerngruppen können die vier ausgeschlossenen Begriffe auf der Karte genutzt werden, um das Wort zu beschreiben; die Lehrkraft kann auch die Verwendung von höchstens zwei Wörtern aus der Liste gestatten. Alternativ können Gesten oder Zeichnungen erlaubt werden.

Idee des Werkzeugs

Das Erstellen der Karten ermöglicht eine gute **Wiederholung zum Abschluss** einer Einheit. Die SuS **vernetzen die Fachbegriffe**, während sie sich überlegen, welche Begriffe zusammenhängen. Die Motivation ist bei den SuS zumeist hoch, weil sie sich schwierige Rätsel für die gegnerische Gruppe ausdenken wollen. Wenn die Karten selbst erstellt werden, bietet es sich an, für jede Gruppe eine Farbe zu verwenden, damit später nur jeweils die Karten der anderen Gruppe erraten werden.

Haus der Vierecke 6
Klasse 7/8
S. 125

Tabu-Wörter Spielanleitung

Partnerarbeit:

1. Faltet leere Din-A4-Blätter zweimal, sodass vier gleich große Felder entstehen, und zerschneidet die Blätter entlang der Kanten.
2. Überlegt, welche Worte in der letzten Unterrichtseinheit besonders wichtig waren, und schreibt jedes Wort einzeln auf ein kleines Blatt. Notiert zu jedem Wort vier Begriffe, die man gut verwenden könnte, um das Wort zu erklären. Diese Begriffe sind tabu, das heißt ausgeschlossen.

Beispiel

Das Viereck	Die Diagonale	Die Symmetrieachse
die Figur beliebig verbinden/die Verbindung der Punkt	verbinden gegenüberliegend der Winkel quer	der Spiegel/spiegeln klappen halbieren doppelt

Gruppenarbeit:

1. Die Hälfte der Zweierteams bildet jeweils eine Gruppe.
2. Alle Blätter dieser Gruppe werden eingesammelt. Die Blätter der beiden Gruppen sollen dabei nicht vermischt werden.

Spiel mit Tabu-Wörtern:

Nun wird mit den Tabu-Wörtern gespielt: Jeweils ein Schüler aus jeder Gruppe kommt nach vorn. Dann versucht einer der Schüler in einer vorgegebenen Zeit möglichst viele Begriffe der anderen Gruppe zu erklären, ohne die Worte zu verwenden, die auf der Karte/dem Blatt darunterstehen. Pantomime ist auch verboten. Seine Gruppe versucht zu erraten, welcher Begriff gemeint ist. Das Mitglied der anderen Gruppe kontrolliert die Zeit und dass die ausgeschlossenen Wörter nicht verwendet werden. Nach Ablauf der Zeit wird gewechselt.

Praxishandbuch Sprachbildung Mathematik
Sprachsensibel unterrichten – Sprache fördern
ISBN 978-3-12-666851-4

WERKZEUG
Tangram

Hintergrund

Bei einem Tangram zerschneidet man ein Quadrat in mehrere Teile (geometrische Formen) und legt mit ihnen Figuren nach. Das Zerlegen und erneute Zusammensetzen wird dadurch als Strategie veranschaulicht und von den SuS trainiert. Die Zerlegungsstrategie ist bei vielen Problemaufgaben im Mathematikunterricht erfolgreich. Mit dieser handlungsorientierten Vorgehensweise sollen die SuS die Methode kennenlernen.

Bedeutung der Sprache

Das Tangram-Spiel schärft den Blick für Formen und wie sie zusammenhängen. Mit Hilfe von geeigneten Redemitteln kann beschrieben werden, wie die Figuren entstehen. Dies ist umso anspruchsvoller, je mehr Teile verwendet werden und wenn sich bei den Figuren, die gelegt werden, wenig Umrisse zeigen.
Dürfen SuS ihre Beschreibungen vorlesen, können die anderen dabei versuchen, nach der Anleitung die Figur zu legen. Das trainiert spielerisch das **genaue Zuhören und Hörverständnis**. Dabei kann es hilfreich sein, wenn die Lehrkraft ein Tangram in groß auch für die Tafel zur Verfügung stellt, damit die Anleitung gemeinsam überprüft werden kann.
Diese Beschreibungen stellen eine gute **Vorübung für das Arbeiten mit Konstruktionsbeschreibungen** dar.

Idee des Werkzeugs

Ein einfaches Trangram (→ KV 4a, S. 60) kann von den SuS als Hausaufgabe angefertigt werden. Bei der Erstellung eines Tangrams mit sieben Teilen kann es hilfreich sein, zunächst die Einzelteile zu beschriften, um so gleichzeitig die Namen der Figuren (Quadrat, Parallelogramm, rechtwinkliges Dreieck) einzuprägen. Ein Tangram eignet sich gut, um in Einzelarbeit Figuren nachzulegen, aber auch, um exakte Bilder von gelegten Figuren zu zeichnen. Letzteres ist mitunter sehr anspruchsvoll.
Außerdem veranschaulicht das Tangram die Flächengleichheit: Der Flächeninhalt bleibt erhalten, solange alle Teile verwendet werden. Dies ist eine gute Methode, um beispielsweise zunächst Scherungen und dann den Satz von Cavalieri vorzubereiten.

Mit Größen umgehen 4a
Klasse 5/6
S. 60

Ein Tangram erstellen und beschreiben

1 Was ist ein Tangram?

Ein Tangram ist ein Legespiel. Ein Quadrat wird in mehrere Teile zerschnitten (wie in der Abbildung links). Mit diesen Teilen werden Figuren (wie in der Abbildung rechts) gelegt.

2 Anleitung für ein Tangram

1. Zerschneide ein Dezimeterquadrat (das ist ein Quadrat mit einer Seitenlänge von einem Dezimeter) wie oben dargestellt. Beschrifte alle Figuren. In der Abbildung oben links hast du ein Quadrat, ein Parallelogramm, zwei kleine rechtwinklige Dreiecke, ein mittleres rechtwinkliges Dreieck und zwei große rechtwinklige Dreiecke. Alle Dreiecke sind gleichschenklig, das heißt, dass sie zwei gleich lange Seiten haben.
2. Ordne die Figuren neu an, sodass die abgebildete Figur oben rechts entsteht.
3. Bei jeder Figur werden alle Teile des Quadrates verwendet.
   - Folgende Überlegungen können dir helfen:
   - Untersuche, welche Seiten der verschiedenen Figuren gleich lang sind.
   - Probiere, welche Figuren entstehen, wenn du gleich lange Seiten von zwei Figuren zusammenlegst.
   - Mache dir auch Skizzen zu zusammenliegenden Figuren.
   - Beschreibe, wie du die Figur gelegt hast. Folgende Wörter können dir dabei helfen:
     die lange Seite, die kurze Seite – im rechten Winkel (rechtwinklig, im Winkel von 90°, senkrecht) – parallel – aneinandergrenzen, gegenüberliegen – anlegen, neben … legen, berühren – drehen um einen Winkel von – schieben, verschieben – treffen, aufeinandertreffen

Praxishandbuch Sprachbildung Mathematik
Sprachsensibel unterrichten – Sprache fördern
ISBN 978-3-12-666851-4

WERKZEUG

Vorher–Nachher-Test mit Gruppenarbeit

Hintergrund

Bei dieser Methode folgt auf einen Vortest eine Phase des Lernens durch Lehren (→ Werzeug Lernen durch Lehren, S. 201), an die sich ein zweiter Test (Nachtest) anschließt. Ziel ist es, das Ergebnis im Nachtest sichtbar zu verbessern.
Für die sprachintensive Phase des Lernens durch Lehren werden gleich starke Teams oder Gruppen auf der Grundlage des ersten Tests gebildet. Beispielsweise kann man sich zu jedem Schüler die erreichte Gesamtpunktzahl notieren und dann Gruppen bilden, die über die gleiche Gesamtpunktzahl verfügen.
Nun unterrichten sich die SuS gegenseitig. Handelt es sich um einen kurzen Test, der verbessert werden soll, so kann eine Arbeitsphase von 20 Minuten schon ausreichend sein. In dieser Arbeitsphase stehen die Aufgaben aus dem Test und eventuell ähnliche Aufgaben mit Lösungen zur Verfügung.
Nach diesem gegenseitigen Unterrichten wird der Nachtest geschrieben. Es empfiehlt sich, den Test zeitnah zu schreiben, damit die Erfolge für die SuS sichtbar sind.
Die Auswertung erfolgt zunächst wie im Einzeltest, dabei ist es günstig, genauso viele Punkte zu verteilen. Nun kann man die Gruppenverbesserung betrachten: Je stärker sich eine Gruppe verbessert hat, desto besser ist das Lernen und Lehren gelungen, desto besser sollte auch die Note sein.

Bedeutung der Sprache

Die Arbeit in den Gruppen ist **sehr sprachintensiv**: Während dieser Phase sind die SuS aufeinander angewiesen, die Lehrkraft zieht sich zurück. Da jede Einzelleistung im Nachher-Test sich auf das Gruppenergebnis auswirkt, bemühen sich die SuS im Allgemeinen stärker als sonst, Dinge zu erklären oder noch nicht Verstandenes zu erfragen.

Fragen an die Lehrkraft zu stellen, fällt vielen SuS schwer, zum einen müssen sie meist vor der ganzen Klasse sprechen und dann noch etwas in Worte fassen, was sie nicht ganz verstanden haben. Die Klassenkameraden können meist besser antizipieren, wo die schwächeren SuS noch Schwierigkeiten haben, sodass diese durch Zeigen („das da habe ich noch nicht verstanden") einfacher Fragen stellen können.
Aufgaben zu erklären, die man richtig gelöst hat, gelingt auch jüngeren oder sprachlich schwächeren SuS erstaunlich gut, weil sie sich dabei alltagssprachlich ausdrücken und Gesten verwenden können: Es wird auf die Rechnung gezeigt, anstatt viele Worte zu machen, aber durch das Hervorheben der wesentlichen Aspekte verstehen die Klassenkameraden trotzdem, worauf es ankommt. **Erfolgserlebnisse motivieren**, sich zukünftig auch im Unterrichtsgespräch aktiv zu beteiligen.
Die Lehrkraft kann Wortlisten, Lernplakate oder das Glossar anbieten, um die SuS in der Gruppenphase sprachlich zu unterstützen.

Idee des Werkzeugs

Diese Methode eignet sich gut, wenn nur ein Teil der Klasse einen Inhalt gut verstanden hat. Erfahrungsgemäß verbessert sich auch die Zusammenarbeit in den Gruppen, da sich die Motivation mit dem Lernen durch Lehren steigert.
Wichtig bei der Methode ist es, das Vorgehen vorher den SuS transparent zu machen. Gerade leistungsstarke SuS sind mitunter schwer zu motivieren, Aufgaben den ganz schwachen zu erklären. Bei diesem Vorgehen wird aber genau das besonders belohnt: Schließlich ist es leichter, ein paar Punkte mehr im Test zu erhalten, wenn man vorher fast keine hatte, als wenn einem nur sehr wenige Punkte fehlen.
Mit dieser Methode kann den SuS auch gezeigt werden, wie schön es ist, wenn der Mut, Fragen zu stellen oder zu beantworten, dazu führt, dass man ein Erfolgserlebnis hat – nicht nur für den Lerner, sondern auch für den Lehrer.

Lineare Funktionen 4

Klasse 7/8
S. 108

Checkliste Vorher–Nachher-Test

CHECKLISTE

Test I (Vortest)
Du schreibst einen Test alleine.

Training

Du trainierst und verbesserst in der Gruppe, was du im Vortest nicht so gut geschafft hast.
Hier einige Tipps:

- Betrachte zunächst deinen ersten Test:
  → Welche Aufgaben kannst du gut?
  → Bei welchen Aufgaben hast du Fehler gemacht?
- Versuche, die falschen Aufgaben nun richtig zu lösen. Dafür kannst du dir in deiner Gruppe Hilfe suchen:
  → Wer hat die Aufgaben gut gelöst?
  → Wer kann diese Aufgaben erklären? Frage nach, wenn du die Erklärung nicht verstehst. Versuche dann, die Aufgabe alleine zu lösen.
  → Wenn du den anderen eine Aufgabe erklärst, frage nach, ob die anderen dich verstanden haben.
  → Vergleicht eure Lösungen untereinander: Habt ihr den gleichen Lösungsweg? Und wenn nicht: Sind beide Lösungen richtig?
  → Überlegt euch Aufgaben, die ganz ähnlich sind (ihr könnt zum Beispiel die Zahlenwerte tauschen). Löst diese Aufgaben und vergleicht eure Ergebnisse.
- Bearbeitet weitere Übungsaufgaben.
- Überlegt euch gemeinsam, woran man erkennt, wie man die Aufgabe bearbeiten muss.

Test II (Nachtest)
Du schreibst einen zweiten Test alleine. Es gibt aber auch eine Gruppennote. Eure Punkte werden zusammengerechnet. Eure Note ist umso besser, je mehr ihr euch gegenüber eurem ersten Test verbessert habt.

Praxishandbuch Sprachbildung Mathematik
Sprachsensibel unterrichten – Sprache fördern
ISBN 978-3-12-666851-4

WERKZEUG

Wochenaufgaben

Hintergrund

Wochenaufgaben sind Hausaufgaben, die an einem festen Wochentag ausgegeben und von den SuS innerhalb einer Woche erledigt werden. Sie behandeln nicht nur den aktuellen Stoff, sondern stets auch zurückliegende Elemente.

Die Wochenaufgaben enthalten vertraute Formulierungen und Kontexte, sodass den SuS **selbstständiges Üben** ermöglicht wird.

Mit den neuen Wochenaufgaben werden die Lösungen zu den vorangegangenen Aufgaben ausgeteilt. Somit können die SuS ihre Aufgaben selbst kontrollieren. Die Aufgaben und Lösungen können auch genutzt werden, um ähnliche Aufgaben zu bearbeiten. Um eine sprachliche und mathematische Binnendifferenzierung zu ermöglichen, gibt es bei den Wochenaufgaben Punkte für jede bearbeitete Aufgabe, sodass man nicht alle Aufgaben bearbeiten muss. Da die Aufgaben im Schwierigkeitsgrad stark variieren, können die SuS so auf dem eigenen Niveau arbeiten.

Bedeutung der Sprache

Eine sprachliche Binnendifferenzierung kann durch kurze und lange Textaufgaben erfolgen oder durch Aufgaben, die mehr oder weniger sprachliche Stolpersteine enthalten. Auch bei den Anforderungen an die Textproduktion kann der Anspruch variiert und **an den Sprachstand der SuS angepasst** werden. Günstig ist, mit sprachschwachen SuS das Arbeitsblatt gemeinsam zu lesen und unklare Formulierungen zu besprechen.

Da die Wochenaufgaben auch weiter zurückliegende Fachwörter verwenden, müssen die SuS die Fachwörter wiederholen – zum Beispiel mit Hilfe ihres Glossars. Die mehrfache Wiederholung begünstigt eine Aufnahme in das Langzeitgedächtnis.

Idee des Werkzeugs

Durch die Behandlung weiter zurückliegender Unterrichtsinhalte wird erreicht, dass die SuS über ein **Grundwissen** verfügen. Allerdings dauert es erfahrungsgemäß bis zu einem Schuljahr, bis sich eine Gruppe auf die Wochenaufgaben eingelassen hat.

Leistungsschwächere SuS haben im Allgemeinen seltener Erfolgserlebnisse; die Binnendifferenzierung ermöglicht auch den schwächeren SuS, die geforderte Punktzahl zu erreichen und somit eine **sehr gute mündliche Leistung** zu zeigen.

Wichtig ist, dass die Wochenaufgaben regelmäßig kontrolliert werden. Das kann erfolgen, indem die Lehrkraft regelmäßig einen Blick auf alle Aufgaben wirft und jede Woche zwei bis drei SuS auslost, von denen sie die Hausaufgaben genau kontrolliert. Dabei sollte auch mal zwei Wochen hintereinander derselbe SoS ausgelost werden, damit sich diejenigen, die gerade kontrolliert wurden, nicht in den nächsten Wochen „ausruhen".

Neigt die Lerngruppe dazu, mehrheitlich nur die leichten Aufgaben zu bearbeiten, kann man die leichten Aufgaben mit einem „unbequemen" Teil versehen, beispielsweise einem längeren Text zum Abschreiben. Eine weitere Möglichkeit, um SuS für das regelmäßige Erledigen der Wochenaufgaben zu motivieren, ist es, in den Klassenarbeiten jeweils eine Aufgabe direkt aus den Wochenaufgaben zu entnehmen. Dabei sollte es dann eine eher leichte Aufgabe sein, damit nicht gerade diese Aufgabe von den SuS ausgelassen wurde.

Mit Größen umgehen 7
Klasse 5/6
S. 64

Koordinatensystem 9
Klasse 5/6
S. 80

Wissen festigen mit Wochenaufgaben

Wochenaufgaben sind Hausaufgaben für eine ganze Woche, die du dir frei einteilen kannst.

Beispiel:
Klasse 5b, Wochenaufgaben Nr. 3 — Abgabe am 12.09.
Name:
Diese Woche benötigst du 30 Punkte.
Aufgabe 1: Notiere den Term und berechne ihn.
a) Addiere das Produkt aus 4 und 7 zu 23. (3 Punkte)
...

Grundregeln für Wochenaufgaben

- Du erhältst jeweils montags neue Aufgaben.
- Erledige die Aufgaben auf einem Zettel. Sammle den Zettel gemeinsam mit dem Aufgabenblatt in einem extra Hefter.
- Wenn du die Aufgaben nicht verstehst, kannst du
  → Wörter in deinem Glossar nachschlagen,
  → im Regelheft oder im Mathematikbuch nachsehen,
  → bei alten Wochenaufgaben nachsehen, denn oft ähneln sich die Aufgaben.

  Wenn das alles nicht hilft, kannst du
  → eine Klassenkameradin oder einen Klassenkameraden fragen,
  → in der nächsten Mathematikstunde deine Lehrkraft fragen.
- Daher solltest du, möglichst noch am Montag, spätestens aber vor der letzten Mathestunde in der Woche, die Aufgaben genau durchlesen!
- **Teile dir die Aufgaben gut ein!** Du musst an einem Tag, an dem du nachmittags vielleicht noch Sport machst, nicht unbedingt Mathehausaufgaben machen, aber schiebe nicht alles auf das Wochenende!
- Hinter jeder Aufgabe stehen Punkte. Oben auf dem Aufgabenblatt ist notiert, wie viele Punkte du mindestens erreichen sollst. Wähle die Aufgaben so, dass du damit gut trainierst: Also nicht zu leicht, aber doch so, dass du sie alleine schaffen kannst.
- Mit dem nächsten Aufgabenblatt erhältst du die Lösungen der alten Aufgaben. **Kontrolliere deine Aufgaben** zu Hause, das ist Teil deiner Aufgaben! Notiere, wenn du etwas von den Lösungen nicht verstehst, und frage dies in der nächsten Mathematikstunde nach.
- Jeden Montag wird deine Lehrkraft einige SuS auslosen und deren Aufgaben einsammeln und benoten. Denke daran: Du kannst auch dreimal hintereinander ausgelost werden!

Praxishandbuch Sprachbildung Mathematik
Sprachsensibel unterrichten – Sprache fördern
ISBN 978-3-12-666851-4

WERKZEUG

Sozialform Gruppenarbeit

Hintergrund

Gruppenarbeit ist darauf ausgerichtet, dass in einer Gruppe von mehr als zwei Personen konstruktiv an einer Aufgabe gearbeitet wird. Es sollte immer **explizit ein Ergebnis eingefordert werden**.

Damit die Gruppenarbeit gelingt, müssen die SuS in der Lage sein, einen sozialen Umgang zu pflegen und eigenverantwortlich zu arbeiten. An beides kann man die SuS nur schrittweise heranführen (z. B. durch Partnerarbeit und dadurch, dass man zunächst nur kurze, kleinschrittige Arbeitsaufträge vergibt, die dann zunehmend offener werden).

Bedeutung der Sprache

Diese Sozialform ist mehrfach sprachförderlich: Zum einen wird der **Sprachanteil von allen SuS erhöht**, denn in mehreren Gruppen wird gleichzeitig über eine Aufgabe diskutiert. Zum anderen ermöglicht die Arbeit in diesen Schülergruppen den SuS, dass sie Gesten stärker in die Argumentation einbeziehen und sich der **Alltagssprache** bedienen können, um das Problem zu erfassen und zu lösen. Dies bereitet einen fachsprachlichen Dialog über das Problem vor.

Damit die Diskussion in den Gruppen gelingt, sollte die Gruppenarbeit auch sprachlich vorbereitet werden. Das beinhaltet sowohl die Gruppenzusammensetzung als auch die sprachlichen Redemittel, die den Gruppen zur Verfügung gestellt werden. Bildet man sprachlich homogene Gruppen, bietet es sich an, den Gruppen entweder unterschiedlich schwierige Aufgaben zu geben oder sie in unterschiedlichem Maße sprachlich zu unterstützen.

Die Vergabe von verschiedenen Aufgaben an die SuS hat den Vorteil, dass anschließend alle Gruppen ihre Ergebnisse präsentieren müssen und diese Präsentation für die anderen SuS etwas Neues bietet (→ Werkzeug Gruppenpuzzle, S. 160). Die vorstellende Gruppe ist dadurch zu einer stärkeren Präzision gezwungen, als wenn alle bereits den Kontext kennen und sich selbst eine Lösung erarbeitet haben. Offene Aufgabenstellungen mit Hilfe eines zentralen Impulses ermöglichen es, verschiedene Zugänge zur Aufgabe zu wählen, sodass eine Binnendifferenzierung erfolgt.

Die Präsentation kann von der Lehrkraft auch gerade an diejenigen SuS vergeben werden, die sich sonst nicht so aktiv am Unterricht beteiligen, ebenso kann die Dokumentation an jemanden übertragen werden, der sich gerne in der Gruppenarbeit zurückzieht. Voraussetzung dafür ist allerdings, dass die Person von der Gruppe bei der Dokumentation und der Vorbereitung der Präsentation entsprechend unterstützt wird (z. B. durch Wortlisten, Glossar, Satzmuster, Satzanfänge, ...).

Idee des Werkzeugs

Auch bei Gruppenarbeit besteht die Gefahr, dass einige SuS sich nicht äußern möchten und daher nicht aktiv an der Gruppenarbeit teilnehmen. Um diesem Phänomen vorzubeugen, kann man Rollenkarten (→ S. 190) verteilen. Hat jedes Mitglied eine klare Aufgabe – zusätzlich zum eigentlichen Arbeitsauftrag –, steigt die Verantwortung und die Motivation, sich am Gespräch zu beteiligen.

Die Rollen können flexibel ausgewählt werden. Die Moderation ist die verantwortungsvollste Rolle, sie sollte in unerfahrenen Klassen mit Bedacht ausgegeben werden, später aber sollten alle SuS einmal diese Rolle übernehmen. Unruhige Klassen brauchen jemanden, der Ruhe stiftet, während verträumte Klassen einen Zeitwächter benötigen. Die Vorlesekarte kann helfen, dass einander zugehört wird, nimmt zugleich auch jemanden in die Pflicht, sorgfältig vorzulesen. Bei der Rolle des Schriftführers sollte deutlich gemacht werden, dass die Formulierungen gemeinsam in der Gruppe erarbeitet werden, denn alle sind für den Text verantwortlich.

Bei der Präsentation ist es häufig günstig, mit einer leistungsschwachen Gruppe zu beginnen, damit auch deren Beiträge gewürdigt werden. Wichtig ist es, dabei auch auf das Feedback (→ Werkzeug Feedback, S. 156) zu achten, das mit der Klasse trainiert werden sollte.

CHECKLISTE GRUPPENARBEIT

Bei der Gruppenarbeit bearbeitest du mit anderen Schülern gemeinsam eine Aufgabe, sodass ihr sie anschließend präsentieren könnt.

Grundregeln

- Du gehst in deine Gruppe. Falls ihr dabei Tische und Stühle umstellen müsst, macht ihr dies **leise und schnell**.
- Ihr verteilt die Gruppenaufgaben: Moderation (Gesprächsleitung), Zeit nehmen, …
- Du legst dein Material bereit.
- Ihr besprecht die Aufgabenstellung und legt fest, wie ihr vorgehen wollt.
- Nur wenn es euch gemeinsam nicht gelingt, den Arbeitsauftrag zu verstehen, fragt ihr die Lehrkraft.
- Denkt daran:
  → In eurer Gruppe helft ihr euch gegenseitig.
  → Alle Gruppenmitglieder sind gleichberechtigt.
  → Ihr führt keine Privatgespräche.
  → Ihr geht freundlich miteinander um.
- Alle bereiten **gemeinsam** die Präsentation vor. Texte werden **gemeinsam** verfasst.
- Wenn eine Gruppe ihr Ergebnis vorträgt, hörst du aufmerksam zu.
- Du gibst den anderen Gruppen Feedback. Denke daran: Beginne mit etwas Positivem und formuliere alles persönlich („Ich finde …“ und nicht „Das ist …“).

Praxishandbuch Sprachbildung Mathematik
Sprachsensibel unterrichten – Sprache fördern
ISBN 978-3-12-666851-4

Rollenkarten Gruppenarbeit

Rollenkarte Gruppenarbeit

Präsentation

Du präsentierst am Ende eure Ergebnisse.
Achte darauf, dass der Schreiber oder
die Schreiberin eure Ergebnisse sorgfältig
und ordentlich aufschreibt.
Du musst sie gut lesen können.
Hebt die wichtigen Stichworte farblich hervor.
Du behältst dann leichter den Überblick.

Rollenkarte Gruppenarbeit

Materialbeschaffung

Du holst alle Materialien, die ihr
zum Arbeiten braucht.
Bringe am Ende alle Materialien wieder zurück
und sorge dafür, dass aufgeräumt wird.

Rollenkarte Gruppenarbeit

Vorlesen

Du liest die Aufgaben vor.
Sollten dir die anderen nicht zuhören,
bitte den Ruhestifter/die Ruhestifterin oder
die Moderation um Hilfe.

Rollenkarte Gruppenarbeit

Schreiben

Du schreibst die Arbeitsergebnisse auf.
Dazu gehören auch die Pläne, die ihr macht,
und die Zwischenergebnisse.
Auch die Präsentation schreibst du auf.
Den Text, den du aufschreibst, verfasst eure
Gruppe gemeinsam.

Rollenkarte Gruppenarbeit

Hilfe

Du bist der **„Joker"** – bitte springe (zusätzlich zum
eigentlichen Arbeitsauftrag!) überall dort ein,
wo Hilfe/Unterstützung benötigt wird!

Rollenkarte Gruppenarbeit

Ruhe stiften

Du achtest darauf, dass in deiner Gruppe ruhig
gesprochen wird und keiner durch die Klasse rennt.
Wenn sich zwei Gruppenmitglieder streiten,
sorgst du dafür, dass sie ruhig ihre Meinung
mitteilen und sich nicht durch Worte gegenseitig
verletzen.

Rollenkarte Gruppenarbeit

Moderation

Du leitest die Gruppenarbeit:
Sorge dafür, dass **alle** mitarbeiten und dass die
Arbeitsaufträge sinnvoll verteilt werden.
Du erteilst das Wort, wenn mehrere gleichzeitig
reden wollen.

Rollenkarte Gruppenarbeit

Zeit nehmen

Du bist dafür verantwortlich, dass ihr rechtzeitig
fertig werdet.
Finde heraus, wie lange ihr Zeit habt, und erinnere
die anderen regelmäßig daran, wie viel Zeit euch
noch bleibt.

Praxishandbuch Sprachbildung Mathematik
Sprachsensibel unterrichten – Sprache fördern
ISBN 978-3-12-666851-4

WERKZEUG

Sozialform Murmelphase

Hintergrund

Eine Murmelphase ist eine kurze Austauschphase, bei der die SuS sich mit anderen SuS in der Nähe austauschen, bevor sie sich im Plenum äußern. Eine Murmelphase dient dazu, **eine Äußerung inhaltlich und sprachlich vorzubereiten**.

Bedeutung der Sprache

Mit Murmelphasen soll erreicht werden, dass ein größerer Anteil der SuS sich aktiv mit einem Problem auseinandersetzt und sich auch ein größerer Teil dazu äußert. Für einige SuS stellt eine Murmelphase einen **Schutzraum** dar, in dem sie ihre Ideen prüfen können, bevor sie sie vor der ganzen Klasse präsentieren, und vor allem auch, in dem sie vorformulieren und sich bei ihrem Partner sprachliche Unterstützung holen können.

Idee des Werkzeugs

Murmelphasen bieten sich an, wenn man bemerkt, dass Redebedarf zu einem gestellten Problem herrscht, beispielsweise, weil ein Teil der SuS die Fragestellung nur teilweise verstanden hat.
Auch wenn es darum geht, Ideen zu sammeln, eignen sich Murmelphasen. Die Methode kann spontan eingesetzt werden, es empfiehlt sich nur, auf die begrenzte Zeit hinzuweisen.

CHECKLISTE MURMELPHASE

In einer Murmelphase kannst du dich kurz mit deinen Nachbarn besprechen, bevor das Unterrichtsgespräch weitergeht.

Grundregeln

- Du redest leise mit deinen Nachbarn.
- Du schweifst nicht vom Thema ab.
- Du holst dir von deinem Nachbarn Hilfe, wenn du etwas nicht richtig ausdrücken kannst („Wie nennt man noch mal …?").
- Ihr besprecht euch so, dass du einen Unterrichtsbeitrag liefern kannst.
- Sobald es angesagt wird, hörst du auf zu reden.

WERKZEUG
Sozialform Partnerarbeit

Hintergrund
Bei der Partnerarbeit arbeiten zwei Schülerinnen oder Schüler konstruktiv zusammen. Die SuS können sich gegenseitig abfragen (z. B. → Werkzeug Tandembogen, S. 208) oder gemeinsam ein Problem bearbeiten. Die Partner können von der Lehrkraft zugeordnet werden (leistungshomogen, heterogen oder zufällig) oder von den SuS selbst gewählt werden.

Bedeutung der Sprache
Bei einer Partnerarbeit kommunizieren die Partner über die Aufgabenstellung, dadurch wird eine **hohe sprachliche Aktivität** erzeugt. Auch können schwierigere Aufgaben bearbeitet werden als in Einzelarbeit. Im Gegensatz zur Gruppenarbeit ist es bei der Partnerarbeit auch nicht so leicht möglich, sich zurückzuziehen und anderen das Arbeiten zu überlassen.
Partnerarbeit erfolgt im Alltag häufig selbst dann, wenn Einzelarbeit angesagt wird, weil die SuS das Bedürfnis haben, ihre Ergebnisse zu vergleichen. Gerade unter dem Aspekt der Sprachförderung sollte man dies unterstützen: Die SuS können sich alltagssprachlich austauschen, bevor sie sich in der Klassengemeinschaft fachsprachlich äußern.

Idee des Werkzeugs
Häufig wird die Partnerarbeit mit dem Sitznachbarn durchgeführt. Gerade in Klassen, in denen nicht jeder mit jedem arbeiten mag, kann es sinnvoll sein, hierzu Alternativen zu finden. Möglich ist es beispielsweise, einmalig verschiedene Konstellationen festzulegen, sodass jeder verschiedene feste Partner hat, zum Beispiel drei. Erfolgt die Ansage, dass man sich mit seinem ersten (zweiten oder dritten) Partner zusammensetzen soll, dann liegt der Partner und auch der Arbeitsplatz fest und eine schnelle Umsetzung kann erfolgen.

TIPP Günstig ist es, wenn diese Festlegungen mit dem Klassenkollegium abgesprochen werden, sodass in allen Fächern darauf zurückgegriffen werden kann.

CHECKLISTE PARTNERARBEIT

Bei der Partnerarbeit arbeiten zwei (in Ausnahmefällen drei) Schülerinnen bzw. Schüler gemeinsam an einer Aufgabe.

Grundregeln

- Du hast Blickkontakt zu deinem Partner, du wendest dich deinem Partner zu.
- Du berätst dich mit deinem Partner, um die Aufgaben zu lösen.
- Ihr trefft Entscheidungen gemeinsam.
- Ihr helft euch gegenseitig.
- Ihr achtet darauf, die Zeitvorgabe einzuhalten.

WERKZEUG

Ein Arbeitsblatt gestalten

Hintergrund

SuS erstellen selbstständig ein Arbeitsblatt für ihre Mitschüler. Dies ist eine anspruchsvolle Aufgabe, denn sie setzt voraus, dass ein Thema inhaltlich verstanden wurde und möglichst sogar ein Bewusstsein für typische Schwierigkeiten und daraus resultierende Fehler vorhanden ist.
Arbeitsblätter können gestaltet werden, um ein Themengebiet zu wiederholen, um etwas zu üben, aber auch um anderen etwas beizubringen (→ Werkzeug Lernen durch Lehren, S. 201). Dabei entstehen – je nach Niveau der beteiligten Schülerinnen und Schüler – Arbeitsblätter, die sich im Schwierigkeitsgrad und in der mathematischen Form stark unterscheiden. Arbeitsblätter eignen sich daher auch gut, um Gruppenleistungen zu bewerten, wenn sie beispielsweise parallel zu einem Lernplakat (→ Werkzeug Lernplakat, S. 168) oder einem Lehrfilm (→ Werkzeug Lehrfilm drehen, S. 164) erstellt werden.

Bedeutung der Sprache

Das Formulieren von Aufgaben, die präzise sind und alle nötigen Informationen enthalten, ist schwierig. Hilfreich ist es, wenn die SuS die mathematischen Operatoren kennen und darauf hingewiesen werden, sie hier einzusetzen. Auch können sie dazu angeregt werden, **Vorlagen zu verwenden**; dabei kann eine Vorlage ein gutes Arbeitsblatt zu einem anderen Thema oder Beispiele aus einem Buch sein.
Es können unterschiedlich schwierige Themen vergeben werden, sodass eine Binnendifferenzierung möglich ist. Die SuS können sich an den Aufgaben orientieren, die bereits im Unterricht behandelt wurden, müssen also eher Aufgaben auswählen als neu zu erstellen. Letzteres ist mathematisch nicht so anspruchsvoll und nicht so kreativ, führt aber dazu, dass die SuS sich sprachlich und inhaltlich mit den Aufgaben auseinandersetzen. Für sprachlich schwache SuS ist dieses Aussuchen demnach anspruchsvoll. Sie trainieren hier das Leseverständnis, haben aber bei Bedarf Unterstützung von ihren Mitschülern.

Idee des Werkzeugs

Das Erstellen eines Aufgabenblattes hat weniger das kreative Aufgabenfinden zum Zweck – wie dies bei der Aufgabenvariation (→ Werkzeug Aufgabenvariation, S. 152) der Fall ist –, sondern dient dazu, **exemplarische Aufgaben für die Mitschüler zusammenzustellen**, damit diese einen bestimmten Aspekt trainieren können.
Beim Lernen durch Lehren hilft ein gestaltetes Arbeitsblatt, den Erfolg des Lehrens zu überprüfen.
Wegen der vielen Anforderungen ist es zumeist hilfreich, Arbeitsblätter in Partner- oder Gruppenarbeit erstellen zu lassen. Abhängig von der Lerngruppe kann die Gestaltung des Arbeitsblatts präziser oder offener beschrieben sein. Denkbar ist auch, je nach Gruppe mehr Hilfestellungen in Form von möglicherweise geeigneten Aufgaben oder anderen guten Arbeitsblättern als Vorlage zu geben und so die Binnendifferenzierung umzusetzen.

Bruchrechnung

8

Klasse 5/6
S. 96

WERKZEUG

Blütenaufgaben

Hintergrund

Bei Blütenaufgaben geht es darum, **zu einem Kontext** eigenverantwortlich verschiedene Teilaufgaben zu bearbeiten. Hierzu erhalten die SuS eine Zeitvorgabe oder eine Vorgabe, wie viele Aufgaben zu bearbeiten sind oder wie viele z. B. Sterne erreicht werden müssen (dazu erhält jede Aufgabe Sterne, mehr Sterne, je schwieriger die Aufgabe ist).

Bedeutung der Sprache

Eine der Schwierigkeiten beim Bearbeiten von Textaufgaben ist, dass sich die SuS zunächst in einen Kontext einlesen müssen. Sollen mehrere Textaufgaben bearbeitet werden, ist dies jedes Mal eine hohe sprachliche Anforderung. Bei Blütenaufgaben wird diese **sprachliche Hürde gesenkt**. Man kann alle SuS gemeinsam in den Kontext einführen, bevor sie anschließend selbstständig die Aufgaben bearbeiten. Das selbstständige Bearbeiten ermöglicht, dass die SuS in eigenem Tempo arbeiten können, auch das kommt besonders SuS entgegen, die sprachliche Schwierigkeiten haben.

Dies ermöglicht der Lehrkraft auch einen neuen diagnostischen Blick: Können die SuS nun Aufgaben lösen, die sonst nicht oder nur wenig bearbeitet werden, liegt es vermutlich an den reduzierten sprachlichen Barrieren.

Idee des Werkzeugs

Die Lehrkraft sollte die Aufgaben so erstellen, dass diese zum einen unterschiedliches Niveau haben (von leicht zu schwer). Auf der anderen Seite sollten die Aufgaben so gestaltet sein, dass sie nicht aufeinander aufbauen, man also nicht den Aufgabenteil a) bearbeiten muss, um b) lösen zu können.

Auch bei der anschließenden Besprechung kann differenziert werden: Nicht mehr alle Teilaufgaben müssen vorgestellt oder besprochen werden, sondern Aufgaben aus dem unteren Schwierigkeitsgrad können selbst kontrolliert werden, Aufgaben mittleren Schwierigkeitsgrads werden im Plenum besprochen, um allen SuS einen möglichst großen Lernzuwachs zu ermöglichen. Bei schwierigen Aufgaben, die zumeist nur von wenigen SuS gelöst werden, kann die Rückmeldung über das Vorgehen direkt von der Lehrkraft erfolgen, ohne dass die Aufgabe im Plenum besprochen wird.

Lineare Funktionen 5

Klasse 7/8
S. 109

WERKZEUG

Domino

Hintergrund

Bei einem Domino-Spiel werden gleichwertige Paare hintereinandergelegt. Dabei ist jedes Paar auf zwei Karten verteilt, jede Karte ist in zwei Hälften geteilt, sodass durch das Zusammenlegen eine Kette entsteht: [Start|A] [A|B] [B|C] ... Im Mathematikunterricht bietet sich das Spiel an, um den **Wechsel zwischen verschiedenen Darstellungsformen** spielerisch zu trainieren.

Bedeutung der Sprache

Um die zueinanderpassenden Karten zu finden, müssen die SuS verschiedene Darstellungen ineinander transformieren (zum Beispiel Term- und Textform). Gerade dies ist eine wichtige sprachliche Übung und unterstützt den Aufbau von Grundvorstellungen. Dazu sollte das Domino so gestaltet werden, dass mehrere Darstellungen (siehe Tabelle unten) verwendet werden. Sobald die SuS diese Aufgabe zu zweit oder in einer Gruppe bearbeiten und das Niveau angemessen ist (nicht so leicht, dass alle die Karten sofort zuordnen können, aber doch so, dass jeder mit Nachdenken einige Paare finden kann), argumentieren die SuS, um ihre Gruppe davon zu überzeugen, dass das Paar, das sie gefunden haben, auch ein Paar ist. Die Motivation ist durch den Spielcharakter wesentlich größer als in einem Unterrichtsgespräch, in dem die SuS dieselbe Frage beantworten sollen. Außerdem müssen sie nur **in einer kleinen Gruppe argumentieren** und nicht vor der ganzen Klasse, das senkt die Hemmschwelle für viele SuS. Sprachschwache SuS profitieren von diesen beiden Aspekten. Es ist für sie zusätzlich hilfreich, dass auch bildliche Darstellungen vorkommen. Außerdem trainieren sie das Hörverstehen, wenn sie den Argumenten der anderen SuS folgen, denn auch beim Zuhören sind die Motivation und die kleine Gruppengröße von Vorteil. Konnte ein SuS seine Gruppe von einem Paar überzeugen, hat er ein Erfolgserlebnis. Auch das motiviert, es erneut zu probieren.

Idee des Werkzeugs

Für die Erstellung eines Dominos eignen sich im Wesentlichen die Themen, die auch beim Spiel „Paare finden" (→ Werkzeug Paare finden, S. 172) genutzt werden können. Allerdings kann beim Domino das Anspruchsniveau etwas höher gestaltet werden, da alle Karten offen liegen und die Lösung gemeinsam gefunden werden soll.

TIPP Wenn man die Karten in der richtigen Reihenfolge auch auf Folie kopiert, können die SuS die Lösungen vergleichen.

Thema	Aufgabenstellung	Mögliche Darstellungen
Bruchrechnung	Finde gleiche Anteile	Informative Figuren (Kreise und Rechtecke), Bruch in Worten, Term
Zahlenstrahl	Finde gleiche Zahlen	Bruch, Quotient, Produkt, Prozentangabe, Dezimalzahl
Lineare Funktionen oder Parabeln	Finde gleiche Funktionen	Term, Text, Tabelle, Graph
Figuren oder Körper	Finde gleiche Vierecke (Körper, Figuren, ...)	Begriff, verschiedene Definitionen, Bild der Figur
Kongruenzsätze	Finde kongruente Dreiecke	Bild mit eingezeichneten Größen, Größenangaben, Konstruktionsbeschreibung

Bruchrechnung
2
Klasse 5/6
S. 89

WERKZEUG
Filmleiste

Hintergrund
Eine Filmleiste stellt einen Ablauf als Bildfolge dar. Filmleisten eignen sich besonders, um **Konstruktionen in der Geometrie** zu zeigen.

Bedeutung der Sprache
Filmleisten können genutzt werden, um einen **Ablauf alltagssprachlich und fachsprachlich zu dokumentieren** und so eine Übersetzung zu erarbeiten. Diese Bildfolgen sind für SuS einfacher zu verstehen als eine Beschreibung in mathematischer Fachsprache. Auch ist es leichter, eine Konstruktion zu beschreiben, wenn sie in Teilschritte zerlegt wurde.

Idee des Werkzeugs
Die Methode eignet sich besonders, wenn **komplexe Handlungsabläufe nachvollzogen** und geübt werden sollen. Bei den Kongruenzsätzen beispielsweise müssen die SuS Dreiecke nach unterschiedlichen Mustern konstruieren, je nachdem, welche Größen gegeben sind. Hier wird durch die Bildleisten nicht nur deutlich, wie genau konstruiert wird, sondern auch, welche Größen in der Konstruktion verwendet werden.

Filmleiste	Fachsprache	Alltagssprache
	Verbinde die Punkte A und B.	Verbinde die Punkte A und B mit dem Lineal.
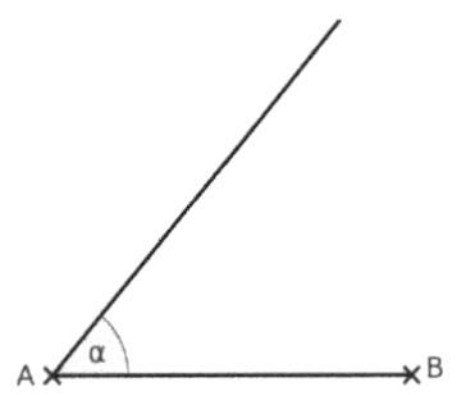	Trage im Punkt A den Winkel α ab.	Setze die lange Seite des Geodreiecks auf die Strecke $\overline{AB}$. Die Null sollte dabei im Punkt A sein und die Spitze nach oben zeigen. Lies den Winkel α ab und markiere ihn mit einem Punkt. Zeichne einen Strahl von A durch die Markierung.
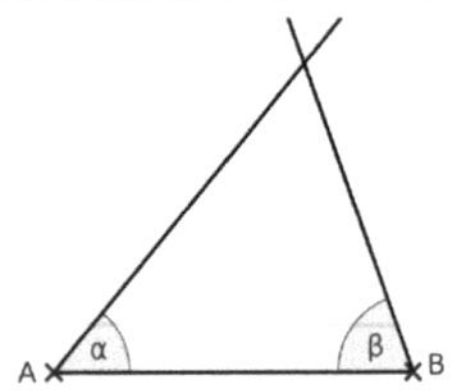	Trage im Punkt B den Winkel β im Uhrzeigersinn ab.	Lege nun die Mitte der langen Seite des Geodreiecks auf den Punkt B und trage den Winkel β ein. Die Spitze des Geodreiecks ist wieder oben. Zeichne einen Strahl von B aus durch die Markierung.
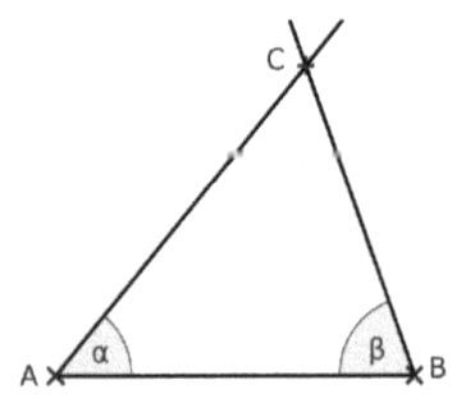	Markiere den Schnittpunkt der Strahlen als Punkt C.	Markiere den Punkt, in dem die beiden Strahlen sich treffen. Dies ist der Punkt C.

Koordinatensystem 1
Klasse 5/6
S. 71

WERKZEUG

Glossar

Hintergrund

Das Glossar dient als individuelle Sammlung von Fachbegriffen und fachlichen Redewendungen.

Bedeutung der Sprache

Erklärungen für Fachbegriffe finden sich zum Teil in Schulbüchern, aber nicht alles, was für SuS einer Klasse schwierig ist, wird dort erklärt, und die Erklärungen, die dort gegeben werden, sind nicht immer so formuliert, dass die SuS sie verstehen.
Daher ist es wichtig, dass die SuS – gemeinsam mit der Lehrkraft – **Formulierungen finden, die sie verstehen und die inhaltlich und sprachlich korrekt formuliert sind.** Lässt man die SuS in eigenen Worten einen Begriff erklären, so wird deutlich, ob der Begriff inhaltlich durchdrungen wurde, und hat gleichzeitig einen produktiven Sprechanlass.

Idee des Werkzeugs

Sinnvoll ist es, die Begriffe eines Glossars nicht nur in einer Einheit zu sammeln und bereit zu haben, sondern dieses Glossar als ein Vokabelheft **kontinuierlich zu ergänzen.** So kann auch zu einem späteren Zeitpunkt auf die Worte zugegriffen werden.
Neben den Fachbegriffen sollten auch typische fachliche Redewendungen mit aufgeführt werden. Besonders wichtig sind die **mathematischen Operatoren.** Werden diese im Unterricht eingeführt und konsequent bei Aufgabenstellungen, insbesondere auch bei Leistungsaufgaben, verwendet, können sie wesentlich dazu beitragen, dass die SuS wissen, was sie bei Arbeitsaufträgen tun sollen. Ein Glossar muss aber nicht zu einer Liste von Definitionen werden. Es ist vielmehr davon auszugehen, dass die Begriffe im Unterricht erarbeitet werden und das Glossar als Unterstützung dient, sich den inhaltlich schon verstandenen Begriff zu merken.
Jeder S kann ganz individuell sein Glossar mit den Worten ergänzen, die ihm oder ihr neu und für den Unterricht wichtig sind. Eine bereits fertige Liste von Wörtern und zugehörigen Erklärungen kann diesen Anspruch nicht erfüllen und höchstens als Ausgangspunkt für ein eigenes Glossar dienen.

Termbeschreibungen 1
Klasse 5/6
S. 46

Koordinatensystem 1
Klasse 5/6
S. 71

Lineare Funktionen 2b
Klasse 7/8
S. 105

WERKZEUG

Inverses Kreuzworträtsel

Hintergrund

Das inverse Kreuzworträtsel dient der **Festigung und Vernetzung des Fachwortschatzes**. Im Gegensatz zum klassischen Kreuzworträtsel werden bei dieser Methode die Lösungsworte vorgegeben und die Umschreibungen gesucht.

Bedeutung der Sprache

Es ist sehr viel schwieriger, Erklärungen oder Umschreibungen für Wörter zu finden, als im Kontext ihre Bedeutung zu erfassen. Diese Methode ist daher anspruchsvoll und zumeist erst ab Klasse 7 oder 8 geeignet. (Klassische Kreuzworträtsel sind auch früher gut einsetzbar und werden von den meisten SuS gern bearbeitet.)
Haben die SuS Schwierigkeiten, Begriffe zu umschreiben, kann man allgemeine Hilfestellungen geben (Formulierungen in Kreuzworträtseln betrachten, verwandte Begriffe suchen und verwenden). Hilft das auch nicht, kann man auf Lernplakate oder das Glossar verweisen. Sprachlich fortgeschrittene SuS können auch explizit aufgefordert werden, keine Hilfsmittel zu verwenden.

Idee des Werkzeugs

Das inverse Kreuzworträtsel eignet sich besonders zum Abschluss einer Einheit, wenn die SuS schon Erfahrungen zu den Fachwörtern gesammelt haben. Auf diese Weise wird vieles wiederholt und durch die Umschreibungen auch Wissen vernetzt.
Günstig ist es, zunächst allein oder paarweise nach Umschreibungen zu suchen und im Anschluss die Ergebnisse in einer Gruppe zu vergleichen. So können die SuS diskutieren, welche Umschreibungen gelungen sind und welche inhaltlich falsch sind. Erst die verbesserten Versionen werden getauscht.
Unter der Adresse http://www.xwords-generator.de/de kann man sich kostenlos Kreuzworträtsel erstellen. Es ist durchaus möglich, sich mit denselben Begriffen zwei Kreuzworträtsel erstellen zu lassen, meist findet man aber leicht ein paar Unterschiede, beispielsweise indem man gegensätzliche Begriffe verwendet (*fallend – steigend*).
Um einen Anreiz zu bieten, verteilt man zwei verschiedene Kreuzworträtsel an jeden SuS. Eines mit den Lösungswörtern und eines, in das Lösungen eingetragen werden sollen. Jeder SuS fertigt dann zu einem Rätsel die Umschreibungen an und sucht zu einem zweiten die Begriffe.

Lineare Funktionen 10
Klasse 7/8
S.114

WERKZEUG

Kopfaufgaben

Hintergrund

Bei mündlichen Äußerungen genau zuzuhören, fällt den SuS schwer, ist aber von zentraler Bedeutung im Mathematikunterricht. Hier setzen die Kopfaufgaben an: Die Lehrkraft stellt kurze Aufgaben nur mündlich, die SuS bearbeiten die Aufgaben im Kopf und notieren die Lösungen. Anschließend werden die Lösungen verglichen. Wenn eine Klapptafel im Raum vorhanden ist, bietet es sich an, die Aufgaben hinter der Tafel anzuschreiben, während die SuS sie lösen. Dann kann hinterher gemeinsam verglichen werden, ohne dass Zeit zum Anschreiben benötigt wird. Kopfaufgaben können zu ganz verschiedenen Themenbereichen gestellt werden.

Bedeutung der Sprache

Diese Art der Aufgabenstellung ist sprachlich sehr komplex, da die SuS **nur über Zuhören die Aufgabenstellung korrekt erfassen** müssen. Damit die Kopfaufgaben von möglichst vielen SuS bearbeitet werden können, müssen sie zum einen an den Sprachstand der Klasse angepasst sein. Zum anderen sollten Fachwörter, die von der Lehrkraft bei diesen Aufgaben verwendet werden und noch nicht zum allgemeinen Wortschatz der Klasse gehören, für alle SuS sichtbar sein. Dafür bieten sich Lernplakate oder eine Flipchart an, ein erneuter Anschrieb an der Tafel oder ein Glossar, das die SuS bei den Aufgaben neben sich liegen haben. Je nach Aufgabenstellung kann es auch sinnvoll sein, informative Figuren wie Skizzen oder Diagramme vorliegen zu haben. Außerdem sollte man mit leichten Aufgaben beginnen, damit alle Lernenden mit einem Erfolgserlebnis in den Unterricht starten.

Idee des Werkzeugs

Die Methode eignet sich gut als Stundeneinstieg, um konzentriert nicht zu anspruchsvolle Aufgaben zu bearbeiten. Es kann sich dabei um Routineaufgaben handeln, aber – bei höheren Klassen – auch um Definitionen oder andere Texte, die auf Fehler zu überprüfen sind. Kopfaufgaben können dem Üben oder dem Wiederholen dienen.

Kopfaufgaben haben aber auch einen sehr guten **diagnostischen Wert**: Gelingt es einigen SuS nicht, diese Aufgaben zu bearbeiten, obwohl diese SuS bei schriftlichen Aufgaben reüssieren, so kann man davon ausgehen, dass ihre Schwierigkeiten allein auf das Entschlüsseln des mündlichen Arbeitsauftrags zurückzuführen sind. Umgekehrt kann es vorkommen, dass SuS diese mündlich gestellten Aufgaben bewältigen können, aber Schwierigkeiten mit den schriftlichen Arbeitsaufträgen haben – dies kann insbesondere bei Legasthenikern vorkommen.

Kopfaufgaben können auch Teil einer Klassenarbeit sein. Man gibt dann zunächst nur einen Zettel aus, auf den die SuS ihren Namen und die Ergebnisse schreiben, sammelt diese Zettel ein und gibt dann erst die Klassenarbeitshefte mit den weiteren Aufgaben aus.

Konzentriertes Zuhören ist auch bei der Methode der Vorstellungsübungen (→ Werkzeug Vorstellungsübung, S. 210) erforderlich, allerdings umfasst diese eine umfangreichere Problemstellung, ist anspruchsvoller, nimmt einen größeren zeitlichen Rahmen in Anspruch und beinhaltet keine Routineaufgaben.

Termbeschreibungen 4
Klasse 5/6
S. 48

Mit Größen umgehen 6
Klasse 5/6
S. 63

Koordinatensystem 3
Klasse 5/6
S. 73

Haus der Vierecke 5
Klasse 7/8
S. 124

WERKZEUG
Lebendiges Diagramm

Hintergrund
Bei einem Lebendigen Diagramm müssen Aussagen Abschnitten in einem Diagramm zugeordnet werden. Die Methode eignet sich, um das **Beschreiben und Interpretieren von Graphen** zu lernen.

Bedeutung der Sprache
Je nach Kontext haben die mathematischen Fachbegriffe wie zum Beispiel *y-Achsenabschnitt*, *Steigung*, *Extrem-*, *Wende-* oder *Nullstelle* eine andere Bedeutung. Es fällt vor allem sprachschwächeren SuS schwer, die entsprechenden Wörter aus dem Alltagswortschatz damit zu verbinden. Dies ist aber häufig Teil der Aufgaben in Abschlussprüfungen und muss daher geübt werden. Um das Textverständnis zu erleichtern, kann man die **Texte vorentlasten**. Beispielsweise kann man gemeinsam vorher über den Kontext sprechen, an die Vorerfahrungen anknüpfen und Schlüsselwörter besprechen oder erklären. Als weitere Hilfestellung kann man umgekehrt die mathematischen Fachbegriffe sammeln, die nun im Kontext wiedergefunden werden müssen.

Idee des Werkzeugs
Das Lebendige Diagramm ermöglicht es, an Beschreibungen und Interpretationen von mathematischen Größen im Sinne des Kontextes heranzuführen, indem die Texte/Aussagen vorgegeben werden und von den SuS die Rückübersetzung in mathematische Fachbegriffe erfolgen muss, um sie dann im Diagramm wiederzufinden. Als Voraussetzung dafür müssen die Texte sehr genau gelesen werden.

Koordinaten-system 8

Klasse 5/6
S. 79

WERKZEUG

Lernen durch Lehren

Hintergrund

Beim Lernen durch Lehren erklären die SuS ein Thema, die hier über einen Wissensvorsprung verfügen. Der Wissensvorsprung kann von der Lehrkraft bewusst hervorgerufen worden (→ Werkzeug Gruppenpuzzle, S.160) oder im Unterricht entstanden sein (→ Werkzeug Vorher-Nachher-Test, S.184). Das Lehren kann über selbst gestellte Aufgaben (→ Werkzeug Arbeitsblatt gestalten, S.193) oder über Aufgaben geschehen, die von der Lehrkraft oder von einem Buch vorgegeben werden.

Bedeutung der Sprache

Gerade sprachschwachen SuS fällt es mitunter schwer, den Erklärungen der Lehrkraft zu folgen. Das kann am Sprechtempo liegen oder an der Verwendung der Bildungs- oder Fachsprache. **Erklärungen von den Mitschülern sind meist besser zu verstehen**, zumal beim Lernen durch Lehren in der Kleingruppe oder in Partnerarbeit gelernt wird und somit besser auf die Schwierigkeiten reagiert werden kann.
Sind die sprachlich schwachen SuS in der Rolle der Lehrkraft, stellt dies für sie sprachlich zwar eine große Herausforderung dar, aber die Motivation einander zu verstehen, ist auf beiden Seiten sehr groß.
Unterstützt werden können die SuS durch erklärende Texte, die ihnen zur Verfügung gestellt werden, durch Satzanfänge oder Mustersätze, durch informative Figuren oder durch Material, mit dem sie handlungsorientiert erklären können.

Idee des Werkzeugs

Besonders motivierend ist es, wenn sich die SuS wechselseitig etwas erklären, also beide Rollen, Lerner und Lehrer, durchlaufen. Da man Dinge, die man selbst erklären soll, **gut gedanklich strukturiert** haben muss, helfen im Vorfeld die Erstellung eines Arbeitsblatts oder einer Concept-Map (→ Werkzeug Concept-Map, S.154).
Beim Erklären haben die SuS gegenüber der Lehrkraft einen weiteren Vorteil: Da sie sich das Wissen gerade erst selbst angeeignet haben, sind sie sich noch ihrer eigenen Schwierigkeiten bewusst und **können die Schwierigkeiten ihrer Mitschüler gut antizipieren**.
Besonders gut klappt das Lernen durch Lehren, wenn sich zwei Klassen gegenseitig etwas erklären. Dann kann die Vorbereitung in einer Gruppe erfolgen, bei Bedarf in der Klasse besprochen werden, die SuS können sich gegenseitig sprachlich (und auch inhaltlich) unterstützen, gemeinsam Strategien erarbeiten, wie sie etwas erklären wollen, (am besten schon Stichworte dazu sammeln) und welche Begriffe besonders wichtig sind.

Stochastik 2

Klasse 9/10
S.132

WERKZEUG

Lerntagebuch

Hintergrund

In einem Lerntagebuch halten die SuS die Fortschritte in ihren Lernprozessen fest. Sie sollen dabei das Thema der Stunde formulieren, zusammenfassen, was sie verstanden oder auch nicht verstanden haben, und das neue Wissen einordnen. Die Lehrkraft räumt dafür den SuS regelmäßig Zeit am Stundenende ein.

Bedeutung der Sprache

Im Lerntagebuch formulieren die SuS selbstständig das Thema der Stunde und was sie für sich aus der Stunde mitgenommen haben. Dabei werden keine hohen fachsprachlichen Anforderungen gestellt, sondern die SuS können sich eher alltagssprachlich – wenn auch in vollständigen Sätzen – ausdrücken. Sie üben dabei, **mathematische Sachverhalte oder Probleme zu beschreiben**. Dies unterstützt die SuS dabei, sich aktiv am Unterrichtsgespräch zu beteiligen.
Um die SuS an das Schreiben heranzuführen, kann man eine Hilfestellung in Form von Beispielformulierungen geben. Diese können vorne ins Lerntagebuch eingeklebt werden, sodass sie immer zur Verfügung stehen.

Idee des Werkzeugs

Die SuS können sich mit Hilfe des Lerntagebuchs ihrer eigenen Fortschritte bewusst werden. Es gelingt ihnen auch leichter, den roten Faden der Stunde und der Einheit zu erfassen. Da die Formulierung des Stundenziels Teil ihrer Aufgabe ist, werden sie eher nachfragen, wenn ihnen das Ziel nicht klar ist. Damit wird auch die **Kultur des Fragenstellens als Teil des Lernprozesses** etabliert.
Das Reflektieren im Lerntagebuch erleichtert es auch, eigene Defizite zu erkennen. Gelingt es den SuS, Schwierigkeiten zu überwinden, motiviert dies, zukünftige Probleme in Angriff zu nehmen.
Damit die SuS ihr Lerntagebuch gewissenhaft führen, ist es hilfreich, vorab festzulegen, nach welchen Kriterien eine Beurteilung stattfindet. Dabei soll gerade nicht beurteilt werden, wie gut der Stoff beherrscht wird, sondern wie die eigenen Lernfortschritte dokumentiert werden. Denkbare Kriterien wären beispielsweise:

- Ist das Buch vollständig, d.h. wurde zu jeder Stunde ein Eintrag vorgenommen?
- Entspricht das Buch den formalen Anforderungen (Datum eingetragen, lesbare Schrift, Gliederung, …)?
- Wurden die behandelten Inhalte in eigenen Worten wiedergegeben? Ist dieser Text verständlich?
- Werden Arbeitsprozesse bewusst geplant und ausgewertet?

Lineare Funktionen 3
Klasse 7/8
S. 107

WERKZEUG

Loci-Methode

Hintergrund

Auch im Mathematikunterricht müssen die SuS eine Vielzahl von Vokabeln erlernen. Dabei kann man Erkenntnisse aus der Gedächtnisforschung nutzen (Mnemotechnik). Eine dieser Methoden ist die Loci-Methode. Man verknüpft hierbei einen Ort (einen realen oder einen virtuellen) mit den neu zu lernenden Informationen. Wenn man die Information wieder abrufen will, erinnert man sich an den Ort und damit auch wieder an die Information.

Bedeutung der Sprache

Sollen Fachbegriffe gelernt werden, ist es zunächst wichtig, dass die SuS eine **Vorstellung zu dem Begriff entwickeln**. Dies lässt sich in der Mathematik häufig mit informativen Figuren unterstützen. Man sollte aber auch versuchen, neue Begriffe sprachlich zu beschreiben und gegebenenfalls Satzmuster für den neuen Begriff oder die neue Redewendung zur Verfügung stellen. Diese für SuS verständlichen Informationen – möglichst in unterschiedlichen Farben und gemeinsam mit informativen Figuren – werden dann auf Zettel geschrieben und bilden so die Grundlage für die Arbeit mit der Loci-Methode.

Idee des Werkzeugs

Nutzung der Loci-Methode im Klassenzimmer:
Informationen, die neu zu lernen sind, werden zunächst so groß auf Zettel geschrieben, dass sie von jedem Sitzplatz aus zu lesen sind. Dabei sollte nur **eine wesentliche Information auf einem Zettel** abgebildet sein. Die Zettel werden im Klassenzimmer aufgehängt und bleiben mehrere Stunden hängen. Die SuS werden aufgefordert, sich zu merken, wo welcher Zettel hängt. Sie bekommen dafür eine gewisse Zeit, zum Beispiel eine Minute. Dann schließen alle SuS die Augen und werden gefragt, wo sich eine bestimmte Information im Klassenraum befindet. Alle SuS sollen nun in die Richtung zeigen, in der sie den Zettel vermuten. Die SuS überprüfen den Ort und gehen die Informationen des Zettels noch einmal durch. Der Vorgang wird mehrfach – auch in den nächsten Stunden – wiederholt. Auf diese Weise **verknüpfen die SuS den Ort im Klassenzimmer mit den neuen Informationen**. Werden die Zettel wieder abgehängt, kann es für die SuS trotzdem hilfreich sein, in diese Richtung zu blicken, um sich die Informationen zu vergegenwärtigen. Wichtig dabei ist, dass man die Information über einen längeren Zeitraum abruft, sonst gehen sie wieder verloren.

Nutzung der Loci-Methode auf dem Schulweg:
Die SuS können diese Methode auch auf ihrem Schulweg nutzen. Sie holen einen Zettel bei einer bestimmten Stelle des Weges hervor. Hier gehen sie den Zettel in Ruhe wieder durch – und notieren, an welcher Stelle des Schulwegs sie sich befinden. Dies wiederholen die SuS mehrfach, bis sie die Informationen beherrschen. Um dann später den Inhalt eines Zettels wieder abzurufen, gehen sie in Gedanken ihren Schulweg durch bis zu der Stelle, an der sie den zugehörigen Zettel immer hervorgeholt haben.
Es ist auch möglich, sich den Weg nur genau vorzustellen. Außer einem Weg kann man sich beispielsweise auch den eigenen Körper vorstellen, an dem man Dinge ablegt, man kann gedanklich durch ein Museum gehen oder Level von Computerspielen verwenden.

Mit Größen umgehen 1
Klasse 5/6
S. 57

WERKZEUG

Mind-Map

Hintergrund

Eine Mind-Map stellt die Gesamtzusammenhänge zu einem Thema grafisch dar. Dabei wird zumeist von einem Begriff ausgegangen, an den die mit diesem Begriff verknüpften Assoziationen hinzugefügt werden.

Mind-Maps eignen sich dazu, den **Wissensstand der SuS sichtbar zu machen**. Dabei kann das Vorwissen zu einem Thema, aber auch das Lernergebnis zum Ende einer Unterrichtseinheit erfasst werden.

Bedeutung der Sprache

Da die Mind-Map von Schlüsselwörtern ausgeht und diese zudem häufig Fachwörter sind, ist sie ein guter Ausgangspunkt, um das Verständnis der Fachbegriffe zu überprüfen: Sind die Fachbegriffe sinnvoll angeordnet? Sind die SuS in der Lage, ihre Anordnung zu erklären?
Um das Erstellen der Mind-Map zu erleichtern, können Fachbegriffe im Vorfeld gemeinsam gesammelt oder auch vorgegeben werden – oder eine große Liste von Fachbegriffen zur Verfügung gestellt werden, von denen die SuS eine bestimmte Anzahl auswählen sollen.
Die SuS können auch die anschließende Präsentation mit Stichwortzetteln vorbereiten, auf denen sie die wichtigsten Argumente sammeln, die zu ihrer Anordnung geführt haben.
Die Präsentation ist ein guter Anlass, die SuS Feedback geben zu lassen (→ Werkzeug Feedback, S.156).

Idee des Werkzeugs

Bei einer Mind-Map geht man zumeist von einem zentralen Schlüsselwort aus, das in die Mitte der Mind-Map geschrieben wird. Zu den assoziierten Begriffen werden Linien gezogen, dabei bietet es sich an, auch farblich Zusammenhänge kenntlich zu machen. Außerdem ist es hilfreich, sich für die einzelnen Schlüsselwörter kleine Bilder zu malen, die die Verbindung verdeutlichen.
Es empfiehlt sich häufig, zunächst die Begriffe zu sammeln und auf kleinen Kärtchen zu notieren. Erst im nächsten Schritt werden die Begriffe angeordnet und mit Pfeilen versehen, die die Abhängigkeiten verdeutlichen. Es sollte darauf geachtet werden, dass nicht zu viele Begriffe verwendet werden; diese bewusste **Reduktion auf wenige Schlüsselwörter** fordert das Fokussieren auf die zentralen Aspekte eines Themas und ermöglicht zudem besser, sich später an das Wesentliche wieder zu erinnern.

Es bietet sich an, Mind-Maps in Gruppen erstellen zu lassen, da dann ein intensiver Austausch über die Begriffe und deren Anordnung erfolgen kann.
Mind-Maps lassen sich auch im Rahmen eines Gruppenpuzzles (→ Werkzeug Gruppenpuzzle, S.160) entwerfen. Im zweiten Schritt können die Experten jeweils ihre Mind-Map vorstellen, sodass alle SuS ihr Ergebnis selbst vortragen müssen.

Bruchrechnung
9
Klasse 5/6
S.97

WERKZEUG

Placemat

Hintergrund

Ein Placemat dient dazu, dass sich die SuS zunächst einzeln etwas notieren, bevor sie sich in der Kleingruppe austauschen, gemeinsam auf eine Lösung einigen und diese notieren.
Dazu werden z. B. Vierergruppen gebildet. Die vier SuS setzen sich so um einen Tisch, dass jeder an einer anderen Seite sitzt. In der Mitte liegt ein großes Blatt Papier, in dessen Mitte ein Rechteck eingezeichnet ist und auf dem jeder eine Seite für Notizen zugeordnet bekommt. Zur Aufgabenstellung macht sich dann jeder SuS zunächst Notizen in sein Feld, dabei kann es sich um informative Figuren, Zeichnungen oder Texte handeln (Phase 1). In der nächsten Phase wird das Papier um 90 Grad gedreht. Jeder SuS hat nun die Aufzeichnungen seines Nachbarn vor sich, betrachtet diese und ergänzt sie um Fragen oder Bemerkungen (Phase 2). Es wird so oft gedreht und ergänzt, bis jeder alle Seiten seiner Gruppe betrachtet und ergänzt hat. Im nächsten Schritt (Phase 3) tauschen sich die SuS mündlich über ihre Notizen aus und notieren anschließend ihre gemeinsame Lösung im Rechteck in der Mitte des Papiers.

Bedeutung der Sprache

Ein Placemat **bietet allen SuS die Gelegenheit, sich sprachlich zu äußern**. Da in der ersten Phase Zeichnungen zugelassen sind, können sich hier auch SuS einbringen, die Schwierigkeiten haben, sich schriftlich auszudrücken. In der zweiten Phase haben alle die Gelegenheit, Fragen zu formulieren. Dies kann die Lehrkraft unterstützen, indem sie beispielhaft hilfreiche Fragephrasen sammelt und anbietet (z. B. „Was meinst du mit …?“, „Wie genau …?“, „Ich verstehe nicht, …“). Die SuS können auch zunächst an unklaren Stellen nur ein Fragezeichen notieren und erst in der nächsten Phase mündlich das Problem ansprechen. In der mündlichen Phase 3 können die SuS auf die Texte und Zeichnungen verweisen, was vor allem sprachschwächeren SuS hilft. In der letzten Phase geht es um die gemeinschaftliche Textproduktion. Zwar kann an dieser Stelle die Lösung auch mit Hilfe einer informativen Figur dargestellt werden, aber diese sollte dann kommentiert werden. Hier kann die Lehrkraft unterstützen, indem sie die Lerngruppen heterogen mit sprachstärkeren und sprachschwächeren SuS zusammensetzt.

Idee des Werkzeugs

Diese Methode eignet sich gut für offene Aufgabenstellungen. Da sich jeder zunächst allein Gedanken und Notizen machen muss, können **verschiedene Ansätze** gesammelt und verglichen werden. Das Feld in der Mitte stellt sicher, dass sich die Gruppe am Ende auf ein Vorgehen einigt.

Lineare Funktionen 1
Klasse 7/8
S. 103

WERKZEUG
Sozialform Ich – Du – Wir

Hintergrund
Bei der Methode Ich – Du – Wir geht es um die Bearbeitung einer Aufgabe in den Sozialformen Einzel-, Partner- und Gruppenarbeit. In der Einzelarbeitsphase soll erreicht werden, dass sich jeder mit der Aufgabe beschäftigt, anschließend werden in der Partnerarbeitsphase die Ideen ausgetauscht, bevor die Arbeitsergebnisse in der Gruppe besprochen werden. Diese Methode eignet sich gut, wenn schwierigere Aufgaben bearbeitet werden, zum Beispiel Textaufgaben.
Die Methode ist auch bekannt als Think – Pair – Share (TPS) oder als Denken – Austauschen – Besprechen (DAB).

Bedeutung der Sprache
Bei dieser Methode wird eine **hohe sprachliche Aktivität** erzeugt, weil die SuS zunächst in der Einzelarbeitsphase Gelegenheit bekommen, Ideen zu sammeln und ihre Gedanken zu sortieren. Insbesondere Kinder mit Deutsch als Zweitsprache brauchen oft länger, um sich auf eine sprachliche Äußerung vorzubereiten.
In der Partnerarbeitsphase können sich die SuS in geschütztem Raum – ohne dass die Lehrkraft oder alle anderen Schüler mithören – besprechen. Auch dies kommt sprachschwächeren Kindern entgegen. Ihr Redeanteil erhöht sich, auch das **Scaffolding** (→ S. 34) lässt sich gut umsetzen, da zunächst in der Alltagssprache gesprochen und anschließend gemeinsam an der Darstellung in der Fachsprache gearbeitet werden kann. Diese Phase ist besonders wichtig im Mathematikunterricht, weil viele Kinder zu wenig Vertrauen in ihre Ideen und in ihre sprachlichen Fähigkeiten haben. Hier kann man sprachlich unterstützen, indem man für diese Phase gezielt Redemittel zur Verfügung stellt.
In der letzten Phase erfolgt die Präsentation der Ergebnisse im Klassenverband. Hier sollte die Lehrkraft auch auf die richtige Verwendung der Fachbegriffe achten und auf die zur Verfügung gestellten Redemittel verweisen.

Idee des Werkzeugs
Die Methode eignet sich besonders, **wenn etwas neu erarbeitet werden soll**. Durch die erste Phase gelingt es eher, alle SuS in die Arbeit einzubeziehen, als bei einer reinen Gruppenarbeit. Die Methode kann das Selbstvertrauen der SuS stärken, weil sie in der zweiten Phase ihre Ergebnisse dem Partner präsentieren, wozu vielen im Plenum der Mut fehlt.
Die Klasse muss zumeist daran gewöhnt werden, in der Einzelarbeitsphase gar nicht mit dem Nachbarn zu reden. Daher ist es günstig, die erste Phase zunächst kürzer als die folgenden zu wählen. Die SuS können ermuntert werden, informative Figuren oder kurze Notizen anzufertigen, über die in der zweiten Phase gesprochen werden kann. Informative Figuren haben den Vorteil, dass sie (fast) ohne Sprache auskommen.
Die Austauschphase kann auch in einer Kleingruppe erfolgen. Dies bietet sich an, wenn der Arbeitsauftrag komplexer ist. Dann können die SuS ihre Lösungsideen in dieser Phase zusammentragen, sie können eine Strategie auswählen und eine Lösung erarbeiten, die sie in der letzten Phase den anderen SuS präsentieren. Dieses Vorgehen bietet sich vor allem für ältere SuS an.

Mit Größen umgehen 3
Klasse 5/6
S. 59

Bruchrechnung 3
Klasse 5/6
S. 90

WERKZEUG

Stadt-Land-Fluss

Hintergrund

Bei dem Spiel Stadt-Land-Fluss müssen Begriffe gefunden werden, die mit einem bestimmten Anfangsbuchstaben beginnen und ein mathematisches Kriterium erfüllen (z. B. eine Größe von 1 cm² haben). Dieser Anfangsbuchstabe wird ausgelost. Sobald ein Spieler für jede Kategorie etwas gefunden hat, wird verglichen: Für jeden richtigen Begriff gibt es einen Punkt. Wer als Einziger einen Begriff einer Kategorie gefunden hat, erhält zwei Punkte. Der Spieler mit den meisten Punkten gewinnt.

Bedeutung der Sprache

Das Spiel **trainiert Fachbegriffe und den Alltagswortschatz**. Die SuS müssen nicht nur Begriffe finden, die zu einer bestimmten Kategorie passen, sondern diese müssen auch noch mit einem vorgegebenen Anfangsbuchstaben beginnen. Die Diskussion der Ergebnisse unterstützt die Wortschatzerweiterung: Für vorgeschlagene Worte wird gemeinsam geklärt, ob sie zu der Kategorie gehören, die Worte werden damit zusätzlich sortiert.

Idee des Werkzeugs

Stadt-Land-Fluss ist den meisten Kindern bekannt, daher können es die SuS meist selbst erklären. Das Spiel lässt sich auch zu Stundenbeginn zum „Aufwärmen" spielen.

Da das Spiel anspruchsvoll ist, wenn man es mit mathematischen Kategorien spielt, bietet es sich an, die SuS in Gruppen spielen zu lassen. Der Wettbewerbscharakter **begünstigt eine intensive Diskussion** sowohl über fachliche als auch über sprachliche Inhalte, sowohl innerhalb der Gruppe als auch bei der Besprechung mit der ganzen Klasse.
Mit dem Spiel kann man auch den **Aufbau von Grundvorstellungen** trainieren. Gerade bei der Vorstellung von Längen, Flächeninhalten und Volumina haben viele SuS Schwierigkeiten. Hier bietet es sich an, für diese Kategorien gemeinsam im Vorfeld – buchstabenunabhängig – Repräsentanten zu suchen, mit denen dann während des Spiels im Geiste verglichen werden kann. Im Allgemeinen gilt: Je weiter die Kategorie, desto leichter lassen sich Begriffe dazu finden.

Vorschläge für Kategorien

Figur; Körper; Länge von 1 mm, 1 cm, ...; Flächeneinheit von 1 mm², 1 cm², ...; Volumen von 1 mm³, 1 cm³, ...; Masse von 1 mg, 1 g, ...; Preis von 1 ct, 10 ct, ...; etwas, das 1 s, 10 s, 1 min, ... dauert; Nomen mathematischer Fachbegriffe; mathematische Redewendungen; mathematische Adjektive; Begriffe aus der Geometrie, Analysis, Stochastik; Begriffe zum funktionalen Zusammenhang, zu Daten und Zufall, ... (Leitideen)

Mit Größen umgehen 5
Klasse 5/6
S. 62

WERKZEUG

Tandembogen

Hintergrund

Ein Tandembogen dient zur Unterstützung des gegenseitigen Abfragens. Der Bogen wird in der Mitte gefaltet und enthält Aufgaben und Lösungen für zwei SuS, wobei jede Seite die Aufgaben des einen und die Aufgaben und Lösungen des anderen beinhaltet.
Die Aufgabenstellungen sind für beide SuS zu sehen, das erleichtert das Verständnis. Die mündlich dargebrachte Lösung muss aber vom Partner mit der schriftlichen Lösung verglichen werden.
Die Methode ist geeignet, um **Definitionen und kurze Rechenaufgaben abzufragen**. Auch können falsche Behauptungen gegeben sein, die dann korrigiert werden sollen.

Bedeutung der Sprache

Die Bearbeitung des Tandembogens erfordert abwechselnd **genaues Lesen** sowie Lösen der Aufgabenstellung und **genaues Zuhören**. Das Zuhören ist anspruchsvoll, weil dabei mit der vorgegebenen Lösung verglichen werden muss. Es kann erforderlich sein, dass dieser Vergleich diskutiert werden muss, zum Beispiel, weil die SuS sich nicht sicher sind, ob die vorgegebene Lösung mit der genannten Lösung übereinstimmt. Dies gilt insbesondere, wenn Texte eingefordert werden oder wenn Ergebnisse unterschiedlich dargestellt werden (zum Beispiel als gemischter und als unechter Bruch).
Je kleiner die Lücken bei Fragestellungen mit Lückentext sind, desto leichter ist zumeist die Lösung und auch das Überprüfen der Lösungen. Insgesamt sollte von beiden Partnern darauf geachtet werden, dass die Symbolsprache korrekt vorgelesen wird.
Hilfreich kann es sein, wenn bei Unklarheiten oder zur Lösungsfindung ein Schmierzettel zu Hilfe genommen wird. Dort können bei Bedarf in Textform gestellte Aufgaben in Terme übersetzt werden, aber auch Lösungen notiert werden, die nicht verstanden wurden.

Idee des Werkzeugs

Der Tandembogen bringt eine **hohe Schülerbeteiligung** mit sich. Die Partner können im eigenen Tempo vorgehen und ihnen wird zugetraut, den Partner zu überprüfen.
Es sollte bei der Methode darauf geachtet werden, dass die beiden Partner einander zugewandt sitzen und den Bogen genau zwischen sich halten. Ist sich ein Partner nicht sicher, ob die genannte Lösung richtig ist (also mit seiner Lösung übereinstimmt oder sogar einen anderen Lösungsweg darstellt), sollte dies zunächst mit Hilfe eines Zettels und eigenen Notizen geklärt werden. Erst wenn keine Klärung möglich ist, kann die Lehrkraft befragt werden. Die Partner sollten aber keinesfalls ihre Lösungen aus der Hand geben, und zwar nicht nur, weil so möglicherweise schon auf die nächste Lösung geguckt wird, sondern auch, weil so ein Schüler einen Teil seiner Verantwortung abgeben würde.
Da bei der Methode die Rollenverteilung sehr klar ist, gelingt sie zumeist auch in Klassen, die sich sonst mit Partnerarbeit schwertun.

Bruchrechnung

4

Klasse 5/6
S. 91

WERKZEUG

Unsinnige Sätze

Hintergrund

Bei dieser anspruchsvollen Methode werden zwei Halbsätze vorgegeben, die inhaltlich nicht zusammenpassen und damit eine unwahre Aussage darstellen. Die Aufgabe der SuS besteht darin, sich einen Teil des Satzes auszuwählen und zu einem sinnvollen und richtigen Satz zu ergänzen.
Da die SuS frei entscheiden können, welchen Halbsatz sie auswählen und wie ihre Ergänzung aussieht, ist diese Aufgabe per se binnendifferenzierend.
Die neu kreierten, nun inhaltlich sinnvollen Sätze werden anschließend gemeinsam gelesen und besprochen.

Bedeutung der Sprache

Um das Arbeiten mit unsinnigen Sätzen zu erleichtern, können diese vorab gemeinsam gelesen werden. Die verwendeten Fachbegriffe und fachsprachlichen Redewendungen müssen den SuS vertraut sein, damit sie die Fehler finden können. Die Methode **übt damit das sorgfältige, sinnentnehmende Lesen**. Das genaue Lesen ist hier besonders schwierig, da jedes Wort verstanden werden muss, um das Unsinnige an den Sätzen zu entdecken, daher benötigen die meisten SuS hier Hilfestellungen. Unterstützung können die SuS im Glossar finden, auch Satzmuster sind hilfreich.
Da es bei dieser Aufgabe keine eindeutigen Lösungssätze gibt, wird bei den SuS ein kreatives Arbeiten möglich, das sprachlich interessierte SuS anspricht.

Es können auch mehrere Halbsätze vorgegeben werden, die durch Umordnen sinnvolle Sätze ergeben.
Beispiel:
1) Ein rechtwinkliges Dreieck hat vier gleich lange Seiten.
2) Eine Raute hat einen rechten Winkel zwischen den zwei kürzeren Seiten.

Auch können die Satzteile zu Beginn gemeinsam gefunden werden oder bereits durch einen Trennstrich kenntlich gemacht werden. Letzteres sollte man aber nur als Binnendifferenzierung für sprachlich schwache SuS vorsehen, denn dadurch wird das sinnentnehmende Lesen nicht mehr zur Voraussetzung für die Erstellung eigener Sätze.

Idee des Werkzeugs

Je näher die Sätze an typischen Fehlern von SuS sind, desto schwieriger ist die Aufgabe, die Fehler zu finden und korrekte Sätze zu bilden. Es ist günstig, diese Aufgabe eher zum Abschluss einer Einheit zu stellen, da die verwendeten Fachbegriffe und fachsprachlichen Redewendungen bekannt sein müssen.
Wichtig ist die gemeinsame Besprechung der neu erarbeiteten Sätze. Auch diese sollten gemeinsam mitgelesen werden, da Zuhören allein für (fast) alle SuS eine Überforderung darstellt. Gemeinsam sollte reflektiert werden: Sind die Sätze nun inhaltlich korrekt? Sind die Formulierungen fachsprachlich gelungen? Wie können sie noch verbessert werden?

Stochastik 7

Klasse 9/10
S.140

WERKZEUG
Vorstellungsübung

Hintergrund

Bei der Vorstellungsübung liest die Lehrkraft einen Text vor. Der Text ist sehr einfach gehalten und die Lehrkraft macht Pausen beim Vorlesen. Die SuS hören mit geschlossenen Augen zu, sie sitzen entspannt.
In dem Text **wird ein mathematisches Problem vorgestellt**, das in eine Handlung eingebettet ist. Anschließend wird der Text besprochen. Das kann entweder gleich im Anschluss im Plenum geschehen oder es wird mit einem Placemat kombiniert, d.h. jeder SuS macht sich zuerst in Einzelarbeit Notizen, liest und kommentiert dann die Notizen der anderen, am Ende einigt sich die Vierergruppe auf eine gemeinsame Lösung, die dann Plenum vorgestellt wird (→ Werkzeug Placemat, S. 205).

Bedeutung der Sprache

Der – am besten vorformulierte – Text sollte **möglichst wenige Stolpersteine** enthalten, mit kurzen, einfachen Sätzen und wenig Fachsprache. Dazu sollten beim Vorlesen Pausen gemacht werden. Auf diese Art kann das genaue Zuhören trainiert werden.
Mit den SuS kann die Absprache getroffen werden, dass man sich meldet, wenn etwas nicht verstanden wurde. Die Lehrkraft kann dann den betreffenden Satz in anderen Worten wiederholen. Da alle SuS die Augen geschlossen haben, sieht nur die Lehrkraft, wer etwas nicht verstanden hat, sprachliche Schwierigkeiten werden so keinem einzelnen zugeordnet.

Idee des Werkzeugs

Mit Hilfe von Vorstellungsübungen kann es gelingen, die **Motivation für Mathematik zu erhöhen**: SuS können durchaus ein Gefühl für Mathematik haben und eine Lösung zeichnerisch darstellen, auch wenn ihre rechnerischen und sprachlichen Fähigkeiten nicht so gut sind. Gerade durch diese ruhige Phase zu Stundenbeginn, in der alle SuS konzentriert zuhören, gelingt es besser, die SuS zu motivieren, sich mit einem Problem intensiv zu beschäftigen.
Die einfache Sprache in den Vorstellungsübungen erleichtert es zudem allen SuS, ihre **Grundvorstellungen zur Mathematik auszubauen**.

Lineare Funktionen 1
Klasse 7/8
S. 103

Haus der Vierecke 5
Klasse 7/8
S. 124

Literaturverzeichnis

Titel	Kommentar
Bangel, Melanie (2012): **Was ist es? Spielerische Unterrichtsanregungen zum Erklären von Komposita.** In: Praxis Deutsch 233. Zeitschrift für den Deutschunterricht – Bildungssprache. Friedrich Verlag, S. 29–35.	*Einsatz des Spieles Tabu im Unterricht*
Bainski, Christiane; Krüger-Potrantz, Marianne (Hrsg.) (2008): **Handbuch Sprachförderung.** Essen: Neue Deutsche Schule Verlagsgesellschaft.	*Überblick über aktuelle Forschungskonzepte und Strategien nachhaltiger Sprachförderung mit vielfältigen erprobten Beispielen aus der schulischen Arbeit*
Barzel, Bärbel; Büchter, Andreas; Leuders, Timo (2007): **Mathematik Methodik.** Handbuch für die Sekundarstufe I und II. Cornelsen Verlag Scriptor.	*Nach einer allgemeinen Einleitung werden alle Methoden erklärt (Was ist das? Wie geht das? Wozu ist das gut? Wie gestalte ich den Ablauf? ...), am Ende gibt es eine Übersicht, welche Methode wofür geeignet ist, sodass man sich mit seiner Planung auf die Suche nach der geeigneten Methode machen kann.*
Beese, Melanie; Benholz, Claudia;Chlosta, Christoph; Gürsoy, Erkan; Hinrichs, Beatrix; Niederhaus, Constanze; Oleschko, Sven (2015): **Sprachbildung in allen Fächern.** Deutsch Lehren Lernen, Klett-Langenscheidt.	*Scaffolding und Sprachförderung für einzelne Fächergruppen, u.a. Mathematik und Naturwissenschaften.*
Benholz, Claudia; Frank, Magnus; Gürsoy, Erkan (Hrsg.) (2015): **Sprachbildung in allen Fächern. Konzepte für Lehrerbildung und Unterricht.** Stuttgart: Fillibach bei Klett.	*Professionalisierungskonzepte für die Lehrerausbildung in Mathematik und anderer Fächer mit Fokus auf fachspezifische Textsorten, die für alle drei Phasen der Lehrerbildung und eine sprachsensible Schulentwicklung relevant sind*
Bertschi-Kaufmann, Andrea; Hagendorf Hammouche, Petra; Kruse, Gerd; Rand, Katharina; Riss, Maria; Sommer, Thomas (2007): **Lesen. Das Training.** Donauwörth: Lernbuch Verlag bei Friedrich.	*Lesetraining*
Bertschi-Kaufmann, Andrea (Hrsg.) (2007): **Lesekompetenz – Leseleistung – Leseförderung. Grundlagen, Modelle und Materialien.** Donauwörth: Lernbuch Verlag bei Friedrich.	*Lesetraining*
Bruder, Regina (2002): **Lernen, geeignete Fragen zu stellen. Heuristik im Mathematikunterricht.** In: mathematik lehren, 115, S. 4–8.	*Eine Auseinandersetzung mit Fragen, die beim Problemlösen helfen*
Bruder, Regina; Collet, Christina (2011): **Problemlösen lernen im Mathematikunterricht.** Cornelsen Verlag Scriptor.	*Unterrichtshilfe zur systematischen Implementation von Heuristiken*

Titel	Kommentar
Budde, Monika (2012): **Über Sprache reflektieren – Unterricht in sprachheterogenen Lerngruppen.** Fernstudieneinheit 2. kassel university press.	*Über die Reflexion über Sprache zum Aufbau von Sprachbewusstheit für Lehrkräfte mit sprachheterogenen Lerngruppen. Auch im Internet verfügbar: http://www.uni-kassel.de/upress/online/frei/978-3-86219-260-1.volltext.frei.pdf (zuletzt aufgerufen am 31.12.2014)*
Cummins, James (1979): **Linguistic interdependence and the educational development of bilingual children.** In: Review of Educational Research, 49/79, S.222–251.	*Einführung von Alltags- und Bildungssprache als BICS und CALPS (Alltagssprache wird in der Literatur auch als Basic Interpersonal Communicative Skills, BICS bezeichnet, Bildungssprache wird auch bezeichnet als Cognitive Academic Language Proficiency, CALP)*
Dorner, Magdalena; Helten-Pacher, Maria; Langer, Elisabeth; Schmölzer-Eibinger, Sabine (2013): **Sprachförderung im Fachunterricht in sprachlich heterogenen Klassen.** Stuttgart: Fillibach bei Klett.	*Es werden didaktische Prinzipien, Modelle und empirische Verfahren vorgestellt, die Lehrkräften aller Fächer grundlegende Informationen vermitteln, um eine gezielte Sprachförderung in sprachlich heterogenen Klassen zu realisieren. Enthält viele praxistaugliche Checklisten.*
Drüke-Noe u.a. (Hrsg.): **Ausgesprochen Mathe - Sprachen fördern**. in: Praxis Mathematik,Heft 3/2012 (45)	*Themenheft zum sprachsensiblen Mathematikunterricht mit Artikeln u.a. von Susanne Prediger und Michael Meyer*
Drüke-Noe u.a. (Hrsg.): **Mit Sprache muss man rechnen – Leseförderung**. in: Praxis Mathematik, Heft 8/2012 (46).	*Themenheft mit Artikeln zum Leseverstehen (Drüke-Noe), zu Lesestrategien (Reblin, Maitzen, Schmidt, Schukajlow und Leiss) und zu Textaufgaben (Freibrodt und Fröhlich, Martin)*
Feilke, Helmut (Hrsg.) (2012): **Praxis Deutsch 233. Zeitschrift für den Deutschunterricht – Bildungssprache.** Friedrich Verlag.	*Behandelt zentrale Fragestellungen zur Verwendung von Schulsprache; es werden Förderungsmöglichkeiten bildungssprachlicher Kompetenzen vorgestellt.*
FörMig Hamburg: **Durchgängige Sprachbildung am Beispiel der Operatoren.** http://li.hamburg.de/publikationen/3861104/operatoren-sprachbildung.html (aufgerufen am 30.12.2014)	*Eine praxiserprobte Methodensammlung mit 36 Aktivitäten, damit alle Schülerinnen und Schüler die Aufgabenstellungen im Unterricht sicher verstehen können. Einsatz der Methoden ab der 3. Klasse möglich.*
Gibbons, Pauline (2006): **Unterrichtsgespräche und das Erlernen neuer Register in der Zweitsprache.** In: Mecheril, Paul; Quehl, Thomas (Hrsg.): Die Macht der Sprachen. Englische Perspektiven auf die mehrsprachige Schule. Münster; New York; München; Berlin: Waxmann, S.269–273.	*In dem Artikel wird das bewusste Einsetzen der Alltagssprache als Ausgangspunkt für das Lernen eines neuen Themas für Kinder mit Deutsch als Zweitsprache gefordert.*
Gogolin, Ingrid; Lange, Imke; Hawighorst, Britta; Bainski, Christiane; Heintze, Andreas; Rutten, Sabine; Saalmann, Wiebke in Zusammenarbeit mit der FörMig AG Durchgängige Sprachbildung (2011): **Durchgängige Sprachbildung.** Qualitätsmerkmale für den Unterricht (=FörMig-Material Bd. 3). Münster: Waxmann.	*Praxiserprobte Merkmale für einen sprachsensiblen Unterricht mit Beispielen und weiteren Literaturempfehlungen*

Titel	Kommentar
Goßmann, Martina (2014): **Sprachförderung PLUS Mathematik. Text- und Sachaufgaben in der Grundschule.** Stuttgart: Klett Verlag.	*Fokussierung auf sprachliche Problematik von Text- und Sachaufgaben. Viele Beispiele sprachlich differenzierter Arbeitsmaterialien für den Mathematikunterricht in der Grundschule.*
Gürsoy, E.; Benholz, C.; Renk, N.; Prediger, S.; Büchter, A. (2013). **Erlös = Erlösung? - Sprachliche und konzeptuelle Hürden in Prüfungsaufgaben.** in: Deutsch als Zweitsprache 1, 14-24.	*In dem Artikel wird erklärt, wo die sprachlichen Hürden in Prüfungsaufgaben liegen, wie man sie vermeiden und wie man zum Bearbeiten der Aufgaben anleiten kann.*
Handke, Ulrike (2008): **Mehr Erfolg im Unterricht. Ausgewählte Methoden, die Schüler motivieren.** Berlin: Cornelsen Verlag Scriptor.	*Ratgeber zur Unterrichtsgestaltung mit Beispielen, vorrangig aus dem Englisch- und Deutschunterricht, enthält aber auch etwas zu Textaufgaben.*
Kniffka, Gabriele; Siebert-Ott, Gesa (2007): **Deutsch als Zweitsprache. Lehren und Lernen.** Paderborn: Schöningh.	*Grundlagen im Bereich der Fachkompetenz, der didaktisch- methodischen Kompetenz sowie der Diagnose-, Beurteilungs- und Förderkompetenz*
Kniffka, Gabriele; Neuer, Birgit (2008): **„Wo geht's hier nach Aldi?" Fachsprachen lernen im kulturell heterogenen Klassenzimmer.** In: Budke, Alexandra (Hrsg.): Interkulturelles Lernen im Geographieunterricht. Potsdam: Universitätsverlag, S. 121–135.	*Kulturelle Anteile spielen eine Rolle bei der Verständigung, individuelle Sprachbildungsprozesse*
Krämer, Silke (2009): **Scaffolding – ein Baugerüst für die Fachsprache.** In: Naturwissenschaften im Unterricht. Chemie, 20, 111/112, S. 34–35.	*Enthält unter anderem ein Raster zur Unterrichtsplanung*
Lascho, Birgit (2009): **Training Wortschatz – Aufsatz – Grammatik. 7. und 8. Klasse. Lehrplanbezogene Materialien für einen integrativen Sprachunterricht.** Buxtehude: Persen.	*Material zur Wortschatzarbeit für den Deutschunterricht*
Leisen, Josef u.a.: **Fachliches und sprachliches Lernen.** in: Der mathematische und naturwissenschaftliche Unterricht. Jahrgang 68, Mai 2015.	*Themenheft mit Artikeln von Leisen (Fachlernen und Sprachlernen), Hägeloh und Prediger (Textaufgabenknacker), Witzmann (Sprachsensibler Fachunterricht) und anderen.*
Leisen, Josef (2013): **Handbuch Sprachförderung im Fach – Sprachsensibler Fachunterricht in der Praxis.** Stuttgart: Klett Verlag.	*Umfangreiche Sammlung von Methoden, praktischen Beispielen zur sprachsensiblen Gestaltung naturwissenschaftlichen Unterrichts*
Leuders, Timo (2006): **Produktives Üben von Größenvorstellungen – Stadt-Land-Fluss, einmal anders.** Praxis der Mathematik in der Schule (PM) 12, S. 45–46.	*Hier wird der Einsatz des bekannten Spiels Stadt–Land–Fluss im Mathematikunterricht erklärt.*
Neugebauer, Claudia; Nodari, Claudio (2012): **Förderung der Schulsprache in allen Fächern – Praxisvorschläge für Schulen in einem mehrsprachigen Umfeld – Kindergarten bis Sekundarstufe I.** Bern: Schulverlag plus.	*Grundsätzliches zum Umgang mit Mehrsprachigkeit im Unterricht; es werden auch an Unterrichtsbeispielen Schwierigkeiten benannt und Möglichkeiten aufgezeigt, wie man damit umgehen kann*

Titel	Kommentar
Nodari, Claudio; Steinmann Cornelia (2008): **Fachdingsda – Fächerorientierter Grundwortschatz für das 5.–9. Schuljahr.** Kanton Argau: Lehrmittelverlag des Kantons Aargau.	*Didaktische Anregungen zur Sprachförderung im Fachunterricht; beinhaltet den Fachwortschatz aus den Fächern Bildnerisches Gestalten, Geografie, Naturlehre, Geschichte, Manuelles Gestalten, Mathematik, Musik, Sport, Textiles Gestalten*
Oppolzer, Ursula (2006): **Wortschatztraining von A–Z.** Buxtehude: Persen.	*Schnelle Wortspiele (Dauer: 5–10 min), Konzentrations- und Wahrnehmungsübungen*
PISA-Studien. http://www.oecd.org/berlin/publikationen/ (zuletzt besucht am 06.01.2015)	*Berichte über die Kompetenzentwicklungen der Schüler in den OECD-Staaten*
Prediger, Susanne; Özdil, Erkan (Hrsg.) (2011): **Mathematiklernen unter Bedingungen der Mehrsprachigkeit. Stand und Perspektiven der Forschung und Entwicklung in Deutschland.** Waxmann.	*Eine Sammlung wissenschaftlicher Artikel, die sich mit den Auswirkungen von Deutsch als Zweitsprache auf Kompetenzen im Mathematikunterricht beschäftigt*
Quehl, Thomas (2010): **Die Möglichkeiten des Scaffolding. Zur Gestaltung des Übergangs von der Alltagssprache der Kinder zur Fach- und Bildungssprache.** In: Grundschulunterricht Deutsch 04/2010, S. 28–33.	*Nach einer kurzen Einführung in das Konzept des Scaffolding illustriert er am Beispiel des Themas „Erderwärmung" die Phasen des Makro-Scaffolding (Unterrichtsplanung) und skizziert im Anschluss daran zentrale Aspekte des Mikro-Scaffolding (Unterrichtsgestaltung)*
Quehl, T.; Scheffler, U. (2008): **Möglichkeiten fortlaufender Sprachförderung im Sachunterricht.** In: Bainski, C.; Krüger-Potratz, M. (Hrsg.): Handbuch Sprachförderung. Essen: Neue Deutsche Schule Verlagsgesellschaft, S. 66–79.	*Anhand von vier Aspekten für eine systematische Planung – Verwendung eines Planungsfeldes, Berücksichtigung der Mitteilungsbereiche, Akzentuierung des Mündlichen, Sachtexte lesen und verstehen – werden Möglichkeiten der fortlaufenden Sprachförderung im Sachunterricht dargestellt und durch Beispiele illustriert.*
Regionale Arbeitsstelle für Bildung, Integration und Demokratie (RAA) Mecklenburg-Vorpommern e.V. (Hrsg.) (2012): **Praxisbaustein Deutsch als Zweitsprache. 2: Bildungssprache und sprachsensibler Fachunterricht.**	*Artikel zur Vorbereitung sprachsensiblen Fachunterrichts (Tanja Tajmel) und zum sprachsensiblen Mathematikunterricht (Petra Helmholz, Sophie Leitzke, Karola Lück, Margit Maronde-Heyl, Martina Scherf)*
Rezat, Sara; Rezat, Sebastian (2012): **Mathematische Sachaufgaben verstehen und erklären.** In: Praxis Deutsch 233. Zeitschrift für den Deutschunterricht – Bildungssprache. Friedrich Verlag, S. 36–41.	*Vorschlag zum Umgang mit Sachaufgaben: Die SuS ordnen die bildungssprachliche Formulierung einer alltagssprachlichen zu und erklären sie; die SuS verfassen eigene Sachaufgaben.*
Rösch, Heidi (Hrsg.) (2005): **Deutsch als Zweitsprache. Sprachförderung in der Sekundarstufe I. Grundlagen, Übungsideen, Kopiervorlagen zur Sprachförderung.** Braunschweig: Schroedel.	*Als Grundlage für die Verständigung zwischen Lehrkräften über sprachliche Mittel; mit Übungen zur Grammatik und zur sprachlichen Interaktion*
Ruf, Urs; Gallin, Peter (2005): **Dialogisches Lernen in Sprache und Mathematik.** Band 1: Austausch unter Ungleichen. Grundzüge einer interaktiven und fächerübergreifenden Didaktik. Seelze-Velber: Kallmeyer.	*Lernprozesse werden von den Lernenden mitgestaltet und mit einem Lerntagebuch sichtbar gemacht. Es wird auch beschrieben, wie man mit dem Lerntagebuch umgehen kann.*

Titel	Kommentar
Ruf, Urs; Gallin, Peter (2005): **Dialogisches Lernen in Sprache und Mathematik.** Band 2: Spuren legen – Spuren lesen. Unterricht mit Kernideen und Reisetagebüchern. Seelze-Velber: Kallmeyer.	*Anschließend an Band 1 werden hier viele Schülerbeispiele aus der Grundschule besprochen.*
Ruf, Urs; Keller, Stefan; Winter, Felix (Hrsg.) (2008): **Besser lernen im Dialog. Dialogisches Lernen in der Unterrichtspraxis.** Seelze-Velber: Kallmeyer.	*Durch eine hohe Schülerbeteiligung wird viel Handlungswissen erworben und so werden individuelle Sprachbildungsprozesse gefördert.*
Schleswig-Holstein: **Fachanforderungen Mathematik Sek I und II.** http://lehrplan.lernnetz.de/index.php?wahl=199 (aufgerufen am 30.12.2014)	*Enthält eine Liste mit den in der Mathematik verwendeten Operatoren mit Erklärungen und Beispielen für die Sekundarstufe I und II (S. 74 ff)*
Schmitt-Hartmann, Reinhard; Herget, Wilfried (2013): **Moderner Unterricht. Papierfalten im Mathematikunterricht 5–12.**	*Handlungsorientierte Zugänge zu vielen Problemen über Papierfalten, z.B. zu Mittelsenkrechten, Volumenberechnung, Parabeln*
Schupp, H. (2002): **Thema mit Variationen. Aufgabenvariation im Mathematikunterricht.** Hildesheim: Franzbecker.	*Die Methode der Aufgabenvariation bietet die Möglichkeit zur binnendifferenzierten Schreibförderung.*
Selimi, Naxhi (2014): **Wortschatzarbeit konkret. Eine didaktische Ideenbörse für alle Schulstufen.** Hohengehren: Schneider Verlag.	*Hintergrundinformationen und Unterrichtsbeispiele zur konkreten Wortschatzarbeit vom Kindergarten bis zur Sekundarstufe*
Sekretariat der Ständigen Konferenz der Kultusminister der Länder in der Bundesrepublik Deutschland (2004) (Hrsg.): **Bildungsstandards im Fach Mathematik für den Mittleren Schulabschluss. Jahrgangsstufe 10.** München: Wolters Kluwer.	*Hier findet man unter anderem eine Beschreibung der Mathematischen Kompetenzen.*
Tajmel, T. (2011): **Wortschatzarbeit im mathematisch-naturwissenschaftlichen Unterricht.** In: ebd. informationen zur deutschdidaktik. „Wort. Schatz", 1/2011, Innsbruck: Studienverlag, S. 83–93.	*An Beispielen wird gezeigt, wie sich mangelnder Wortschatz bei Schülern bemerkbar macht und wie man damit umgehen kann*
Weber, Christof (2010): **Mathematische Vorstellungsübungen im Unterricht. Ein Handbuch für das Gymnasium.** Seelze-Velber: Kallmeyer.	*Vorstellungsübungen zu den Themen Aufbau von Vorstellungen, Problemlösen, Begründen und Paradoxien sowie Anleitungen zum praktischen Umgang mit diesen Übungen*
Weis, Ingrid (2013): **DaZ im Fachunterricht. Sprachbarrieren überwinden – Schüler erreichen und fördern.** Mühlheim: Verlag an der Ruhr.	*Zusammenstellung zum Grundlagenwissen zu Deutsch als Zweitsprache, es werden aber auch Methoden der Sprachförderung und Beispiele aus der Praxis vorgestellt.*
Weis, Ingrid (2013): **Sprachförderung PLUS. Förderbausteine für den Soforteinsatz im Mathematikunterricht.** Stuttgart: Klett Verlag.	*Kurzer Theorieteil, viele Beispiele auf verschiedenen Niveaustufen für den Mathematikunterricht in der Grundschule.*
Zehnder, E.: Kaufmann, S.; Vanderheiden, E.; Frank, W. (Hrsg.) (2008): **Fortbildung für Kursleitende Deutsch als Zweitsprache – Band 2 – Didaktik – Methodik.** Hueber Verlag.	*Wortschatzarbeit, Lesen, Hören, Schreiben, Sprechen, Phonetik und Grammatik im DaZ-Unterricht*

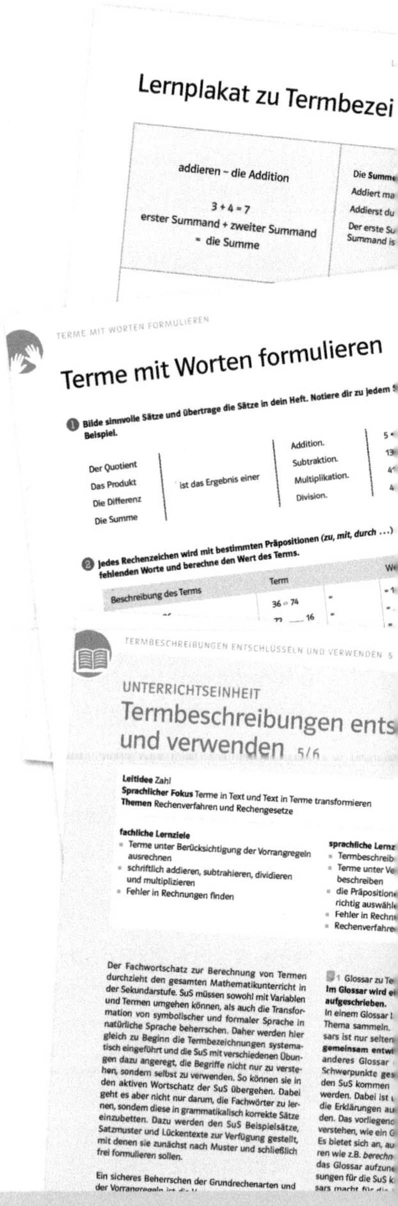

Praxishandbücher Sprachbildung im Fachunterricht

Sprachsensibel unterrichten – Sprache fördern

Auch im Fachunterricht ist Sprache und der sichere Umgang mit ihr Grundvoraussetzung und Schlüssel für das Verstehen und Kommunizieren. In Zeiten wachsender Heterogenität in den Klassenzimmern stellt Deutsch für zunehmend mehr Schülerinnen und Schüler eine Hürde dar, die ihnen den Zugang zu Fachinhalten erschwert oder diesen gar verhindert.

Sprachsensibel zu unterrichten heißt, dass Sie sprachliche Aspekte des Unterrichts bewusst in den Blick nehmen. Fördern und fordern Sie die Lernenden mit sprachlichen Hilfen ganz gezielt – ohne dass Ihr Fach- zum Sprachunterricht wird.

Die ***Praxishandbücher Sprachbildung im Fachunterricht*** bieten Ihnen leicht verständliche Unterrichtshilfen, mit denen Sie

› typische Stolpersteine des Fachunterrichts erkennen,
› Fachwortschatz mit Ihren Schülern gezielt aufbauen,
› Ihren Schülern ermöglichen, Fachtexte zu erschließen und zu verfassen.

Zusätzlich erhalten Sie nützliche Praxistipps für eine sprachsensible Unterrichtsplanung.

Der Band enthält:

› **Komplett aufbereitete Unterrichtseinheiten**, die Ihnen das direkte Ausprobieren und Sammeln von Erfahrungen leicht machen.
› **Einsatzfertige Arbeitsblätter und Checklisten** für Schülerinnen und Schüler unterstützen Ihre Unterrichtsvorbereitung und geben unzählige Anregungen für die Umsetzung.
› Rund 40 verschiedene **„Methoden-Werkzeuge" für einen sprachsensiblen Unterricht** unterstützen Sie bei Ihrer Unterrichtsvorbereitung.

Aus der Praxis für die Praxis – mit den Praxishandbüchern Sprachbildung erzielen Sie Lernerfolge, von denen Ihr Unterricht profitieren wird.

Mathematik	978-3-12-666851-4
Biologie	978-3-12-666852-1
Geografie	978-3-12-666853-8

Klett Sprachen fürs Leben!